人 性 悖 论

The Goodness Paradox

人类进化中的美德与暴力

[美] 理查德·兰厄姆 (Richard Wrangham) —— 著

王睿——译

中信出版集团 | 北京

图书在版编目（CIP）数据

人性悖论：人类进化中的美德与暴力 /（美）理查
德·兰厄姆著；王睿译 . -- 北京：中信出版社，
2022.6（2023.8重印）
书名原文：The Goodness Paradox: The Strange
Relationship Between Virtue and Violence in Human
Evolution
ISBN 978-7-5217-3627-4

Ⅰ . ①人… Ⅱ . ①理… ②王… Ⅲ . ①人类进化－研
究 Ⅳ . ① Q981.1

中国版本图书馆 CIP 数据核字（2021）第 194700 号

人性悖论：人类进化中的美德与暴力
著者： [美]理查德·兰厄姆
译者： 王睿
出版发行：中信出版集团股份有限公司
（北京市朝阳区东三环北路 27 号嘉铭中心 邮编 100020）
承印者： 天津丰富彩艺印刷有限公司

开本：787mm×1092mm 1/16 印张：22.25 字数：310 千字
版次：2022 年 6 月第 1 版 印次：2023 年 8 月第 2 次印刷
京权图字：01–2020–6688 书号：ISBN 978-7-5217-3627-4
定价：68.00 元

目　录

序 言

开启人性探索之旅

若是在我的职业生涯之初，就能知晓 50 年后自己将出版一本关于人类的书，我一定会感到非常惊讶。在 20 世纪 70 年代，我有幸成为一名研究生，并参与简·古道尔关于坦桑尼亚黑猩猩的研究项目。整天都在自然栖息地跟踪单个猿类是很快乐的。我想做的就是研究动物行为，1987 年，我在乌干达的基巴莱国家公园开始了自己关于野生黑猩猩的研究工作。

然而，某些极为吸引人，且让人无法忽视的发现扰乱了我的研究计划。黑猩猩偶尔也会表现得异常暴力，为了阐明这种进化行为，我将黑猩猩与其姊妹种倭黑猩猩进行比较。我从 20 世纪 90 年代开始认真研究倭黑猩猩。黑猩猩和倭黑猩猩是一个非凡的组合，相比之下倭黑猩猩更加爱好和平，而黑猩猩则相对好斗。在本书里我所描述的各种合作中，最特别的是我与布莱恩·海尔和维多利亚·沃伯的合作。我和同事们得出结论：倭黑猩猩从类似黑猩猩的祖先分化出来的过程高度类似于驯化。我们把这个过程称为"自我驯化"。通常认为，人类的行为与家养动物的行为类似，关于倭黑猩猩的深刻见解也能为人类进化的研究提供一些经验。关键事实是，在人类的社会群体中，人们发生争斗的倾向很低，与大多数野生哺乳动物相比，人类的忍耐力很强。

我敏锐地意识到，即使人类在某些方面的表现非常不活跃，但在其他方面，却是非常具有攻击性的。1996 年，在一本名为《雄性暴力》的书中，我和戴尔·彼得森对黑猩猩和人类在攻击性方面的相似程度做了进化性的解释。人类社会中不可避免地存在普遍的暴力情况，而解释暴力的进化理论似乎也很合理。那么应该如何调和我们被驯化的品质和我们强大的暴力能力呢？在这 20 多年里，我一直在努力解决这个问题。

我们的社会容忍度和攻击性并不是从一开始就对立的。因为这两种行为涉及不同的攻击类型。我们的社会容忍度源于我们有一个相对低的反应性攻击倾向，而对人类致命的暴力则源于主动性攻击倾向。以前没有人告诉过我们，人类应如何将这些不同的倾向——低反应性攻击倾向和高主动性攻击倾向——结合起来。这涉及许多人类学、生物学和心理学方面的知识，且无疑将会继续发展。但我相信，它已经为我们提供了一个丰富而崭新的视角，来探讨我们的行为和道德倾向的演变，以及智人存在的方式和原因这一引人入胜的问题。

本书中的许多材料都是新的，仅在科学论文中发表过。为了让这个技术含量丰富的作品及其所产生的深远影响更容易被人理解，在书中，我以一个黑猩猩观察者的视角进行探讨。我曾到访过东非和中非的许多栖息地，在那里观察和聆听。我们这些有幸与猿类单独相处过的人都觉得自己被更新世的微风触动了。我们祖先昔日的浪漫故事令人激动，给在时间深处寻求现代思想起源的后代留下了无数的谜团。更加了解我们的史前时代和我们是谁并不是唯一的回报。如果我们对于超出自身熟知领域的世界敞开心扉，那么非洲那片天地所激发的梦境就能让我们对自己有一个更强大、更稳定的看法。

引 言

人类进化中的美德与暴力

阿道夫·希特勒下令处决了数百万犹太人，且他对数千万人的死亡负有责任。据他的秘书特劳德·琼格所说，希特勒曾待人和蔼可亲、友好，如父亲一般，他痛恨虐待动物，是一个素食主义者，并且很喜欢自己的狗——布隆迪，布隆迪死的时候，他伤心不已。

柬埔寨原领导人波尔布特通过颁布政令处死了整个国家约1/4的人，但熟悉他的人都认为他是一个言语温和、和蔼可亲的法国历史老师。

在狱中的18个月里，约瑟夫·斯大林总是非常冷静，他从不大喊大叫，也不咒骂，像一个绅士，显然不是后来那种会为了政治目的牺牲数百万人的人。

因为极度邪恶的人也会有温柔的一面，所以我们经常会犹豫要不要对他们的善意感同身受，唯恐自己会合理化他们的罪行。甚至为其开脱。然而，这些人让我们想起了一个关于人类的奇怪事实。我们不仅是最聪明的动物，还拥有罕见的、令人困惑的道德倾向组合。我们可以是最险恶的物种，也可以是最善良的物种。

1958年，剧作家、作曲家诺埃尔·考沃德捕捉到了这种双重性的奇怪之处。他曾经历过第二次世界大战，人性的黑暗面在他面前充分暴露。"很难想象，"他写道，"考虑到人类与生俱来的愚蠢、残忍和迷信，是如何设法持续下去的。政治迫害、折磨、轻信、屠杀、不宽容，几个世纪以来人类行为的狂妄徒劳，几乎是令人难以置信的。"[1]

然而大多数时候我们所做的事情是美好的，这些恰好与"愚蠢、残忍和迷信"相反。因为这些事情的实施取决于理性、善良与合作，这些品质与我们的智慧相结合，让我们能够创造出与众不同的科技和文化奇迹。考沃德的例子还是很有共鸣的：

心脏可以被从人的胸腔中抽出，变成停止跳动的心脏，经过简单的操作后，它又如新的一般跳动起来。天空可以被我们征服，人造卫星可以绕地球飞来飞去，可以被控制和引导……且喜剧《窈窕淑女》昨晚在伦敦公映。

心脏手术、太空旅行和喜剧都可以靠人类文明的进步来实现，这会让我们的祖先感到惊讶。然而更重要的是，从进化的角度来看，这些进步文明的发展也取决于我们的协作能力，包括宽容、信任和理解。这些品质使得人类被认为是特别"好"的物种。

简言之，人类的一大奇特之处就在于我们的道德范围，从难以言喻的恶毒到让人心疼的慷慨。从生物学的角度来看，这种多样性提出了一个尚未解决的问题。既然我们进化出了善良的品性，为什么我们又如此卑鄙？或者说，如果我们进化出了邪恶的品性，那么为什么我们又会如此仁慈？

人类善恶的结合并不是现代的产物。从近代狩猎采集者的行为和考古学的记录来看，人类早在几十万年前就已经开始分享食物、分工

人性悖论：人类进化中的美德与暴力

劳作并且互相帮助。我们的更新世祖先在很多方面都十分宽容并且热爱和平。然而同样的证据也表明,我们的祖先采取的是掠夺、性别支配、折磨和各种残酷的行为。这些行为与纳粹行径一样令人憎恶。当然今时今日,残暴的行为对任何一个群体来说都不陌生。由于各种原因,可能会出现一个特定的社会在数十年来一直处于异常和平的状态,而另一个社会遭到异常暴力侵袭的情况。但这并不表明古往今来世界各地的人具有任何先天的心理差异。无论在哪里,人类似乎都对美德与暴力有同样的倾向。

婴儿的倾向也表现出类似的矛盾。在婴儿会说话之前,他们会微笑,会咯咯地笑,有时会试图帮助一个需要帮助的成年人,这是我们天生具有相互信任倾向的非凡表现。然而,在其他时候,这些婴儿则可能会极端的以自我为中心地叫嚣和发怒,以达到自己的目的。

关于这种无私和自私的矛盾组合有两种经典解释。二者都假定我们的社会行为在很大程度上是由我们的生物性质决定的。二者也都认为在我们的两个显著的倾向中只有一个是遗传进化的产物。然而,这两种观点的不同之处在于,将我们个性中的某一面视为基本面,即我们的温顺性,或者我们的攻击性。

一种解释认为,宽容和温顺是人类与生俱来的品性。按照这种观点,我们本质上是善良的,我们的堕落阻碍我们生活在永久的和平中。一些宗教思想家将此归咎于超自然的力量,如魔鬼或"原罪"。与此相反,世俗思想家可能会选择想象邪恶是由社会力量造成的,如父权制、帝国主义或不平等。无论哪种方式,都假设我们生来善良,但容易堕落。

另一种解释则称,攻击性的一面是我们与生俱来的。我们天生自私且争强好胜,如果不是通过文明的力量,努力进行自我提升,这些性情就会继续存在。这些力量可能包括父母、哲学家、神父和老师的告诫,或历史的教训。

几个世纪以来，人们通过采纳这些对立观点中的一种，简化了对这个混乱世界的理解。让 - 雅克·卢梭和托马斯·霍布斯是这两种观点的代表理论家。卢梭主张人性本善，而霍布斯主张人类天生邪恶。[2]

这两种立场都有一定的道理。有很多证据表明人类有与生俱来的善良倾向，正如我们有自发的自私情感，并会具有一定的攻击性。没有人能找到可以说明一种倾向相较另一种倾向在生物学上更加有意义或在进化方面更有影响力的方式。

政治因素使辩论更加难以得出结论。因为当这些抽象的理论分析成为具有社会意义的论据时，双方都倾向于强化自己的立场。如果你是卢梭主义者，你对人类本性为善的信念可能使你成为一个爱好和平、平易近人，且对大众怀有信心的正义斗士。如果你是一个霍布斯主义者，你对于人类动机的愤世嫉俗的观点暗示你看到社会控制的必要性、拥护等级制度，并且接受战争的必然性。关于上述两种立场的辩论变得更少谈及生物学或心理学，而更多地谈论社会事业、政治结构，以及道德高地。人们对寻求简单解决方法的预期在适当减弱。

我相信，关于人类本性的困境是可以摆脱的。与其说需要证明任何一方是错误的，不如说我们应该问这个辩论是否有意义。婴儿为我们指明了正确的方向：就目前来看，卢梭和霍布斯的观点都是正确的。就像卢梭宣称的，我们的本性是善良的；或是像霍布斯认为的，我们天生就是自私的那样，每一个个体都具有善与恶的潜力。我们的生物学性质决定了我们在个性方面的矛盾，而且社会也改变了这两种倾向。我们的善良可以被强化或腐蚀，正如我们的自私可以被夸大或减少。

一旦我们承认自己既天生善良又天生邪恶，枯燥的旧论点就会给迷人的新问题让路。如果卢梭主义者和霍布斯主义者都在一定程度上是正确的，那么我们行为倾向的奇怪组合的来源是什么？我们从研究其他物种（尤其是鸟类和哺乳动物）的情况中得知，自然选择可以支持广泛的倾向。一些物种相对缺乏竞争力，一些物种相对具有攻击性，一些物种同时具有这两种特征，一些物种并不具备这两种特征。使人类显得奇特的组合是，我们在正常的社会交往中都表现得非常冷静，但是在某些情况下，我们的攻击性很强，甚至会杀人。为什么会变成这样呢？

* * *

进化生物学家遵循遗传学家狄奥多西·多布赞斯基于 1973 年在全国生物教师协会（National Association of Biology Teachers）上发表的讲话，明确指出了一个原则："除非依据进化论，否则生物学中没有任何东西是有意义的。"[3] 但如何最好地利用进化论是一个争论不休的话题。本书的一个关键问题是灵长类动物行为的意义是什么？

传统的观点认为，动物和人类的心理如此迥异，所以灵长类动物与人性科学无关。托马斯·亨利·赫胥黎是第一位挑战这一立场的进化生物学家。1863 年，他表示，猿类为人类行为和认知的起源提供了丰富的线索："我一直在努力证明没有绝对的结构性分界线……可以划分动物世界中的我们。"赫胥黎预料到他的对手会提出异议，他表示："在各处我都会听到这样的呼声：'知识的力量、善恶的良知、人类感情中的柔情和怜悯，使我们脱离了所有与野兽的真正联系。'"[4] 人们对这种说法持怀疑态度是可以理解的，并且这种态度至今尚未完全消失。2003 年，进化生物学家大卫·巴拉什表示："在行为方面，人类究竟是否携带着显著的灵长类动物'遗产'是非常值得怀疑的。"[5]

由于受到文化的影响，人的行为也出现了很多变化。一个社会是和平的，另一个社会是暴力的；有人认为宗族成员沿袭了女性血统，有人则认为沿袭的是男性血统；有些民族对于性行为有严格的规定，而其他民族则对此很宽松。与其他物种相比，这种多样性似乎铺天盖地，与一致性毫不相关。在对狩猎采集者的行为进行详细调查后，人类学家罗伯特·凯利摒弃了人类行为可以被描述为具有任何特定形式这一观念。"没有原始的人类社会，没有基本的人类适应性，"他于 1995 年写道，"普遍行为……从来就不存在。"[6]

简言之，人类行为是无限变化的，因此我们可以理解我们这个物种与非人灵长类动物没有任何共同特征的观点。但是，有两个强有力的论据却反对了这一观点。

一方面，人类的变化是有限的。我们确实有典型的社会形式。没有哪个地方的人是像狒狒一样以部落为单位生活的，或者像大猩猩那样一只雄性独自居住在妻妾群里，或者像黑猩猩或倭黑猩猩那样生活在混杂的群体里。人类社会由群体内的家庭组成，这些家庭是更大的社区的一部分，而这一排列方式是我们这个物种所特有的，不同于其他物种。

然而，另一方面，人类和灵长类动物在许多方面确实表现得很像。进化论者查尔斯·达尔文很早就观察到人类和其他动物在情感表达上的相似性，如"在极度恐怖的影响下毛发竖立"或"在极端愤怒的时候会露出牙齿"。这种"特定表达的共同体"，他写道，"如果我们相信自己与它们的血统来自共同的祖先，那么这个问题就会变得更容易理解。"[7]

有一个事实耐人寻味，我们与我们的灵长类动物表亲都会微笑和皱眉，但相较于有关黑猩猩和倭黑猩猩行为的发现，这一事实显得微不足道。关于黑猩猩和倭黑猩猩行为的发现始于 20 世纪 60 年代，而且目前仍在累积。黑猩猩和倭黑猩猩是与人类联系最密切的两个猿类物种。它们是一对惊人的组合。它们看起来如此相似，以至这两个物种在被发现后的许多年，都没有被确认为独立的物种。这两个姊妹种中的每一种都与人类行为有大量的相似之处，但二者在很多方面却又是对立的。

在黑猩猩中，雄性比雌性更有优势，而且它们是相对暴力的。在倭黑猩猩中，雌性通常更有优势，暴力被弱化，情色通常取代了攻击性。二者在行为上的区别奇异地反射出现代人类世界中相互竞争的社会姿态，例如：男性和女性的兴趣差异；或者一方面是等级、竞争、权力，另一方面是平等、宽容及协商解决。这两个物种让人联想到我们对于猿类的基本看法如此迥异，以至它们的对立已经变成了灵长类动物学的战场，每个学派都认为自己比其他学派更能代表我们的祖先世系。正如我们所见，无论是黑猩猩还是倭黑猩猩，二者对人类行为起源的研究都没有太大的帮助。一个更有趣的目标是理解为什么这两个物种在不同的方面与人类相似。它们的行为反差与本书的核心问题是一致的：为什么人类既像倭黑猩猩那样极其宽容，又像黑猩猩那样极端暴力？

＊　＊　＊

第1章，我们通过记录人类、黑猩猩和倭黑猩猩之间的行为差异来展开调查。数十年的研究描述了物种的攻击性差异是如何进化的。攻击性曾被认为是一种沿着某一维度由低到高移动的趋势。但是，现在我们认识到，攻击性不是只有一种而是有两种主要形式，每种形式都有自己的生物基础和进化故事。正如我在第2章中所说的，人类的攻击性必然是二元的。我们对一种类型（反应性攻击）的倾向性低，而对另一种类型（主动性攻击）的倾向性高。反应性攻击是"热"的类型，如发脾气和暴躁。主动性攻击是"冷"的类型，是有计划且经过深思熟虑的。所以我们的核心问题就变成了两个部分：为什么我们如此缺乏反应性攻击，却又如此精通主动性攻击？第一个部分的答案解释了我们的美德；第二个部分的答案解释了我们的暴力。

我们的低反应性攻击倾向使我们相对温顺和宽容。在野生动物中，宽容是一种罕见的品质，至少根据人类表现出来的极端形式来看是这样的。不过，人们发现被驯化的物种之间也存在宽容。在第3章中，我考虑了家养动物与人类的相似性，并说明了为什么越来越多的科学家认为人类应该被视为我们早期祖先的"驯化版本"。

家养动物生物学中一个令人激动的发现就是，研究人员开始了解到许多不相关的物种之间令人费解的相似性。例如，为什么现在的猫、狗、马不同于它们的野生祖先，而经常出现白色的皮毛？第4章阐释了将人类物理特征的进化与行为上的变化联系在一起的新理论。人类表现出的这些特征足以证明我们是一个被驯化了的物种。这个结论在200多年前被首次提出，但它也带来了一个问题：如果人类就是一个被驯化的物种，那么我们是怎么变成这样的？是谁驯化了我们？

　　倭黑猩猩为此问题提出了一个解决思路。在第5章，我回顾了倭黑猩猩像人类一样显示出许多驯化物种特征的证据。显然，倭黑猩猩不是被人类驯化的，它的驯化过程发生在自然界，不受人类影响。倭黑猩猩一定是自我驯化的，这种进化转变似乎广泛存在于野生物种中。如果是这样，人类祖先的自我驯化就没什么特别之处了。因此，在第6章中，我追溯了智人自大约30万年前出现以来就有的自我驯化表现。令人惊奇的是，很少有人试图解释智人出现的原因，正如我所描述的那样，即使是最新的古人类学研究也没有试图解决，为什么进化偏向于选择相对宽容、温顺，且具有低反应性攻击倾向的物种这一重要问题。

　　总的来说，人们对自我驯化是如何发生的存在争议，根据不同的物种进行猜想，会得出不同答案。根据防止好斗的个体支配他人的方式可以找到一些线索。在倭黑猩猩中，雌性主要通过联合行动压制好斗的雄性。因此，倭黑猩猩的自我驯化可能是从雌性能够惩罚恃强凌弱的雄性开始的。在小规模的人类社会中，女性对男性的控制并没有达到倭黑猩猩的程度。相反，在人类社会中，阻止男性攻击者攻击行为的最终方案通常是由其他成年男性制定的。在第7章和第8章中，我描述了在人类社会中，通常采取死刑的方式迫使专横跋扈的男性遵守平等主义准则，同时我还解释了为什么我认为是从智人开始通过死刑的方式进行的自我驯化，降低了人类反应性攻击发生的概率。

如果通过自我驯化确实产生了针对反应性攻击的遗传选择，我们应该期望人类的行为与家养动物的某些行为相同，而不只是减少攻击性。在第9章中，我研究了这个命题。我要强调的是，恰当的比较不应发生在人类和猿类之间，虽然我们有共同的祖先，但是700多万年来发生了许多进化性的变化。相反，在智人和尼安德特人之间做比较则相对恰当，我把尼安德特人视为我们智人祖先的替身。第9章还回顾了智人比尼安德特人具有更复杂文化的证据。我认为，这种差异很有可能是由于智人相较于尼安德特人失去了更多共同祖先的攻击性。

较低的反应性攻击倾向增强了人们宽容合作的能力，但它不是人类社会美德的唯一贡献者。道德也至关重要。第10章提出的问题是：为什么我们进化出来的道德情感往往使我们害怕被批评。我的结论是，对批评的敏感会促进成功的进化，这要归功于新社会特征的出现——一个能够随意执行死刑的联盟，而这一特征也是自我驯化出现的原因。我们祖先的道德感保护他们免于因违规犯罪而被杀害。

成年人（特别是男性）通过使用主动性攻击，共谋实施死刑的能力，是更大的社会控制体系的一部分，而主动性攻击是人类社会的共同特点。第11章讨论了人类如何在这方面与黑猩猩的行为相呼应，但是阐述的内容远远超出了黑猩猩的风格。由于主动性攻击与反应性攻击是相辅相成的（而不是相对的），即使反应性的、情绪化的攻击行为在进化上被抑制，但主动的、有计划的攻击行为则被积极地选择。人类因此可以使用压倒性的力量杀死自己选定的对手。这种独特的能力是具有变革性的。它使我们的社会产生了阶级性的社会关系，这种关系远比在其他物种中发现的关系更加暴虐。

在战争中主动性攻击是普遍而重要的，因此，在第12章中，我探究了一些攻击心理学影响战争的方式。虽然当代战争的制度化程度远高于史前族群间最严重的暴力，但我们的主动性和反应性攻击倾向都发挥了重要的作用，有时会促进，有时又会干扰军事目标的实现。

第13章评估了美德和暴力在人类生活中都是如此显著这一悖论。结论并不那么简单，也不如我们所愿的那么道德：人类既不全善，也不全恶。我们同时向两个方向进化。我们的宽容和暴力都是适应性的倾向，这对我们进化到现在这一状态起着至关重要的作用。关于人性善良同时又邪恶的想法是具有挑战性的，大概我们都希望情况简单点。弗朗西斯·斯科特·基·菲茨杰拉德写道："检验一流智力的标准，就是看你能不能在头脑中同时存有两种对立观点时，还能有维持正常行事的能力。""我必须保持平衡，"他接着说，"对于过去的死亡之手和未来的高尚意图之间的矛盾。"[8] 我喜欢菲茨杰拉德的思想。我们祖先的道德矛盾不应该妨碍我们对自己的身份做出的现实评估。当我们这样做的时候，我们仍然有可能对自身抱有很高的期望。

第 1 章

物种的攻击性差异是如何进化的

几十年前，我在刚果民主共和国一个偏远的小地方，开始思考和平的生物学根源。后来，刚果（金）遭遇重大变故，陷入苦难。但在1980年，我和伊丽莎白·罗斯去伊图里森林开启我们为期9个月的蜜月旅行时，一切都变得很平静。

　　我们的团队由两对夫妇组成，工作是记录两个并存的社会群体的生活情况，它们分别是农耕部落莱斯（Lese）和狩猎采集部落埃菲（Efe）。农耕部落莱斯的小村庄散布在辽阔的伊图里平原上，有些相邻村庄之间要步行两天。身材矮小的埃菲人也生活在相同地区。如果能找到块根和果实，埃菲人就在森林深处安营扎寨。日子难熬的时候，他们就暂住在熟悉的村庄边。这时埃菲的妇女会在莱斯人的菜园里工作，以换取木薯、香蕉或大米。

　　我们住在莱斯人村庄旁的一小块空地上，简陋的小屋用树叶做顶，泥土糊墙。我们不会说他们的母语——科莱斯语（KiLese），但我们会一些金瓦那语（KiNgwana，斯瓦希里语的一种），足以和他们愉快地交流。伊图里平原上的居民对外面的世界知之甚少，他们的经济发展主要靠以物易物。他们从未体验过核弹、汽水和电力之类的东西。

农耕的莱斯人和狩猎采集的埃菲人的居住空间都又小又黑，白天几乎没什么人。他们的公共生活从黎明一直持续到黄昏，这也就意味着我们可以在整个白天公开记录其行为。我们观察、聆听、跟随着他们。我们分享他们的食物，参与他们的活动。作为一名行为生物学家，我研究过黑猩猩，见过它们随时可能出现的敌意和打斗，因此看到这些人紧握拳头或摆出进攻姿态时，我就会警觉起来，预感可能有大事要发生。我在寂静的英国乡村长大，在那里很少有人会高声说话，所以极少会出现公开斗殴的现象。我很好奇在这遥远的刚果（金）人的定居点，打斗是否为常见的现象。

我非常高兴自己能够看到如此多的社交互动，但这里的人们对打斗几乎没有兴趣。即便是几十个人围绕着一具大象尸体争夺肉食，也无非是偶尔提高嗓音而已。一次，我遇到三个身着战斗装备、缠着腰带的男子前往酋长所在的村庄，他们听说自己十几岁的妹妹们被酋长的亲戚带至宴席，便急匆匆前去阻拦，以防妹妹们被诱骗。结果他们没有诉诸暴力就解救了这些女孩。我们也听说有埃菲的男人用燃烧的木棍殴打自己的妻子。当然，在泥墙后还隐藏着其他一些事件，但我们所看到的身体伤害几乎都源自事故和疾病。

我们的伊图里同胞可能过着目前地球上最艰苦的生活。他们依靠在森林中耕种、捕猎或搜寻到的一点食物存活。他们面临周期性的粮食短缺、贫穷、身体不适等问题，由于没有现代医学的加持，他们一旦生病，情况就会非常严重。一些文化习俗似乎也让他们的生活变得更加艰难。他们粗暴地敲掉女孩的牙齿，认为这样可以让她们变美。他们将食人族奉为自己的祖先。当看到肉罐头侧面印有微笑的人像时，莱斯人会取笑我们，说吃罐头食品的欧洲人也是食人族。葬礼会引发关于死者身价的争议：这个女人是否生下足够多的孩子，抵得上娶她用的那七只鸡的彩礼。即便是最容易理解的不幸事件，在这里也会被归咎于一个日常的、非理性的威胁——巫术。从许多方面来说，伊图里是一个可能发生任何事情的地方。[1]

除了生活困难、有点迷信之外，莱斯人和埃菲人的基本心理与我们并无二致。在英格兰乡村和刚果（金），都存在不合逻辑的信仰、贫穷和奇怪的医疗实践，只是表现形式各不相同。本质上，伊图里人和我家乡英格兰乡村的人民一样爱孩子、为恋人争吵、担心闲言碎语、寻找盟友、争夺权力、交换信息、害怕生人、组织聚会、热衷宗教仪式、抱怨命运，而且极少发生打斗。

显然，即便所处的社会环境不同，人类或多或少都会存在暴力倾向。刚果（金）拥有中央政府，尽管伊图里人在很多方面不受中央政府制约，但他们并非完全孤立。莱斯人和埃菲人的平和冷静或许就是在文化发展的进程中，受文明的积极影响而产生的结果，这可能源于遥远的刚果（金）首都金沙萨。以警察部门为例，当地警察主要是本地行政长官的男性亲属，他们大多利用自己的身份剥削村民，而不是维护法律。少数时候，他们会在辖区附近巡逻，几个警察在步行几小时后，会到达某个村落。这些警察从来不带食物，他们会找一个小而蹩脚的借口，处罚一位不幸的村民，让他交出一只鸡，并在当晚吃掉。只要能继续榨取饭食，他们就会一连待上好几天。这些惯常的腐败自然招人憎恨，因此当地警察通常无法得到尊重。即便如此，从理论上讲，由于他们与更大的国家机器关联，所以他们的存在也许缓和了不少对愤怒的本能表达。因此，我们也可以说现代社会的影响降低了伊图里人的好斗程度。

我们需要寻找一个没有警察、军队和任何主导性强制力量的社会，去弄清当一个群体真正独立于任何管理机构时，是否依然能够保持温和。

* * *

巴布亚新几内亚是目前全球少数几个处于无政府状态的小型社会之一，政权在这里几乎没有产生任何影响。由于不断受到邻近好斗群体的威胁，他们的行为方式传递了丰富的文化信息。

人类学家卡尔·海德曾到访过这样一个社会。1961年3月，他乘坐一架小型飞机从巴布亚新几内亚北部海岸起飞，向海岛中心区域飞去，在到达一座高山屏障时，机组人员发现了一条无云的通道，翠绿广阔的巴连河大峡谷尽收眼底。1944年，美国士兵在紧急迫降时发现了这个隐秘的世界。在发现了宛如生活在石器时代的5万名丹尼（Dani）农耕民众之后，他们天真地将这个地方命名为"香格里拉"，它源自詹姆斯·希尔顿于1933年出版的小说《消失的地平线》中创造的山谷之名，是一个虚构的乌托邦。丹尼肥沃土地的平静外表在某些方面极具欺骗性，可这里不是天堂，而是战争的温床。[2]

丹尼人是有历史记录以来凶杀率最高的民族之一。海德发现有一小群人会时不时发动突袭，伏击一个毫无戒心的受害者。在村落之间的无人地带，小规模的冲突可能随时会演变成更大规模的混乱场面，最多的一次有125名村民被杀害。在这一令人恐怖的杀戮记录中，丹尼人每阵亡一名战士，就切掉一名女孩的手指以示纪念，有的女孩甚至只有三岁。在丹尼，几乎没有手指健全的女人。海德的数据显示，如果世界上其他地区也像丹尼一样，那么20世纪那令人震惊的1亿战争死亡人数将激增至20亿。[3]

海德在撰写关于丹尼人的著作时，将其副标题命名为"和平战士"。这种说法引发了人们对于基本人类悖论的关注。撇开时断时续的骚乱不谈，在平静的日常生活中，"香格里拉"这个名字确实和这个大峡谷相得益彰。丹尼人饲养猪，种植块茎植物，过着典型而稳定的农耕生活。在海德笔下，这里的人们性格温和、举止低调、极少发怒，他们相互依存、相互支持，且平和友善。他说，丹尼人的家庭在安静惬意的闲聊之余充满了欢声笑语。克制和尊重贯穿他们的日常交往。只要没有战争，丹尼人在许多方面就像普通的乡村居民一样，过着平静而温和的生活。[4]

丹尼人具有生活在偏远的巴布亚新几内亚高地居民的典型特征，对内和平与对外杀戮相结合。另一个巴布亚新几内亚群体，巴克塔曼人（Baktaman）占据了弗莱河（Fly River）的上游。每一个巴克塔曼部落都会抵制他人的非法入侵，且通常诉诸暴力手段。他们的领土冲突非常严重，以至于该群体 1/3 的人口因此死亡。但是在村落内部，暴力受到了严格的控制，"杀人是不可想象的"[5]。在巴布亚新几内亚中西部的塔加里河（Tagari River）流域，情况也是如此，胡里人（Huli）对敌人进行残酷的恐怖式打击，但在其内部却不存在任何暴力冲突。[6]与传教士和国家政府接触后，这些巴布亚新几内亚人迅速发生了改变。但在政府干预之前，这些群体的表现对我们的研究具有重要意义：即使对于征战不断的民族来说，"对内和平"和"对外战争"之间也存在着巨大的区别。

世界上只有少数几个地区与巴布亚新几内亚一样，为人们研究不受国家影响的独立社会群体提供了机会。从 20 世纪 60 年代中期起，人类学家拿破仑·查格农开始着手研究生活在委内瑞拉偏远地区的雅诺马马人（Yanomamo），该研究持续了约 30 年。[7]他也发现了类似的鲜明对比：尽管在村落之间的交流中时常会爆发致命的暴力事件，但是在村落内部——即使是在被查格农描述为"残暴"的人群中——家庭生活"非常平静"，只有在正式决斗时才会发生攻击事件。[8]

人类学家金·希尔和马格达莱纳·赫塔多曾记录过一个群体间打斗的过程。一群巴拉圭的狩猎采集者阿西人（Aché）来到一个传教站定居后不久，打斗就发生了。据称，阿西人先前一见到陌生人就会用狩猎的弓箭进行射击，导致对方死亡的概率很高。但希尔和赫塔多在对阿西人进行研究的 17 年间，甚至有一次还和他们在森林中跋涉数周，从未见过他们在群体内部发生过此类打斗。[9]

在先前的几个世纪中，探索时代让欧洲旅行者与世界不同地区的独立小规模社会建立起联系，其中包括南北美洲。律师、作家兼诗人马克·勒斯卡伯就是一个例子。1606—1607 年，他与印第安部落的米克马克族人在加拿大东部一起生活了一年。他对自己观察到的印第安人的缺点直言不讳，如暴食、食人及虐囚等，但他同样清楚他们的优点。他说，这里很少有人打斗。"至于公正，他们没有任何法律……但是大自然教会了他们，一个人不应冒犯另一个人。所以他们很少发生争吵。"勒斯卡伯的观察影响深远，并于 19 世纪开始在英国流行。其著作促成了"高贵的野蛮人"概念的诞生，这一概念象征着人类天性善良。如今，"高贵的野蛮人"这一理念经常与卢梭联系在一起，但卢梭其实从未使用过该词。他认为人类通常并不像自己设想的那般仁慈。确实，从民族音乐学家埃林森讲述的关于"高贵的野蛮人"的历史来看，卢梭对人性愤世嫉俗的观点可能意味着他不应在今天被视为"卢梭主义者"！[10]

许多学者对小规模社会的内部和平印象深刻，勒斯卡伯只是其中之一。根据吉尔伯特·希纳尔的说法，至 17 世纪末，"数百名航海者开始顺带提及原始民族的善意"。然而，他们的"善意"只适用于同一群体的成员。[11] 1929 年，人类学家莫里斯·戴维总结出一个至今仍然适用的观点：人们对内部社会成员有多友善，对外部社会成员就有多苛刻。

两种道德准则、两种风俗习惯，一种是针对内部成员的，另一种是针对外部陌生人的，但都是为了相同的利益。针对外来者，杀戮、掠夺、为血亲复仇、偷走妇女和奴隶是值得称赞的。但在群体内部，这些事情都不被允许，因为这会产生冲突并带来消极影响。苏人（Sioux）必须先杀人才能成为勇士，迪雅克人（Dyak）必须先杀人才能结婚。然而，正如泰勒所说："这些苏人认为，除非是为了血债血偿，否则杀人是一种犯罪；而迪雅克人则惩罚谋杀……不仅在公开冲突中杀死敌人被看成是正义的，而且古老的法律也有类似的规则：杀害本部落的人和杀害外族人是两种完全不同的杀戮。"[12]

工业国家的士兵对于人们在战争中的行为与在国内的行为间的区别再熟悉不过了。1936 年的西班牙内战十分残酷。乔治·奥威尔当时是一名志愿者，平日里体验着前线的恐怖，周末回到妻子身边。生活氛围的变化是"突然而惊人的"。巴塞罗那距离骚乱的地方只有很短的火车车程，但那里"到处都是富态的有钱人、优雅的女人和流线型的汽车"。在塔拉戈纳，"这座漂亮海滨城市的日常生活几乎没有受到任何干扰"。[13]

在伊图里森林和巴布亚新几内亚高地还有世界其他地方，都出现了相同的模式。无论人们的生活是否被居住地以外的战争所吞噬，他们在家乡都非常平和。我在刚果（金）的经历似乎是我们生活的常态。

* * *

比较来看，当人类处于家庭中时，身体的攻击性可能很弱，尽管从道德层面来看，这种攻击性仍然比我们大多数人所希望的强。据进化心理学家斯蒂芬·平克等人的记录，在过去的一千年中，多个国家人口的暴力致死率在下降，我们都应该对此心怀感激。毫无疑问，如果这一数字持续下降，数百万人将得到更加愉快的生活。[14]

然而，从进化的角度来看，人类在社会群体中的身体攻击性已经弱得惊人。因为黑猩猩作为同人类关系最亲近的两个物种之一，为我们提供了一个具有启发性的对照。黑猩猩和人不一样。与野生黑猩猩相处一天，你可能看到追逐和打斗，同时听到可怕的尖叫声。每个月，你都可能看到它们身上血淋淋的伤口。我和灵长类动物学家马丁·穆勒、迈克尔·威尔逊将一群普通的黑猩猩和一群特别不安分的澳大利亚原住民进行了量化对比。澳大利亚人认为社会分化和酒精能够将攻击的可能性提高至特别恶劣的水平。然而，即使与这种异常暴力的人类群体相比，黑猩猩的攻击性也要高出几百甚至上千倍。人类和黑猩猩群体内部发生争斗的频率值相差巨大。[15]

倭黑猩猩是与人类关系最为密切的另一个物种，倭黑猩猩与黑猩猩长相相似，但它比黑猩猩平和得多。然而，它们并非没有攻击性。一项长期野外调查发现，野生雄性倭黑猩猩的攻击性约为雄性黑猩猩的一半，而雌性倭黑猩猩则比雌性黑猩猩更具攻击性。因此，虽然雄性倭黑猩猩不如雄性黑猩猩暴力，但这两种类人猿的攻击性都远高于人类。总的来说，人类发生身体攻击的频率，还不到我们最亲近的猿类亲属的 1%。在这方面，与它们相比，我们确实是非常平和的物种。[16]

* * *

我们应该对"人类在家庭社区内一般都异常平和"，这一重要论断进行仔细检验。发生争斗的统计数据大体看来是无可争议的。美国的新闻中可能会经常报道校园枪击事件，但这与黑猩猩和倭黑猩猩的暴力事件相比频率很低。那么，家庭暴力情况如何呢？

即使是在出了名的温和群体中，如生活在博茨瓦纳境内的昆桑（!Kung San）狩猎采集者 [现多称为朱 / 霍安西人（Ju/'hoansi）]，家庭暴力事件也经常被记录在册。此外，这种形式的攻击可能被有计划地低估了。早期的航海者和人类学家往往是父权社会中的男性。家庭暴力事件经常是私下发生的，因而可以避开人类学家的关注。男性对女性的攻击频率的降低是否会削弱人类在家庭生活中是非暴力的这一主张？在男性对女性的施暴方面，人类与其他灵长类动物相比情况如何呢？[17]

当然，家庭暴力——或者更普遍地说，亲密伴侣间的暴力——是一种常见的人类现象。2005 年，世界卫生组织开展的关于"妇女健康和对妇女的家庭暴力"的多国研究调查，为我们提供了 10 个国家中 2.4 万名妇女的详细数据。[18] 伴侣间实施的身体暴力包括掌掴、推搡、拳打脚踢、拖拽、殴打及使用或威胁使用武器等。在城市中，自述遭受过伴侣身体暴力的妇女平均占比为31%，最低占比为13%（日本）、最高占比为49%（秘鲁）。在农村地区，这一比例更高，平均占比高达41%。在存在身体暴力行为的亲密伴侣中，50%~80%表示自己遭受过严重的暴力行为。这些比例似乎略高于美国的比例，在美国进行的超过9 000次的详细访谈中，有24%的妇女表示亲密伴侣对她们实施过严重的暴力行为。[19] 鉴于报道公布的比例如此之高，世界卫生组织的研究人员克里斯蒂娜·帕利托和克劳迪娅·加西亚·莫雷诺得出的结论并不令人惊讶。她们认为，"显然，需要多个部门更加努力，首先要防止暴力行为的发生；其次为遭受暴力对待的妇女提供必要的帮助"[20]。在身体暴力之外加上性暴力，情况就更糟糕了。2013年，世界卫生组织的一项研究发现，在10个重点国家中，经历过身体暴力或性暴力的妇女在城市中的平均占比为41%，在农村地区的平均占比为51%，在美国的平均占比是36%。[21]

因此，不可否认的是，世界范围内仍普遍存在暴力侵害妇女的行为，这是非常恶劣的情况。41%~71%的妇女在一生中的某些时期曾被男人殴打过。然而，与我们最亲近的动物亲属相比，这一比例并不算高。100%的野生成年雌性黑猩猩经常遭到雄性黑猩猩的严重殴打。[22] 即使在倭黑猩猩中，雌性的地位通常比雄性高，雄性也经常攻击雌性。灵长类动物学家马丁·苏贝克发现，在平均由9只倭黑猩猩组成的亚群中，雄性倭黑猩猩平均每6天就会对雌性倭黑猩猩进行一次身体攻击。[23] 如果这一比例适用于刚果（金）伊图里森林的农耕莱斯人和狩猎采集埃菲人，我和伊丽莎白在那里的9个月中大概会看到（或至少听到）几百次殴打妻子的事件发生。但我们一次都没有看到，只是偶尔听到一些关于殴打的传言。

男性对女性的攻击行为在小规模社会中似乎特别普遍，这些社会颂扬男性在战争中的重要性。当然，在诸如巴布亚新几内亚的桑比亚人[24] 或委内瑞拉的雅诺马马人[25] 等社会中，男性对女性的专横和欺凌是出于戏剧性的原因，对这两个群体的研究结果显示，村落之间确实存在暴力。然而，需要再次说明的是，尽管男性对女性实施暴力的比例和强度在这些小规模社会中可能与其他任何人类社会一样高，但与我们的灵长类亲属相比，这一比例和强度就显得微不足道了。这就可以理解为什么伊丽莎白·马歇尔·托马斯关于昆族的著作，被命名为《无害的人》（*The Harmless People*），让·布里格斯将她关于因纽特人的书命名为《永不愤怒》（*Never in Anger*），保罗·马龙将他关于婆罗洲本南族的书命名为《和平的人》（*The Peaceful People*）。[26]

家庭暴力令人憎恶，其应当始终被严肃对待。然而事实是，即使我们把男性对女性的永久威胁包括在内，人类的攻击性仍然比我们的动物近亲要低。

* * *

战争则应另当别论。刚果民主共和国发生的事件说明了群体内的家庭安定与对外暴力之间的对比关系。自 1994 年卢旺达图西族（Tutsi）种族灭绝和胡图族（Hutu）民兵进入刚果（金），伊图里森林便成了杀戮场。从 1996 年到 2008 年，伊图里人经历了第一次和第二次刚果（金）战争。森林生活变成了一场噩梦，游荡的军队用其力量迫害普通村民。据估计，在刚果（金）东部的伊图里及周边地区，超过 500 万人死于这场灾难。[27]

数据显示，战争可以在一个社会中销声匿迹几十年，但若再次爆发，人类自相残杀的比例就会高于黑猩猩或任何其他灵长类动物。劳伦斯·基利发现，在诸如狩猎采集者和园艺种植者等小规模社会中，群体之间的暴力致死率不仅高于灵长类动物种群，也高于俄罗斯、德国、法国、瑞典和日本等国 1900—1990 年的数据记录，尽管这些国家在两次世界大战中损失惨重。[28] 学者们针对基利的数据能否准确代表人类在暴力致死率方面长期的平均水平这一问题产生了争议，但这些数字确实表明，在小规模人类社会中，其他群体的谋杀率往往高得令人不快。[29]

　　高谋杀率或其他形式的暴力并非不可避免，不同社会、不同时期的情况差异很大。但总体趋势是明确的：与其他灵长类动物相比，我们在日常生活中的暴力程度极低，但在战争中，我们的暴力致死率却非常高。这种差异就是人性悖论。

第 2 章

两种性质的攻击：反应性与主动性

第二次世界大战结束之后的一个重要问题是，如何控制人类过度的攻击性。1965 年，生理学家何塞·德尔加多将自己置于险境，展示了其在认识上的突破。德尔加多独自一人站在斗牛场上，没有系红色的披风，也没有佩刀或任何通常被认为是防御性武器的东西，只带了一个此前在实验室里准备好的无线电发射器。他的病人——一头成年雄性"斗牛"冲向他，这种类型的公牛因具有较强的攻击性而被饲养，即便是最勇敢的斗牛士也会感到害怕。德尔加多在它的大脑中植入了一个电极，将电极的尖端非常精确地植入公牛的下丘脑，并将线导入公牛头骨的表面。他确信自己可以用无线电信号控制电极的活动。

　　现在是关键时刻。

　　当公牛被放进斗牛场时，它看到了德尔加多，然后立刻冲了上去。你可以在 YouTube（美国的视频网站）上看到这段互动。公牛喷着鼻息快速地接近他。站在德尔加多的角度看，它似乎是疯了，于是他按了一个按钮。

　　公牛停了下来，德尔加多走开了。

　　德尔加多所从事的工作是研究生物科学可能控制暴力倾向这一思

潮中的一部分。作为一名研究动物攻击性的神经生物学家，他认为与他对公牛进行的试验类似的试验可能会产生更广泛的影响。他幻想着能够"使用可植入的大脑电极，通过远程控制对神经进行调节"，从而使人"精神文明化"。[1]没有任何结论可以证明他的想法，但德尔加多的"特技表演"表明，早在1965年，人们对攻击性的神经基础就有了越来越多的科学认识。从那时起，我们了解了更多的相关信息。

攻击性行为包括丰富而复杂的生物能力和情感。有些人的攻击性比其他人更强。人们表达攻击性的方式也各不相同。有的人积极对抗，有的人消极反抗，有的人搬弄是非。正因攻击性存在如此广泛的多样性，以至我们可能会认为简单的方法不能对其进行有意义的分类。

然而，自20世纪60年代以来，人们为了解攻击生物学进行了许多不同的科学尝试，得出了同一个重要的想法。攻击，指的是一种旨在造成身体或精神伤害的行为，分为两大类，二者在功能和生物学上的表现截然不同，需要从进化的角度分开进行考虑。我使用"主动性"和"反应性"这两个术语，但许多其他的词组也表达了同样的意义：冷和热，进攻性和防御性，预谋性和冲动性，都是指同一个核心区别。[2]

反应性攻击是一种对威胁的反应。这是德尔加多的公牛所表现出来的攻击类型，也是我们大多数人非常熟悉的攻击类型。在体育比赛中，当运动员彼此之间或与裁判发生争执时，反应性攻击很普遍。在有关动物行为的教科书中，反应性攻击的特点很突出，也许通过对暹罗五彩搏鱼或发情的马鹿的描述可以说明这一点。男性比女性表现出反应性攻击的情况更多，且与高水平的睾酮有关。[3]与其他动物相比，大多数人类不会频繁地或强烈地表现出反应性攻击行为，但不幸的是，也有例外。这里有一个令人悲伤的例子。

2015年10月，16岁的贝利·格温死亡了。当天他在苏格兰阿伯丁的学校与一群男孩分享一包饼干。一个较小的男孩吃掉一块饼干之后，表示还想再吃一块，格温拒绝了，称这个男孩为胖子，然后转身离开。男孩很沮丧，反驳说"你妈妈也是个胖子"。这句反驳的话惹恼了格温，格温回过头来，摆好架势，然后两个年轻人开始挥拳相向，格温比他的对手高大，顺势按住对方的头，并多次将他撞到墙上。较小的男孩掏出一把小刀，刺向格温的胸膛，格温倒下了。

凶手心烦意乱，悔恨不已。"那是我的错。"当格温躺在血泊中时，他告诉了校长。几分钟后，格温死了。当这个少年被铐上手铐时，他告诉警察："我只是一时气愤。""我不是故意的，"他后来说，"但我刺伤了他。"在审判中，他被判犯应受惩罚的杀人罪（相当于苏格兰的非预谋杀人罪），并被判处了 9 年监禁。[4]

小小的侮辱所引发的致命的攻击性使争斗者无法进行再三思考。格温的死亡说明了成本和收益的悲剧性误算，这是升级版"性格之争"或"荣誉杀戮"的典型特征，是一种经典的高级形式的反应性攻击。"性格之争"时常引发酒吧里的争吵。酒精瓦解了两个人的抑制力，他们开始充满敌意地互相叫对方的名字。他们去酒吧外面打架，突然其中一个人掏出武器，使得这场争吵的局面变得严峻起来。1958年，犯罪学家马文·沃尔夫冈对美国谋杀案的诱发原因进行了第一次大规模研究。他发现，在 4 年时间里，费城 35% 的谋杀案是由"性格之争"引起的，是所有谋杀诱因中占比最大的一类。其他地方也存在类似的情况。[5]

有多种词汇可以用于描述反应性攻击行为，如敌对的、愤怒的、冲动的、情感性的或"热"的。攻击性行为总是伴随着愤怒，且经常伴随着失控，如发脾气等。它是对挑衅的反应，这些挑衅包括感觉自己受到了侮辱、感到难堪、感到存在人身威胁或单纯的挫败感等。在高度兴奋的状态下，人们很容易对周围的人发火，这是典型的反应性攻击行为。反应性攻击者除了远离挑衅的刺激外，没有其他方法能够避免这种情况发生，然而，刺激来自挑衅者。[6]

就像有些人比其他人更倾向于实施反应性攻击行为一样，不同的物种对这种攻击行为的表现也有所不同。大多数物种，如黑猩猩或狼，比人类更倾向于实施反应性攻击行为。这种模式在动物身上得到了很好的体现。反应性攻击在雄性动物为了地位或交配权而争斗时表现得尤为突出。通常情况下，动物间的争斗不会造成伤害，但如果赌注很大，竞争就会很激烈。在一项关于雄性叉角羚发情期争斗的研究中，有关求偶期雌性交配权的冲突占比为12%，而这一般会致使1~2只雄性死亡。[7]还有许多类似的数据表明，若男性与那些处在发情期的有蹄类动物一样意欲实施反应性攻击，美国男性中每年因"性格之争"造成的死亡人数将从目前的不到1万人增至超过10万人。[8]

* * *

反应性攻击行为与经过冷静计划后的暴力行为是完全不同的，通过大卫·海斯杀害马修·派克的案件就能明白二者的区别。海斯住在德国法兰克福附近，距派克在英国诺丁汉的家很远。2007年，两人都是二十出头的年纪，他们通过派克的女友乔安娜·威顿举办的游戏论坛在网络上认识。海斯对乔安娜产生了爱慕之情，他决意要去见见她。2008年，海斯未提前告知任何人就擅自来到乔安娜和派克在诺丁汉的公寓，表露了自己的心意。不幸的是，乔安娜不想和他有任何牵扯，但海斯并没有打消这个念头。他在英国待了一个月，留下情书并且跟踪她。

后来海斯回到了德国，但几周后，他对乔安娜的痴迷让他再一次返回了诺丁汉。乔安娜再次拒绝了他，他又离开了。2008年9月，乔安娜宣布与派克结婚，而这就是这一凶杀案的导火索。海斯再次离开德国前往诺丁汉，这一次他准备了不在场证明，伪造了派克的自杀信，并且带了刀。他走近这对情侣的公寓，看着乔安娜去上班，然后按下了门铃。当派克开门时，海斯立即袭击了他，并在其身上制造了多达 86 道伤口。派克在临死前用自己的血写下了凶手的名字。作为一种赢得伴侣的策略，海斯的行为是可悲而失败的。海斯虽然被判处了至少 18 年的监禁，但他达到了清除对手的目的。[9]

海斯的行为是主动性攻击的典型例子。主动性攻击也被定性为预谋性的、掠夺性的、工具性的或"冷"的。与反应性攻击不同，主动性攻击以获得外部或内部奖励为目标，是有目的的攻击行为，而不是为消除恐惧或威胁而做出的努力。它是职业杀手精心策划的行为活动，如有意驾驶飞机撞向人群密集的建筑物、故意驾驶租借来的卡车撞向无辜的人群；或是由凶手周密计划并实施的，诸如校园枪击案之类的行动。在实施这一行为时通常无须涉及对外的愤怒或其他情感表达（尽管在做决策时会涉及情绪），但事实上，正如我们将看到的那样，从其大脑的活动情况来看，采取主动性攻击的杀人犯的情绪往往特别稳定。

引起主动性攻击的可能是一些具体的东西，如金钱、权力或伴侣，也可能是更抽象的东西，如复仇、自卫，或仅仅是遵守承诺。人类在战争中的很多行为都是有预谋的，如突然袭击。战争的高死亡率告诉我们，与大多数物种相比，人类和黑猩猩一样，展现出高度的主动性攻击倾向。我们是优秀的策划者、搜寻者、袭击者，若我们想成为杀手，我们便是杀手。人类学家莎拉·赫迪指出，让数百只黑猩猩同时待在一架飞机上就会招致暴乱，而大多数人类乘客即使在拥挤时也表现得很镇静。然而，正如戴尔·彼得森所说，为了确保隐秘的敌人不会携带炸弹登机，机场需要对乘客进行严格的检查。这种对比说明了我们与黑猩猩在低反应性攻击倾向和高主动性攻击倾向之间的差异。[10]

当暴力行为是犯罪行为时，施暴者不一定是精神病患者，还有可能是正常人。在海斯的幻想中，杀死派克似乎是为了赢得乔安娜，或者可能是为了惩罚她的错误选择。然而，在通常情况下，行为人并不是法律意义上的精神病患者。这是有道理的，因为主动性攻击涉及各种高级认知能力，包括设计和遵照一个有目的的计划，并将注意力集中在一个固定的目标上。这种行为的目的是自我奖励，而不是消除某种令人厌恶的刺激，凶手会为实现目标感到高兴。主动性攻击行为可以由多种激励因素诱发，包括对金钱、权力、控制力的渴望，或是满足自己对施虐的幻想，其中一些因素在普通人看来是非常极端的。[11] 然而，只有在实施主动性攻击的攻击者认为自己有可能以较低的代价实现目标时，才会采取行动。[12]

相较于其他人，有更大的主动性攻击倾向的人具有典型的社会情绪。他们往往对情绪的敏感度较低，对受害者的同情心较少，对自身行为的悔恨程度较浅。

相对于战争死亡而言，目前尚未有关于主动性谋杀案和反应性谋杀案的明确比例统计，但总体而言反应性谋杀案更为常见。而马文·沃尔夫冈曾发现费城 35% 的谋杀案是由"性格之争"造成的，他和犯罪学家弗兰科·弗拉柯蒂得出的结论是："在所有已知的谋杀案件中，大概不到 5% 是有预谋、有计划、有意为之的。"[13] 但这些百分比加起来只有 40%，因此尚不清楚其余 60% 的谋杀案有多少是主动性谋杀案，多少是反应性谋杀案。未分类的谋杀案分为"家庭矛盾"（14%）、"嫉妒"（12%）和"金钱"（11%）等。[14] 当然，剩下的 60% 中有些是主动性谋杀案，因为其中包括复仇。犯罪学家菲奥娜·布鲁克曼在一份报告中提到，在凶手和受害者都是男性的英国谋杀案中，有 34% 的案件的动机是复仇，由于复仇总是包含计划，因此可以认为是主动性谋杀案。[15] 有专家认为 5% 这个数字太低，其主要原因是主动性谋杀者有时间进行周密计划，他们大概率能够逃脱法律的惩罚，未侦破谋杀案件的这一占比可能很高。美国联邦调查局的数据显示，美国至少有 35% 的杀人犯从未被绳之以法。由于这些原因，主动性谋杀案的发生率可能高于 5%。[16]

即便如此，进化论科学家约翰·范德登嫩发现，大多数谋杀案是由反应性攻击行为而非主动性攻击行为造成的。关于美国17座城市犯罪情况的调查证实了沃尔夫冈在费城的发现，他把大多数谋杀案件的发生归因于琐碎事件的分歧。"无论是在当下还是先前的研究中，争吵似乎都是主要的驱动力量。"[17] "性格之争"频繁发生。用达拉斯的一名警长的话来说："发脾气，然后开始争吵，直至有人被刺伤或被枪杀。我曾处理过这样的案件，当事人为了点唱机中一张价值10美分的唱片，或为了骰子游戏中1美元的赌债而发生争吵。"争吵比有计划的攻击更频繁似乎并不仅仅因为现代武器，如枪支等的存在：正如范德登嫩所指出的那样，在13世纪、14世纪的英国牛津，大多数谋杀案都是自发的。[18]

主动性杀人和反应性杀人有不同的解释。因为主动性杀人是故意的，所以更容易理解。正如大卫·海斯的案例所表明的，采取主动性攻击的杀人犯的目标是预先设定好的，整个攻击事件对该杀人犯来说是讲得通的，即使他们误以为杀人是一个好主意。反应性杀人则较难解释，因为打斗的激烈程度往往与挑衅行为的严重程度不成比例，杀人往往是意外。杀人者通常是懊悔的，且经常被抓住并受到惩罚，就像杀害贝利·格温的年轻凶手一样。进化心理学家马戈·威尔逊和马丁·戴利认为，大多数因琐碎事件争吵而导致的杀戮反映了一种维持地位的驱动力，这种驱动力在一个没有酒精、武器效力较低的世界里本来是合适的，但在今天的社会不再合适，因为这致使攻击者变成了杀人犯。犯罪学家肯尼思·波尔克和菲奥娜·布鲁克曼认为，在工人阶级和底层男性中，为地位而争吵的情况尤为频繁，因为其物质资源稀缺，这就使荣誉变得更加重要。威尔逊和戴利也表明，在收入极不平等的群体中，经常发生反应性攻击行为。[20] 人们认为，反应性攻击在"荣誉文化"中相对容易被煽动，由于文化原因，荣誉被高度重视，如美国南方地区。[21] 虽然反应性攻击受到经济和文化的各种影响，但杀人者和受害者往往都会蒙受损失，这表明这些杀人案通常只是由于当事人碰巧失控而发生的——它们是"出差错"的攻击行为。然而，即使致命的结果是意外，这些反应性斗争的激烈程度也在提醒我们注意荣誉或尊重的重要性。

反应性攻击和主动性攻击不仅在发生频率和解释方面有所不同，而且公众和法律对其的看法也有所不同。由于主动性攻击涉及审慎的抉择，相较于那些实施反应性攻击行为的人，我们倾向于对那些实施了主动性攻击行为的人做出更为严厉的审判。有名的贵格会教徒威廉·佩恩于1682年建立宾夕法尼亚州时，是一个反对死刑的和平主义者。但即使他富有同情心，也认为主动杀人者应受到最极端的惩罚。根据其于1682年及1683年颁布的宾夕法尼亚州法规：

若任何人……有意或有预谋地杀害他人……根据上帝的律法，这种人应处以死刑。[22]

冷酷的计划使杀人行为令人发指。1705年，在讨论该法规时，佩恩的司法部长坚持认为，不涉及预谋的谋杀案情有可原。他认为，死刑只应适用于有预谋的杀人案。

关于谋杀的法案规定，凡有意或有预谋地杀害他人者……都应处以死刑，我认为这是不合理的，因为这种故意杀人可能发生在突发情况下，因此并非蓄意或有预谋，而蓄意和预谋杀人应处以死刑。[23]

安妮女王支持这一观点，并正式颁布了相关法律。一段时期内，只有预谋杀人才会被判处死刑。

一时冲动的杀人行为相对来说可以被原谅。如果该行为涉及因"合理"的挑衅而失去自我控制，例如，发现配偶通奸，或得知自己的孩子受到性虐待，则谋杀罪可减轻为非预谋故意杀人罪。人们在看待这种挑衅之后的反应性暴力时是富有同情心的，以至在极端的情况下，有罪一方当事人可以完全免于受罚。

以埃德沃德·迈布里奇的案子为例。迈布里奇是一位著名的摄影师，1874年，他娶了一位比自己小21岁的女人芙罗拉。在其许多开创性成就中，迈布里奇发明了一套用于拍摄动物运动动作的系统，如拍摄一匹奔跑的马。他经常外出摄影，那段时间，一位年轻潇洒的戏剧评论家哈利·拉金斯少校有时会陪同芙罗拉。有一天，迈布里奇在芙罗拉的助产士家里看到一张他们宝贝儿子的照片，照片上以芙罗拉的笔迹写着"小哈利"三个字。迈布里奇顿时暴跳如雷，逼着助产士告诉他更多事情。她不情愿地给他看了拉金斯写给芙罗拉的情书。

第二天，迈布里奇制订了计划。他首先和他的助理一起安排好工作。然后，从旧金山乘渡轮、火车，以及8英里①的轻便马车来到了纳帕谷——拉金斯居住的牧场。迈布里奇敲门叫拉金斯出来。据说，当拉金斯来开门时，迈布里奇说："晚上好，少校，我叫迈布里奇，这是对你写给我妻子的信的答复。"迈布里奇用他的史密斯威森2号左轮手枪向拉金斯开了一枪，导致拉金斯当场死亡。在审讯中，迈布里奇以精神失常为由提出抗辩，但他的证词清晰地表明了其行为的蓄意性。法官认为，迈布里奇的犯罪是有预谋的，且精神正常，因而建议陪审团给出迈布里奇谋杀罪名成立的结论。

然而，陪审团无视了法官的建议。他们认为迈布里奇的暴力行为是由于假定其妻子通奸而产生的强烈情绪所造成的无法控制的结果，因此，他们认定他只犯有正当杀人罪。于是，他当即被释放了。迈布里奇离开法庭时，获得了热烈的欢呼。公众判定迈布里奇的行为是反应性攻击，可以被原谅。迈布里奇很幸运，因为他活了下来：现在的

---

① 英里：英制长度单位，1英里约合1.609千米。——编者注

司法制度已经不再如此"宽宏大量"了。据报道，他是加州最后一个被判定为正当杀人罪的受益者。[24]

在迈布里奇案件中，法官和陪审团的意见冲突表明，我们很难界定人身攻击是主动性的还是反应性的。目前，美国法律体系在判定杀人罪为非预谋故意杀人（符合反应性攻击）而非谋杀（通常是主动性攻击）时有4个适用标准，但其也允许有各种解释：

（1）必须有合理的挑衅行为。

（2）被告必须在事实上被激怒。

（3）一个理性的人如此被激怒，在挑衅和给予致命一击之间的时间内无法冷静下来。

（4）被告事实上一定没有在该段时间内冷静下来。[25]

这4个标准看起来很清晰，但其含义却取决于主观判断。怎样才算"合理"的挑衅？有些人会认为，发现自己的配偶通奸是杀死对方的合理挑衅，正如迈布里奇案件的陪审团所判定的那样。其他人则不会同意。从挑衅到杀人之间的时间间隔有多短，以至凶手无法冷静？正如心理学家布拉德·布什曼和克雷格·安德森所说，美国一些州认为"如果凶手提前考虑到杀人行为，哪怕只有几秒钟的时间"，谋杀就是有预谋的。因此，人们会认为在受侵害过程中杀死袭击者的强奸案受害者比晚一分钟才杀死袭击者的强奸案受害者更加情有可原。而在一天后才杀人的受害者则可能被认为是有预谋的。其暴力行为被认为是经过深思熟虑的，因而其将受到更重的处罚。法律可能早已认识到自由意志在预谋暴力中发挥着更大的作用，但还没有得出一个让人普遍接受的定义来区分谋杀和过失杀人，或者用这里讨论的术语——主动性暴力和反应性暴力。[26]

* * *

虽然法律和公众早已认识到主动性攻击和反应性攻击之间的重要区别，但还是难以划定一个明确的边界，这可能导致人们认为攻击性是沿着一个单一的尺度，从低到高排列的。为了确定主动性攻击和反应性攻击之间的差异，人们从几个方向采取了科学的方法进行研究。20 世纪中叶，儿童发展心理学、犯罪学、临床心理学和动物行为学的研究都在形成一种对主动性和反应性的划分态势。到 1993 年，心理学家列昂纳多·博克维茨在《攻击：成因、后果及控制》(*Aggression: Its Causes, Consequences,and Control*) 一书中对这一现象进行了总结，使攻击的双重性变得清晰起来。[27]

博克维茨将攻击的类型分为"反应型"与"工具型"，并将其应用于所有类别的冲突，而不仅仅是谋杀案。"反应性"和"主动性"这两个词最早是在 20 世纪 80 年代的儿童研究中配对使用的。反应性攻击是对迫在眉睫的威胁做出的即时反应，包括愤怒、恐惧或两者兼有。它开始于交感神经系统的唤醒，并产生斗争或逃跑等反应：肾上腺素释放，心跳加速，肝脏开始分泌葡萄糖，瞳孔放大，口干舌燥，以及非必要的过程，如消化不良等。与此相反，主动性攻击发生之前，神经系统并不会出现任何等效的唤醒，因为它不需要应对即时的威胁。主动性攻击的特点是具有审慎的计划，且攻击者往往在攻击时不带有任何情绪。[28]

了解主动性攻击和反应性攻击之间的区别，对于通过杀人罪（包括与性有关的凶杀和大规模谋杀）、跟踪和家庭暴力等理解儿童的攻击行为是有用的。心理学家里德·梅洛伊说，大多数配偶施暴者很容易被归为掠夺型（主动性）或冲动型（反应性）攻击者。掠夺型攻击者一般比较暴力，更注重支配和控制其伴侣，特别是当对方出言反驳时，其更可能施暴。相反，若配偶试图退出争论，冲动型攻击者则更有可能失去控制。这种区别有助于显示人身危险的风险因素，提高识别潜在惯犯的能力，或有针对性地提供可以控制攻击的药物。[29]

因此，生物机制对于明确反应性攻击和主动性攻击之间的差异尤为重要。攻击性的生物学基础研究的重点之一是谋杀者。1994 年，神经犯罪学家阿德里安·雷恩领导了首个人类在相关方面的研究，这一研究评估被定罪的谋杀者的大脑活动是否因犯罪行为是主动性攻击或反应性攻击而有所不同。雷恩对谋杀者之间的个性差异印象深刻。兰迪·卡夫是一位智商高达 129 的计算机顾问，从 1970 年到 1983 年，他一直在物色年轻男子，并对他们实施性犯罪。他在给受害者下药、处理尸体时非常克制和谨慎，据说他至少已行凶 64 次，之后因酒后驾车偶然被抓。卡夫属于主动性攻击杀手。安东尼奥·布斯塔曼特是一个冲动并且犯罪不多的罪犯，他在一次入室盗窃中受到惊吓，用拳头打死了一名 80 岁的老人。布斯塔曼特缺乏条理，效率低下。当他去兑现偷来的旅行支票时，老人的血迹还在上面。当他被捕时，衣服也是血迹斑斑。布斯塔曼特所实施的无计划谋杀显然是一种反应性攻击犯罪。[30]

雷恩对主动性谋杀者和反应性谋杀者的大脑差异的兴趣集中在前额皮质的作用上。大脑皮质是一层薄薄的组织，厚达 3 毫米，覆盖在大脑表面，包括位于山脊状皮质之间的许多褶皱。大脑皮质涉及高级认知功能，如思维和意识。皮质的一部分位于大脑的前部，眼睛的上部，被称为脑前额叶。前额皮质的主要功能之一是控制情绪，换句话说，就是抑制情绪的表达。反应性攻击可以被认为是对恐惧和愤怒等情绪的控制（或抑制）失败的结果。雷恩问了自己一个直接的问题：冲动型（反应性）谋杀者往往对自己的情绪没有什么控制力，其前额皮质的神经活动是否比正常人少？他推测会如此。[31]

雷恩在加州监狱使用 PET-CT（正电子发射计算机断层显像）开展研究，PET-CT 可以测量大脑不同部位消耗葡萄糖的速率——本质上就是大脑这些部位的工作强度。他扫描了40名被控谋杀的男性的大脑（尽管有些人在雷恩研究时还没有被定罪）。为了将被告定性为主动性或反应性攻击者，雷恩团队的两名成员调查了每一个人的犯罪史、心理和精神评估情况、律师访谈记录、新闻报道及病历。

在某种程度上，反应性谋杀者和主动性谋杀者是很难进行区分的。与非谋杀者相比，所有被控谋杀者的大脑皮质下部的神经活跃程度都很高，包括边缘系统。边缘系统是一个处理情绪反应的大脑网络。这一发现表明，所有被控谋杀者都倾向于有特别强烈的情绪反应。然而，正如雷恩所预料的那样，被控谋杀者的大脑有所不同，这取决于其攻击行为是被定性为反应性还是主动性。反应性谋杀者的前额皮质，即大脑的抑制部分神经活动较少。这种差异有助于解释为什么有些人更容易出现冲动型暴力犯罪：他们很难控制自己。

雷恩的数据是在谋杀案发生很久之后才收集的。这意味着他发现的大脑活动差异不能归因于谋杀时刻的兴奋。相反，其观察到的大脑活动水平是这些个体的特征，有些人就是比其他人更加情绪化。

* * *

随后的研究通过使用被诊断为患有精神病的人的信息，完善了我们对情绪冲动的皮质控制理论的理解。冲动更多与反应性攻击相关，而与冲动不同的是，精神变态则更多是与主动性攻击相关。因此，精神病患者为我们提供了一个机会[32]，让我们能够了解那些容易导致人们产生主动性攻击的特征。

世界各地都有精神病患者。根据犯罪心理学家罗伯特·黑尔设计的标准评分表，精神病患者往往表现出20种特征，包括经常撒谎、性滥交和不太能忍受无聊等。他们对别人的想法和感受都不敏感。这在短期内至少对他们来说是有利的，尽管他们傲慢、富有野心、容易受骗，但他们的自信引人注目。他们比普通人表现出更少的同情心，且往往更不容易内疚或懊悔。这种缺乏同情心的情况使他们相对于普通人更容易具有攻击性。精神病患者倾向于试图不择手段地得到自己想要的东西。总而言之，精神病患者以自我为中心、不关心他人、道德判断能力受损，而且他们很可能是犯罪分子，其中多数是男性。[33]

英国的一项调查发现，精神病患者占其总人口的比例不足1%，这可能也是全世界的大致比例。男性和年轻人患精神病的概率大于女性和中老年人。精神病患者比其他人更加暴力。在英国，心理变态还与自杀未遂、监禁、药物依赖、反社会人格障碍和无家可归有关。而在造成心理变态的众多特征中，缺乏良知是关键的要素。[34]

对精神病患者的研究暂且告一段落，我们可以从不同物种的角度来观察，以深入了解并区分精神病患者与其他人的大脑的区域功能有何不同。边缘系统是大脑深处皮质下的一系列小结构，这些结构彼此相连，大量参与愤怒、焦虑、恐惧和快乐等情绪反应的产生。野生哺乳动物往往比家养哺乳动物拥有更大的边缘系统，这与其具有更强烈的情绪反应相一致。在边缘系统中，已经得到充分研究的一个部分是杏仁核，即一个杏仁大小的区域。超出正常大小的杏仁核与个体更加可怕、更具有攻击性的行为有关，而相较于家养动物，野生动物的杏仁核更大。[35]

精神病患者显得特别无畏，这一特征似乎从他们的杏仁核相较于其他人的脑成像显示较小、有时畸形、活跃度低这三点得到了支持。当精神病患者在进行道德决策、恐惧识别和社会合作等行为时，杏仁核活跃度格外低：精神病患者往往对让大多数人感到同情或恐惧的环境有相对较低的情绪反应。低恐惧和低同理心都支持主动性攻击行为。因此，杏仁核活跃度的低下可能是一些人缺乏恐惧和同理心的原因，并有助于解释这些人为何容易实施主动性攻击。[36]

关于神经生物学方面的主动性攻击还没有在人类身上进行深入研究，因为在大脑上进行符合伦理的试验是很困难的，但近期的一种方法提供了极好的机会。神经生物学家弗兰奇斯卡·丹巴赫尔领导的团队发现，他们能够减少男性的攻击性，有点像德尔加多对公牛进行的试验。丹巴赫尔团队减少的不是反应性攻击倾向，而是主动性攻击倾向。令人欣喜的是，丹巴赫尔的方法不需要进行脑部手术。该团队使用一种叫作 tDCS（经颅直流电刺激）的新方法，刺激前额皮质特定部位的神经活动。他们让受试者向一个假定的竞争对手发出噪声，然后测量这些噪声的音量和持续时间以评估受试者的主动性攻击倾向。他们的试验发现，在男性（而不是女性）中，tDCS 不出所料地减少了主动性攻击倾向。[37]

攻击行为的差异与神经活动的差异有关并不奇怪。总的来说，这些证据显示了我们对杏仁核和前额皮质的预期。杏仁核的部分功能是感受负面情绪（如恐惧），倾向于实施主动性攻击的精神病患者的杏仁核表现不佳。前额皮质参与控制冲动、处理奖惩和进行计划，可能实施反应性攻击的人的前额皮质表现不佳。对杏仁核和前额皮质的解剖学和大脑活动的研究仍处于相对早期的阶段，但已使我们开始了解这两种类型的攻击行为独特的神经生物学意义。

我们越是了解人类反应性和主动性攻击的生物学基础，就越有机会减少攻击行为的发生。前额皮质中调节反应性攻击的神经回路会因为血清素这种神经递质的大量流动而增强。因此，大脑血清素浓度低的人更容易使用冲动型暴力。因此，有反应性攻击病史的精神病患者可以通过服用 SSRIs 类药物（抗抑郁药），也就是增加血清素浓度的药物来得到帮助。[38] 相比之下，我们目前还没有发现能够成功影响人类主动性攻击行为的精神类药物。[39]

血清素的调节作用不仅取决于它的浓度，还取决于相关种类的血清素受体的密度。冲动的人（因此容易实施反应性攻击）大脑中与冲动控制相关的前额皮质部分的受体（5-HT1A 受体）密度往往非常高。性类固醇（如雄性激素和雌性激素）也能调节血清素系统。大脑血清素低的男性若产生高比例的睾丸雄激素和应激激素皮质醇，则更有可能具有攻击性。女性的 5-HT1A 受体分布变化与月经周期各阶段循环激素水平变化有关。女性若患有严重的经前综合征可能会更加易怒，更加具有攻击性，SSRIs 类药物也可以为此提供帮助。同样，这些影响血清素水平的药物干预可以减少反应性攻击倾向，但不能减少主动性攻击倾向。[40]

＊ ＊ ＊

虽然来自人类的证据已经表明主动性攻击和反应性攻击在大脑中的组织方式不同，但未揭示具体细节。进行动物研究是必要的，因为这能够揭示控制主动性攻击和反应性攻击的特定神经通路。

基于大脑活动的微妙差异，动物的攻击性可以分为两种不同的类型，这一说法最早出现在第二次世界大战之前。研究发现，刺激下丘脑的不同位置，猫会产生不同的可预测行为。下丘脑是靠近大脑底部的神经系统的一小部分，通过连接大脑外部的一个小腺体——脑下垂体，影响着整个身体的激素分泌。研究人员发现，下丘脑对于电极刺激的行为反应取决于电极精确触及的位置。刺激下丘脑内的一个位置会导致其对同一笼子里的小鼠进行"静咬攻击"，这是一种主动性攻击；刺激下丘脑的另一个位置会产生一种被称为"防御性攻击"的反应性攻击，这种攻击也出现在其他猫科动物或人类被试者身上。

猫的"静咬攻击"被确认为取食行为：这是狩猎顺序中的一部分。因此，刺激下丘脑不同区域所产生的不同行为并没有被认为是二者择一的攻击类型。研究者认为这种差异只是进食和斗争之间的对比。[41]

然而，对啮齿类动物的平行研究改变了"静咬攻击"仅限于进食行为这一观点。大鼠和小鼠是关键的试验动物，因为这两种动物有时会对同一物种的成员实施主动性攻击。大鼠一直是主要的研究物种。它们会跟踪和攻击，有时甚至会杀死其他同类。事实证明，大鼠下丘脑的同一区域与猫一样，参与控制"静咬攻击"行为。但猫将攻击指向猎物（小鼠），而大鼠有时会将攻击指向其他大鼠，这时"静咬攻击"并未被归入进食行为。鉴于其攻击指向同一物种的成员，"静咬攻击"被理所当然地判断为主动性攻击。

这些动物研究揭示了一些主动性攻击和反应性攻击的神经生物学基础方面的细节。在猫和大鼠身上，刺激下丘脑内的特定区域决定了它们产生的攻击行为的类型。刺激下丘脑内侧基底部产生"防御性攻击"（反应性攻击）；激活下丘脑外侧区产生"静咬攻击"（主动性攻击）。这是一个不同寻常的、令人惊讶的突破。电极位置发生微小变化，生物体表达的攻击类型也会产生根本差异；而在关系非常遥远的哺乳动物，即猫和啮齿类动物中，这种差异也接近一致。

在大脑的另一个深部区域也出现了类似的对比。中脑导水管周围灰质是基底的控制中心。激活中脑导水管周围灰质的背侧产生反应性攻击，激活其腹侧则产生主动性攻击。

反应性攻击和主动性攻击之间有什么关系？它们是协同工作，其中一个增加另一个就会增加（相互促进）的，还是对立地发挥作用，表达一种攻击会抑制另一种攻击的表达（交互抑制）？分析个体内部主动性攻击和反应性攻击之间的关系，可以深入了解这两种攻击行为的进化功能。匈牙利神经科学家约瑟夫·哈勒领导的团队在探究这类问题时发现了猫和大鼠之间存在的一个令人兴奋的差异。

猫的两个下丘脑区域的连接似乎允许交互抑制，也就是说，增加其中一个区域的活动会抑制另一个区域的活动。如我们所见，猫的"静咬攻击"是一种狩猎（取食）行为，而大鼠的同一行为是针对其他同类的。哈勒小组提出，当猫在战斗（进行反应性攻击）时，下丘脑内侧基底部的神经抑制了下丘脑外侧区神经的传导，从而抑制了"静咬攻击"行为。因此，猫不能同时进行战斗和狩猎，这是一种有用的适应，以避免在试图同时做两件不相容的事情（战斗和取食）时产生混乱。相比之下，大鼠的下丘脑内侧基底部和下丘脑外侧区之间的连接极少，所以表达一种类型的攻击对另一种类型的攻击的抑制较少。这意味着，如果大鼠发起了有预谋的、主动性的"静咬攻击"，但发现被害者进行反击，攻击者可以立即以反应性攻击回应。因此，在大鼠中，由于缺乏交互抑制，主动性攻击和反应性攻击可以同时发生，且一种攻击不会抑制另一种攻击。[42]

当有计划的攻击变成战斗时，人类攻击者会通过产生反应性的"防御性"攻击来迅速适应，从而从中受益。因此，人类似乎也可能存在类似的交互抑制的缺失，更像大鼠而不是猫。如果哈勒的提议适用于人类，我希望人类能被证明在下丘脑内侧基底部和外侧区之间有很少的神经连接，因而当有计划的攻击变成战斗时，人类攻击者较容易通过产生反应性攻击来适应。

动物研究表明，反应性攻击和主动性攻击产生于不同的神经通路，这表明不同的物种可能朝着更大或更小的倾向去适应以产生不同的攻击类型。以同样的方式对人类进行的研究也显示了大脑活动的差异，这些差异说明了某些个体会或多或少地实施主动性或反应性攻击的原因。

并非所有攻击行为的生物学基础都由基因构成，生活中的意外对个体的攻击倾向也有重要影响。埃德沃德·迈布里奇的案例展示了反应性攻击的倾向是如何被生活中相对较早发生的事件增强的，该事件的发生远在他实施犯罪之前。1860年，30岁的迈布里奇和其他7名乘客乘坐一辆马车沿着得克萨斯州的山坡下行，车夫失去了对马匹的控制，他们飞速撞上了一棵树。马车被撞得粉碎，一人死亡，其他人受伤。迈布里奇头部着地，并失去了知觉，这导致他后来无法回忆起事故的经过。他出现了复视、丧失味觉和嗅觉等症状，这与前额皮质受损的症状一致。他花了几个月的时间才恢复正常。

15年后，在迈布里奇的谋杀案审判中，一系列证人做证说他的性格在事故后发生了极大的变化。他变得古怪且易怒，在社交方面不受约束，以至在相机前裸体摆出各种姿势，情绪不受控制，甚至还因此上过报纸。神经心理学家亚瑟·岛村从迈布里奇的症状推断其过度情绪化是由眶额皮质（前额皮质中参与决策的一部分）受损引起的。这一特殊的神经损伤史让他无法控制自己的冲动，包括那些反应性攻击行为。[43]

对双胞胎的研究提供了有关遗传影响的关键信息。关键在于，同卵（单卵）双胞胎共享100%的遗传物质，而异卵（双卵）双胞胎就像其他非双生的一对兄弟姐妹一样共享50%的遗传物质。所以，在某些特征上同卵双胞胎比异卵双胞胎更相似，他们的相似性更高是因为他们的基因更相似。遗传对某一特征影响程度的强弱可以通过同卵双胞胎相较异卵双胞胎的这一特征的相似程度来评估。

环境的影响是不易解释的，因为"环境"是一个宽泛的概念，包括社交反应和物质世界。一个特别棘手的问题是，当同卵双胞胎生活在一起时，长相相似会促使其他人以非常相似的方式回应他们。因此，生活在一起的同卵双胞胎所经历的环境相较长相不那么相似的异卵双胞胎可能更相似。基于这个原因，最好的研究对象仅限于那些在小时候就彼此分离，在不同家庭中成长的双胞胎，这种案例相对罕见。在为期20年的明尼苏达州双胞胎家庭研究中，研究人员收集了1936—1955年的数据，随后发表了研究报告，他们发现那种罕见案例（分开抚养的双胞胎）在研究方面特别有效，引领了研究的方向。研究人员发现，基因的相似性影响了许多特征，从智力、宗教信仰、幸福感，到孩子站立时的身体姿态等。[44]

一项对2015年以前所有关于双胞胎的攻击性行为的研究表明，攻击性行为的基因遗传率通常在39%~60%，平均为50%。这意味着，在这些环境中，基因和社会化对塑造个体攻击性的影响几乎同等重要。有趣的是，同样的情况并不适用于某些十分相似的行为，如违反规则。儿童在违反规则这一倾向上的差异，几乎完全源自社会化，这与他们相互之间的攻击性是不同的。[45]

研究者只是偶尔将主动性攻击和反应性攻击分开考虑。大多数关于攻击性的研究对象都是男孩。为了衡量攻击性，研究者要求家长、老师和男孩，或男孩自己完成一份问卷。被判定为主动性攻击的行为包括"他威胁和欺负其他孩子"或"他为了好玩而损坏或破坏东西"。反应性攻击行为的例子是"他在生气时损坏东西"或"他被别人取笑时会生气或打人"。[46]

2014 年的一项研究对 254 对同卵双胞胎和 413 对异卵双胞胎进行了比较，这些双胞胎从出生到 12 岁一直生活在同一个家庭。在这种情况下，儿童的攻击性是由他们的老师来评价的。遗传因素占主动性攻击倾向评分差异的 39% ~ 45%，占反应性攻击倾向评分差异的 27% ~ 42%。这项研究的结论是主动性攻击行为的基因遗传概率比反应性攻击行为的遗传概率高，这是几项发现类似结果的研究中所得出的最新结论。基于这项早期工作，人们可能证明主动性攻击相较反应性攻击受基因的影响更大，但目前我们只能说这两种类型都受到基因的重要影响。[47]

对双胞胎的研究揭示了基因遗传概率的高低，但并未明确哪些基因是重要的。尽管在很大程度上进行了广泛的研究，但我们关于特定基因对攻击性的影响依然知之甚少。这一点并不奇怪。基因通过多个生物系统产生影响，如应激反应、焦虑回路、血清素 – 神经递质通路和性别分化的动态等。成百上千个基因可以影响复杂的行为模式。要分辨出人类基因组约两万个基因中的某一个基因的影响是非常具有挑战性的，因为这需要巨大的样本容量，通常需要成千上万个个体。即使研究人员能够获得大量的基因型，也会发现很难系统地描述这么多人的攻击性倾向。[48]

然而，人们发现了一些有用的线索，例如，遗传因素如何通过影响血清素活性来影响反应性攻击。MAOA（单胺氧化酶 A）基因是一个典型的例子，它位于 X 染色体（性染色体）上。男性的性染色体中只有一条 X 染色体，因此男性只有该基因的一个变体。这意味着，一个罕见变体的影响从未被一个对应物掩盖，因为对应物通常存在于女性身上（因其性染色体中有两条 X 染色体），或者若该基因在一个常染色体上，则也会受到对应物的影响。此外，因为男性的攻击性更明显，较之女性更容易估量，所以大多数研究都集中在男性身上。

正常的 MAOA 基因会编码一种叫作单胺氧化酶 A 的酶，这种酶可以降解血清素和另外两种神经递质——多巴胺和去甲肾上腺素。一个变异基因家族被称为"低表达型 MAOA 基因"（MAOA-L）。这些变异基因产生的酶在降解神经递质方面的效率相对较低。因此，该基因的变异形式会干扰血清素的正常代谢。对血清素系统的这一干扰预计将导致个体更容易情绪失控、承担更多的风险，且更具反应性攻击倾向。

2014 年，针对 31 项研究的调查发现，在携带 MAOA-L 的男性中，有一个微小但一致的倾向，即他们表现出反社会行为的概率相对较高。甚至在试验中也发现了类似的情况。政治学家罗丝·麦克德莫特和她的同事做了一组测试，看这种基因的存在是否会让受试者给那些明显待他们不公的人增加令人讨厌的辣椒酱的用量，结果确实如此，而且当受试者受到更强烈的挑衅时，这种情况会更严重。[49]

由于这些研究，MAOA-L 有时被称为"战士基因"。这个绰号不太恰当，因为许多携带该基因的人并未表现出比其他人更强烈的攻击性倾向，而且即使在携带该基因的人群中，该基因的影响也会与童年经历相互作用。因此，在考虑童年经历时，MAOA-L 对反社会行为的典型影响更加可预测：若年轻时受到过身体上的虐待，一个携带 MAOA-L 的成年人更有可能表现出暴力行为。相比之下，没有迹象表明 MAOA-L 与主动性攻击或心理变态等倾向有关。

虐待儿童与 MAOA-L 之间的相互作用提醒人们，遗传的影响从来不会凭空产生。年轻人的成长环境很可能会影响所有遗传因素对行为的影响。大多数情况下，个体基因差异的可预测性极其微弱。

　　类似的警告适用于大脑活动。阿德里安·雷恩发现被控主动性谋杀和反应性谋杀的男性大脑活动的差异后，对自己的大脑进行了评估。他的 PET-CT 结果显示，相较未被指控谋杀的对照组，他的大脑与主动性谋杀者和精神病患者的大脑更相似。他对这个结果很感兴趣。"当你的大脑扫描图与一个连环杀手的大脑扫描图相似时，确实会让你迟疑。"他说。他回想了自己与精神病患者的其他相似之处，如心率很低。他认为自己很幸运，走上了研究者这条道路。他本可以很轻易成为一名罪犯。基因可以影响行为，但很少决定行为。[50]

＊＊＊

　　攻击性行为受到基因的影响：主动性攻击和反应性攻击由不同的神经通路控制，具有大量不同的遗传性；某些基因会促进反应性攻击，但没有基因能促进主动性攻击。在未来，我们可以期待双胞胎研究、收养研究以及对基因本身的研究会越发明确反应性攻击和主动性攻击各自存在的危险因素。目前，我们可以说这两种攻击性行为充分代表了截然不同的情绪和认知反应，这些反应受制于不同的生物学基础。

　　因此，人们认为反应性攻击和主动性攻击能够摆脱彼此而独立进化。俄罗斯的一项关于大鼠的试验恰好发现了这一结果。在血清素水平升高的情况下，挪威大鼠选择对人温顺。血清素水平升高导致了其反应性攻击行为的减少。然而，大鼠的主动性攻击倾向并没有改变。[51]

　　人类相较其他物种，反应性攻击发生的频率低，而主动性攻击发生的频率高，问题是我们为什么会呈现这种混合状态。我们应首先从解答为什么我们的反应性攻击倾向低这一疑问开始寻找答案。很多像人类一样非常温顺的动物都是被驯化的。我们需要弄清楚一个物种在被驯化的过程中发生了什么。

　　　　人性悖论：人类进化中的美德与暴力

第 3 章

人类是如何被驯化的

驯化不等于驯服。野生动物有时会被驯服，但这并不意味着它被驯化了。关于这一点雷蒙德·科平杰可以告诉你。

科平杰是一名雪橇手和生物学家，他饲养狗并且了解它们。2000年，他的朋友埃里克·克林哈默——印第安纳州狼园的园长，邀请他进入一个圈养着狼的笼子。科平杰犹豫了一下。"我不太了解驯养的狼。"他说。克林哈默让他放心。他的狼是几代圈养狼的后代，与野生狼有很大的不同。这些狼10天大的时候，就开始被号称"小狗父母"的人类饲养。即使是成年后，它们仍然每天都被小心对待。它们已经习惯了被拴住，会尽可能温顺。"就把它们当成狗来对待吧。"克林哈默说。

科平杰就这样做了。他和克林哈默一起进入了圈养狼群的围栏。对一只叫卡西的成年母狼说了句"好狼"之类的话，轻轻拍了拍它的侧身。

据科平杰描述：

那时它的牙齿已经长齐了。不是象征性地咬一口，而是摆出了全面开战的架势，而这一紧急情况考验我能否站稳脚跟并对埃里克的命令做出紧急反应。"出去，出去！它们会杀了你的！"注意"它们会杀了你的！"这一措辞。我模模糊糊看到一群狼围了过来，卡西咬住了我的左臂，还有一只狼猛扯我的裤子。

"你为什么要打它？"埃里克后来说，但这一声音太轻了，当时我的心扑通直跳，几乎听不到他在说什么。

"不是打它！我是在拍它！你说把它们当狗看，所以我像拍狗一样拍了它。即使我对狗做出一些不当的社交行为，我的头也不会被咬掉。可为什么你们这些让狼社会化的人的身上都有些可怕的疤痕！"我一边给受伤的手臂扎止血带，那里的鹅绒夹克已经被撕坏，一边说道。我再也不会以为可以像对待狗一样对待被驯服的狼了。[1]

狼和狗不同。无论你怎样驯服狼，它都不会被驯化。狼在多年表现乖巧之后，会突然出乎意料地忘记那些训练。你不应该相信野生动物的温顺，它们的攻击性极强。相比之下，家养动物与其野生动物祖先在基因上已经发生了变化，它们不太容易因受到刺激而实施反应性攻击。

问题不在于动物的学习能力有多强。黑猩猩和其他动物一样聪明，当它们与特定的人关系良好时，也可以表现得像克林哈默的狼对待克林哈默一样。就拿动物保护主义者卡尔·阿曼来说吧，他和他的妻子凯西在肯尼亚的家中养了一只名叫姆兹的黑猩猩，这只黑猩猩是"野味贸易"的难民，他们已经养了它20年。卡尔说，即使姆兹已经是年轻的成年猩猩了，也总是睡在他们的床上。但事实上，姆兹并不喜欢睡觉，除非它躺在卡尔和凯西之间，握着他们的手。

几年前，我和阿曼夫妇同住时见到了姆兹。它表现得很好，但我们的互动是有边界的。有一次，在吃早餐时，它和我同时伸手去拿一罐橙汁。当我拿着罐子的时候，它抓住了我的手，然后捏了一下。"好痛！你先来！"我尖叫了一声，在它喝完后，我还在揉搓手指以恢复知觉。姆兹与卡尔和凯西的互动非常精彩，但对于大多数人来说，要想和它安全地生活在一起需要大量的训练——更不用说要和它在一起睡觉了。

姆兹与阿曼夫妇的关系非常好，因为他们对它很用心。许多与人类密切相处的其他猿类也是如此，如大猩猩科科与彭尼·帕特森，或者黑猩猩瓦肖与罗杰·福茨。然而，成年类人猿永远不应该拥有我们给予训练有素的狗的那种自由，因为这并不安全。驯兽师维吉·海恩在讲述心理学家兼灵长类研究人员罗杰·福茨和他的团队如何与语言技能熟练的黑猩猩瓦肖一起工作时，赞同地指出使用狗链、虎钩和牛鞭的必要性。这样的预防措施可能会使查拉·纳什免于被黑猩猩特拉维斯攻击双眼、面部、双手和头部。黑猩猩特拉维斯是一只13岁的电视节目明星，它的主人桑德拉·赫罗德将其视为家庭一员。有一天，当主人的朋友换了新发型，主人试图安抚暴躁的特拉维斯时，特拉维斯攻击了她，并造成了严重的伤害。[2]

不管是在人类家庭中长大的黑猩猩，还是被深爱它们的研究人员研究了一辈子的黑猩猩，都无法让人相信它们不会在攻击中使用自己的力量——即使它们完全明白规则。幸运的黑猩猩，如瓦肖，最终会得到黑猩猩伙伴的陪伴，并生活在自在的空间中。而不幸的黑猩猩，则会在孤独的监禁中度过其成年生活。不管怎样，黑猩猩糟糕的自制力都迫使我们对它们心怀警惕。正如海恩所说，我们只能同家养动物存在相互信任的关系。

人类在这种驯服或驯化的分裂中的地位很明确。与典型的野生动物相比，我们很镇定——更像狗而不是狼。我们可以直视彼此，不会轻易发脾气，而且通常能控制自己的攻击性冲动。对于灵长类动物来说，最强的攻击性刺激之一是陌生个体的出现。但儿童心理学家杰罗姆·凯根说，在数百次观察两岁儿童与陌生儿童的交往中，他从未见过一个人对另一个人出手。这种与他人，甚至是陌生人和平交往的意愿是与生俱来的。同家养动物一样，人类进行反应性攻击的门槛很高。在这方面，人类与家养动物的相似度远远高于其与野生动物的相似度。[3]

人类是被驯化的物种这一观点至少在古希腊时就有了。两千多年前，这一观点有两个版本。一个版本认为驯化是人类的普遍特征，不幸的是，另一个版本影响更大，认为人类群体的驯化程度各不相同。提奥夫拉斯图斯是亚里士多德的继任者，雅典逍遥学派的领袖之一，他认为，驯化是人类的普遍现象。要是大家都听他的就好了。然而亚里士多德的观点在19世纪被重提，并引起了麻烦。一方面，亚里士多德认为大多数人类，如他最熟悉的希腊人和波斯人，比野生动物的攻击性要小得多，所以他把这类人与马、牛、猪、羊和狗归为同一类温顺的动物。另一方面，他认为狩猎采集者是野蛮的，因此是未被驯化的。所以亚里士多德认为有些人比其他人更容易被驯化。

他的蔑视为纳粹分子对那些被认为驯化程度不如他们的人施以暴力提供了理由。

* * *

两千年后，人类驯化的话题在一位有影响力的早期人类学家约翰·弗里德里希·布鲁门巴哈的研究中重现。1752年，布鲁门巴哈出生于德国，并一生都在哥廷根工作。他从一开始就显现出卓越不凡的才华，于23岁时发表了一篇15页的博士论文，题为《人类的自然起源》(On the Natural Variety of Mankind)，24岁时成为医学教授，毕生都在研究人类是如何适应自然界的。他的一系列激动人心的发现使生物学从中世纪的愚昧无知走向对人类意义的现实评估。布鲁门巴哈一直对把人类当成动物来理解这一项目十分感兴趣。

他的贡献是巨大的。伟大的分类学家林奈曾宣称猩猩和人类是同一物种。布鲁门巴哈指明两者是不同的。布鲁门巴哈将黑猩猩和猩猩区分开来，并对黑猩猩进行权威命名。由于对人类的群体差异非常着迷，他对种族进行了分类，其中包括他所发明的"白种人"一词。因此，如今他时而因疑似早期种族主义者而受到批评。其实他是一个彻底的反种族主义者，他坚持认为所有人都同样聪明，还曾宣称奴隶制是个错误。用古生物学家斯蒂芬·杰·古尔德的话说，"在人类多样性问题上，布鲁门巴哈是所有启蒙运动作家中最反对种族歧视、最主张平等、最和蔼的一个"。布鲁门巴哈于 1840 年满怀学术荣耀地离开人世，这位杰出人物有时会被追认为"人类学之父"。[4]

尽管受到尊敬，但布鲁门巴哈有一个观点却没有引起人们的重视。他对人类的一个特殊表征深信不疑，对此他表述得再清楚不过了。"人，"他在 1795 年写道，"从一开始就远比所有其他动物更加驯服、更加高等。" 1806 年，他解释说，我们这一物种的驯化归功于生物学："只有一种家养动物……（真正意义上的家畜，如果不在这个词的普遍接受范围内）在这些方面超过了其他动物，那就是人。人和其他家养动物之间的区别只有一点，即家养动物不像人一样生来就完全被驯化，由自然界创造出来直接就是家养动物。"他在 1811 年的观点同样明确："人是一种被驯化的动物……生来就被大自然指定为被驯化得最完全的动物……是被创造的各种家养动物中最完美的动物。"[5]

布鲁门巴哈的自信判断没有得到广泛认可，其中一个原因是种族问题。布鲁门巴哈效仿提奥夫拉斯图斯，将其关于驯化的概念应用于人类这一物种，而不仅仅是某些群体。这令当时的知识界有点吃不消。在布鲁门巴哈的批评者看来，世界上充满了未开化的人，这些人是未被驯化的。他们认为，有些人类是被驯化的，有些则不是。[6]

布鲁门巴哈的反对者所列举的未开化的人包括两类。第一类是欧洲人在世界各地发现的"野蛮人"，但很少有怀疑论者与这些遥远的人群有过直接的接触。第二类未开化的人是独自生活在欧洲森林中的儿童。后者在科学上更有意义，因为我们可以对这些个体进行培养和研究。

1758 年，林奈在其关于生物多样性的伟大分类学著作《自然系统》第十版中记录了这些"野孩子"。他将这些"野孩子"纳入其研究领域，显示出当时人们对生物学的理解是多么的混乱。他没有认识到他们——那些智力或体能低下的不幸的弃儿——的本质，而是把他们当作人类的一个亚种来对待。他将其命名为"野生智人"。林奈是当时科学界的偶像，是终极权威，比布鲁门巴哈大 45 岁。当他暗指"野孩子"来自"野生种群"时，大多数人似乎只是假定他是对的。然而，布鲁门巴哈认为这个想法毫无意义。[7]

布鲁门巴哈通过研究"野孩子"的最新样本，向伟大的林奈大胆地发起挑战。1724 年，在德国哈默尔恩发现了 12 岁左右的"野男孩"彼得。这个男孩显然是未开化的。他吃森林里的植物，不会说话，有时四肢着地睡觉。他没有任何羞耻感：在别人面前大小便也毫不在意。英国国王乔治一世得到了彼得，并将其展示给学界人士，包括诗人亚历山大·蒲柏和作家乔纳森·斯威夫特。彼得是 14 世纪以来少数的野生儿童之一，而且因其案例与当时人们所关注的自然养育问题有关，成为轰动一时的大案。"比发现天王星更加非同凡响。"语言学家蒙博杜勋爵说，他对这个男孩产生了浓厚的兴趣。

蒙博杜与林奈的看法一致，认为彼得来自一个野生种群。让－雅克·卢梭也同意这一观点。这些人和其他学者颂扬彼得"是真正的自然人的标本"。蒙博杜写道："从单纯的动物到文明生活的第一阶段，我认为（彼得的）历史是人性进步的简要编年史或梗概。"[8] 在我们现在看来，林奈、蒙博杜、卢梭及其朋友的说法令人惊讶。这些杰出学者显然认为欧洲的野生森林大到足以隐藏整个未被驯化的人类种群，而像彼得这样的个体偶然出现才揭示了其存在。他们接受野生智人这一概念表明：作为野人群体的一员，彼得彻底未开化这一事实与布鲁门巴哈关于人类普遍被驯化的说法相矛盾。布鲁门巴哈做了比其反对者更多的调查工作以应对这些挑战。他指出彼得根本不是一个"野孩子"，而是一个受过伤害且生活艰辛的男孩。他曾经和父亲生活在一起，但当继母搬进来后，这个男孩遭到殴打并被迫离开。彼得不说话是因为他有智力障碍：这也是他父亲的新妻子拒绝照顾他的原因。尽管彼得处境艰难，但他很聪明，独自在森林里生活了一年。他是一个经历过家庭创伤的残疾儿童，来自一个普通的乡村家庭，而不是所谓的野人群体。[9]

布鲁门巴哈的发现表明"野孩子"其实并不"野"。"野孩子"是一个神话，与人性的理论无关，就像其与人类驯化的问题无关一样。如果说他们是天然的、未被驯化的人类存在的最好证据，那么我们还要吸取一个更大的教训。布鲁门巴哈毫不含糊地结束了其对彼得的叙述："最重要的是，不能把自然界的野性状况归在人身上，人天生就是家养动物。"[10]

"野孩子"这一令人分心的事件就这样被解决了，是林奈和蒙博杜弄错了。辩驳"野孩子"是原住民这一观点似乎为布鲁门巴哈扫清了对手，他认为人类天生行为端正，确实应该被视为驯化物种。

* * *

然而，还有第二个困难，这将被证明是一个更严重的障碍，以至一个世纪以来布鲁门巴哈的伟大构想都没有得到重视。这一困难是：人类的驯化是怎么发生的？就农场动物而言，人类显然是负责对其进行驯化的。但是如果说人类是被驯化的，那么人类又是由谁来负责驯化的？谁能驯化我们的祖先？

即使是布鲁门巴哈也没有答案。他只是尝试提出了一个建议，他把这个建议藏在了其《自然史导论》的脚注里。他把他认为可能的解决方案归功于"一个学识渊博的心理学家"，却没有提及姓名。这个解决方案引用了神性："在原始世界里，地球上一定有更高级的存在，对他们来说，人就像一种家养动物。"一个消失的超人类物种驯化了人类？这个奇怪的想法被布鲁门巴哈忽略了。[11]布鲁门巴哈没有解释人类是如何被驯化的，这对他个人来说并不重要，因为他的想法如同一个神创论者：他只是接受了人类的本质，并不关心人类是如何产生的。他于1840年离开人世，19年后，查尔斯·达尔文在其《物种起源》中提出了自然选择的进化论。布鲁门巴哈似乎对人类自创世以来就是家养物种这一观点十分自信。

达尔文是下一位探讨人类在自然界中地位的伟大思想家，与布鲁门巴哈不同，他对没有任何解释说明人类的驯化是如何发生的这一问题感到不安。达尔文自然假定人类已经进化了，他知道，为了使自己的论点令人信服，关键是要说明进化是如何进行的。他在《动物和植物在家养下的变异》（1868年）这个两卷本中没有考虑过人类是否可能被驯化。相比之下，达尔文在1871年出版的关于人类进化的书《人类的由来及性选择》中探讨了布鲁门巴哈的主张。如果人类真的是被驯化的，他想知道驯化的方式和原因。

达尔文认同"文明人……在某种意义上是被高度驯化的"，而且"人在许多方面可以同那些早已被驯化的动物相提并论"。[12] 然而，他在驯化方面的研究很快就引起了一个问题。在《物种起源》中，他通过讨论家鸽的进化来展开关于野生动物进化的论题。他认为之所以发生进化是因为自然选择有利于某些个体而非其他个体的繁殖。他认为进化发生在野生动物身上是自然界的选择，而发生在家养动物身上是人类的选择。类比农场，他坚持认为一种驯化程度更高的人类的进化必须依赖于某人的选择。但他看不出这是如何发生的。[13]

达尔文只列举了一个人类种群努力选择特定性状的例子。这个事件极其野蛮，有力地说明了设想在我们这一物种中进行人工选择是多么困难。

普鲁士国王腓特烈·威廉一世傲慢跋扈，而且是个酒鬼，从1713年直至1740年去世，他都想让他的"巨人兵团"成为世界上最令人钦佩的卫队。为此，他花钱雇了1 000名征兵人员在15个欧洲国家闲逛，俘获最高大的人并将他们带回普鲁士。威廉一世为这项工作投入了大量资金。征兵人员的报酬极高，以至他们可以抛弃所有顾虑。被选中的人可能会遭到绑架，保护他们的士兵可能会被杀。不管怎样，初始军队招募到了 1 200 名新兵。

这些高大的士兵虽然是军队的骄傲，但参军违背了其自身的意愿，所以他们不得不被监禁。抗议会受到严厉的惩罚，违抗命令者会经受酷刑的折磨。每年有多达 250 人潜逃，如果被抓到，他们就会被割掉鼻子和耳朵，并被终身监禁在斯潘道监狱里。军团的士气急剧下降，自杀事件让军队的规模明显缩减。尽管如此，到威廉一世去世时还是建立了三个营，共有 3 030 名高大的士兵。

建立巨人军团是非常困难的，威廉一世转而采用人工选择的方法来代替"招募"高大的士兵组建军队。[14] 他决意，若巨人不易招募，最好的方法是进行繁殖。因此，他的部下开始在农村寻找高大的女性，与高大的士兵结婚，并将她们分配下去作为交配伙伴。历史学家罗伯特·哈钦森描述了这个制度："国王没有征得农民妻子和女儿的同意，没有询问其先前的婚姻关系，就对她们施以暴力。面对最严格的法律，与此相反的每一条正派、合乎道德的规则都被无情地违反了。只考虑身材是否高大……这是对君权神授的独特应用。"[15]

据说，普鲁士国王威廉一世的试验导致波茨坦出现了一些异常高大的人，但这一试验总体上是失败的。丈夫和妻子都对此深恶痛绝，威廉一世死后，这项试验也就结束了。显然，如果连一个强大的君主都无法实现，那么对人类进行人工选择就是一种错误行为。失败的普鲁士试验是达尔文知道的唯一一次尝试，而且在自然界中也没有类似的尝试，因此，他宣称人类被驯化是不可能的："无论是通过有条不紊的选择还是无意识的选择，（人类的）繁殖都不会被控制。没有一种人类的种族或躯体可以被其他人类完全征服，以至某些个体被保存下来，从而被无意识地选择……"为此，达尔文推断："人与任何严格驯化的动物都存在很大差别。"[16]

争辩可能已经结束了，但达尔文总是十分周密，他发现了布鲁门巴哈设想的第二个困难。不幸的是，在这样做的同时，他也修正了布鲁门巴哈的提议。布鲁门巴哈与提奥夫拉斯图斯的想法一致，认为驯化是整个人类物种的普遍现象，平等适用于所有群体。但达尔文将布鲁门巴哈的观念解读为亚里士多德式的思想，即有些人比其他人驯化程度更高。最终，这一转折开了一个可怕的先河，但第一个结果是温和的：它只是把达尔文引向了一个错误的结论。这是他与"野人"相处的结果。

1832年12月，达尔文在乘坐贝格尔号航行期间，曾在火地岛（南美洲南端的一个岛屿，今被智利和阿根廷分割开来）遇到了狩猎采集者。这次相遇十分惊人，因为与达尔文一起乘坐贝格尔号的还有三名火地岛人：一名年轻女子和两名男子，他们是在之前的一次探险中被带到英国的，这些俘虏来自雅马纳族。贝格尔号的船长罗伯特·菲茨罗伊拐骗了他们，希望他们能在留在英国一段时间后再次回到自己的岛屿时，成为有影响力的传教士。达尔文在贝格尔号上时喜欢与他们交谈，他不知道他们与居住在火地岛上的雅马纳人的差异如此巨大。

贝格尔号在岛上停留了几个星期，达尔文因而有机会见到雅马纳的狩猎采集者。他为之震惊。"这是我看到过的最卑微、最凄惨的生物……他们的皮肤肮脏油腻，头发缠成一团，声音刺耳，举止粗暴，毫无尊严。看到这样的人，我很难相信这是我们的同胞，是同一个世界的居民……他们的技能在某些方面可以与动物的本能相提并论，因为这些技能并没有凭经验得到提高……"[17]这次相遇似乎促使达尔文产生了人类在驯化程度上存在差异的想法（他误认为这是布鲁门巴哈的观点）。他说，如果"文明人"确实可以视作比"野人"驯化程度更高，那么"文明人"的生物学特征应该与家养动物的生物学特征更为相似。

达尔文知道家养动物的繁殖速度比野生动物快。如果布鲁门巴哈是对的，那么"文明人"的繁殖速度应该比"野人"快。然而，达尔文说，事实恰恰相反："野人"比"文明人"繁殖得更快。据此，达尔文得出结论："文明人"和"野人"之间的差异并不归因于前者类似驯化的繁殖过程。除此之外还有其他问题。达尔文知道家养动物的大脑比其野生祖先要小，而人类的大脑和头骨显然随着时间的推移变大了。所以达尔文认为人类是家养动物这一观点是错误的。不仅没有驯化人类的机制，而且人类也没有遵循家养动物的模式。达尔文据此否定了布鲁门巴哈的观点。

在《物种起源》出版后的知识浪潮中，达尔文只是众多思考进化论对人类行为意义的人之一。对于散文家沃尔特·白哲特来说，人类的温顺与野生动物的攻击性的对比太过迷人，让人无法忽视。1872年，在一篇关于政治进化论的论文（达尔文对此表示赞赏并认真做了注释）中，白哲特写道："人……不得不成为自己的驯化者，他必须驯服自己。"所以，布鲁门巴哈的构想并没有完全消失。[18] 但白哲特还是一位记者，他对人类驯化的猜测没有任何实践经验。也许达尔文的怀疑态度阻碍了人们对此的进一步思考。[19] 无论如何，几十年来很少有人提及这个想法。

* * *

对于达尔文来说，一些人类群体比其他群体驯化程度更高的观念似乎是一种没有政治含意的知识分析。他是一个坚定的"废奴主义者"，他在著作中写下了自己对奴隶制的憎恶，并大体上（撇开火地岛人不谈）记述了他对非白种人的钦佩。然而，具有灾难性的是，当人类驯化的观点在 20 世纪初再次出现时，焦点不再是布鲁门巴哈的"普遍"版本，而是达尔文（和亚里士多德）的理论，即不同群体的驯化程度不同。人类驯化不仅被视为种族差异的原因，而且被视为衡量人类价值的指标：人们认为一些种族或群体优于其他种族或群体，这取决于他们的驯化程度。这种思想的分裂潜力在纳粹党及其同伙手中是非常危险的。

麻烦始于 1914 年一篇题为《人类的种族特征是驯化的结果》(The Racial Characteristics of Man as a Result of Domestication)的文章。作者是德国人类学家欧根·菲舍尔,他认为雅利安人是优越的,因为他们比其他种族的驯化程度更高。根据菲舍尔的观点,对金头发和白皮肤的半意识性偏好导致了雅利安人优良性状的选择性繁殖。1921 年,菲舍尔在其文章的基础上,与埃尔温·鲍尔和弗里茨·伦茨共同编撰了一本关于人类遗传学和"种族优生"的书。据历史学家马丁·布伦介绍,这本书为纳粹的优生学提供了关键的科学依据。这本书的作者都"支持将绝育合法化,解散福利机构,以重建自然选择法则"。他们的建议被用来支持 1935 年通过的《纽伦堡法案》。犹太人并不是唯一的目标。1937 年,菲舍尔研究了 600 个生活在德国具有非洲血统的孩子,他的理论导致这些孩子被强行绝育。[20]

令人困惑的是,一个不同于人类驯化意义的概念尽管采取了相反的理论,但竟然得出了几乎同样不幸的结论。奥地利动物行为学家康拉德·劳伦兹是一位杰出的动物行为研究者,1973 年因其具有开创性的研究而获得了诺贝尔生理学或医学奖。他既研究野生动物,也研究农场动物,但他对后者感到困惑,因为它们似乎不大能适应较为恶劣的生存环境。他用 1940 年发表的一篇臭名昭著的论文的标题概括了自己的担忧——《物种特异性行为的驯化造成的失调》。他鄙视美洲家鸭,因为它们与四肢干净的野生祖先相比是矮而宽、肥胖、丑陋的生物,他对人类也做出了类似的区分。劳伦兹认为,在文明的影响下,人类已经被过度驯化,变得毫无吸引力、婴儿化、不能独立生存。因此,与菲舍尔一派将雅利安人的优良品质归功于他们的高度驯化不同,劳伦兹认为驯化程度更高的群体是自然典范的退化版本。[21]

劳伦兹根据伪科学得出的结论与菲舍尔的结论正好形成了对比,

但这也为他推广类似的劣等优生学提供了理由。劳伦兹认为驯化是退化的根源，因此，他认为文明将要衰退，"除非有自我意识的、以科学为基础的种族政治出面阻止"[22]。有人认为劳伦兹是为满足战时德国纳粹"主人"的要求而歪曲了自己的生物学理论，尽管在战后受到了强烈批评，但他对驯化退化理论的坚持却比希特勒更持久。20世纪70年代，他对自己的传记作者阿里克·尼斯毕特说："我曾经和现在一直与之斗争的大魔鬼，就是人类的逐步自我驯化。"[23]

所以，不管如何衡量人类驯化的价值，它已经成为一种政治武器。如果菲舍尔是对的，驯化是一件好事，那就证明了压迫驯化程度较低的人是合理的。如果劳伦兹是对的，驯化是一件坏事，那就证明了压迫驯化程度较高的人是合理的。无论是哪种情况，理论都会被用来做坏事。[24]

尽管人类驯化的概念与优生学的联系令人震惊，但在第二次世界大战之后，这一概念慢慢被恢复了合法性。问题出自优生学家主张的一些群体比其他群体更优越的思想，而不是人类是被驯化的这一构想。只要不对群体差异进行价值判断，即使是明确的反种族主义学者也可以参与进来。玛格丽特·米德就是一个典型的例子，她是文化相对性的代表人物，她在1954年写道："人是一种家养动物。"[25]她的指导教授是被称为"美国人类学之父"的弗朗兹·博厄斯，他是一位田野工作者和理论家，因坚持人类心理上的同一性而备受推崇。1934年，博厄斯曾写道，人类作为一个整体已经被驯化，他甚至赞同菲舍尔的观点，即种族是由驯化产生的。"人类不是一种野生动物，"博厄斯声称，"但与家养动物相比较……他必定是一种自我驯化的存在。"[26]

随后，具有进化思想的学者从考古学、社会人类学、生物人类学、古人类学、哲学、精神病学、心理学、动物行为学、生物学、历史学和经济学等角度对人类以某种形式进行的自我驯化进行了探讨。基本原理几乎完全相同。我们温顺的行为让人联想到一个被驯化的物种，既然没有其他物种能驯化我们，那么我们一定是由自己驯化的。我们一定是自我驯化的。但这怎么可能发生呢？[27]

* * *

作为理解人类温顺性的一种方式，自我驯化这一构想被反复重塑，但直到近几年这个词还只是一种描述。有些人，如博厄斯，说人类就像家养动物。另一些人，如布鲁门巴哈，则说我们其实就是家养动物。但无论怎样，他们的分析都止步于此。驯化的说法是个预言，它只是暗示了解释人类温顺特征的生物学基础可能与动物有相似之处。不幸的是，对于那些有远见的人来说，驯化的生物学是令人费解的，而且当时人们对人类进化方面的内容知之甚少。进化生物学家狄奥多西·多布赞斯基的话在 1962 年是讲得通的。"人类驯化的概念，"他写道，"在这个时候还太模糊了，在科学上的用处不大。"[28]

现在的证据更清晰了。有关证据表明，人类在变成智人的时候，反应性攻击倾向不那么强烈了，从而变得越来越温顺。关键线索来自与家养动物的比较。达尔文在其 1868 年出版的《动物和植物在家养下的变异》一书中说，除了温顺之外，驯化过程中还有各种令人惊讶的生物学标志。例如，家养哺乳动物有一种强烈的倾向，那就是耷拉着耳朵。有些品种的狗，如德国牧羊犬，耳朵是竖起来的，但许多品种的狗的耳朵都奇怪地向下耷拉，就像还是小狗时那样。达尔文发现，和狗一样，其他家养哺乳动物中也有一些耷拉耳朵的成年动物。这真是令人惊奇，因为在成年野生动物中耷拉着耳朵的现象是非常罕见的。大象是达尔文所知道的唯一拥有这种耳朵的野生物种。没有明显的理由说明为什么性格温顺会和耷拉着耳朵联系在一起，这让事情变得更神秘了。这只是一些已发生的事实。

另一个例子是马、牛、狗和猫的额头上常长有白斑，但野生动物身上没有。卷曲的尾巴、多变的毛质和白色的脚也是一样。家养动物表现出这些神秘特征的原因在当时尚未可知，现在才开始有头绪。但是不管作何解释，与驯化相关的性状（被称为"驯化综合征"）是有用的，因为它为研究人类的过去提供了有力的线索。关键是，驯化综合征包括骨骼的变化。骨骼化石能够让考古学家识别出狗、山羊和猪等物种何时被驯化。因此，正如考古学家海伦·利奇在 2003 年论证的那样，它们也可以为人类做同样的事情。[29]利奇列出了在现代人类身上发现的家养动物而非野生动物的 4 个骨骼特征。

首先，家养动物的体形大多比其野生祖先小。在一个驯化品种被确立之后，人类的选择可以刻意创造出大型品种，如干重活儿的马或大丹犬，但其初始体形是一致的。这种效应在狗、羊、牛等群居动物身上是可以预测的，所以考古学家把它作为识别不同物种何时发生驯化的主要标准之一。如今食物数量更多、品质更高，意味着大多数人类的体形都比几百年前祖先的体形要大。然而，再往前追溯，世界上许多地方的人类身高都有所下降。这种下降发生在 1.2 万多年前的更新世末期。过去人类较小的体形还表现在骨骼相对厚度的变化上。与骨骼的长度相比，我们祖先的四肢骨无论是在末端还是在中部都更厚。横剖面也显示，曾经四肢骨的骨髓腔周围壁较厚。骨头越厚，承载的重量就越大。根据骨骼的厚度，从大约 200 万年前的直立人时代开始，人类的体重就在逐渐减轻，现代面貌的智人出现后，其体重减轻的特征特别明显。这种变化往往被概括为人类变得不那么健壮并且更加纤弱了。[30]

其次，与野生祖先相比，家养动物的脸往往更短，相对不那么向前突出。牙齿变得更小，下巴也更小，这些趋势似乎是造成早期家养狗牙齿拥挤的原因。人类也遵循同样的模式。一项在苏丹进行的研究表明，过去 1 万年一直生活在那里的人的脸在不断变短。然而，事实上这种趋势开始得更早，举例来说，第一批智人的脸比直立人等智人之前的物种更小。在过去的 10 万年里，人们注意到人类牙齿大小的变化。人类的牙齿以每 2 000 年约 1% 的速度变小，直到 1 万年前其缩小的速度加快，大约每 1 000 年缩小 1%。在欧洲、中东、中国和东南亚的许多国家和地区，这一缩小速度也是相似的。[31]

再次，在家养动物中，雄性和雌性之间的差异没有野生动物那么明显，原因总是相同的：雄性变得不那么夸张。对于牛、羊等有蹄类动物，这种变化表现在家养物种的角与其野生祖先的角相比尺寸有所缩小。在人类中，直到最近才有证据显示雄性和雌性的相对高度发生了变化。然而，根据人类学家大卫·弗雷尔的研究，在过去的 3.5 万年里男性不仅在身材上变得更像女性，在脸的大小、犬齿的长度、咀嚼齿的面积和颌的大小方面也发生了类似变化。[32] 再往前追溯，大约在 20 万年前，男性面孔已经开始变得相对女性化了。生物学家罗伯特·切里及其同事的分析表明，男性眼睛上方的眉骨变得不那么突出，并且从鼻子顶部到上齿的长度变得更短了。[33]

最后，家养动物的大脑相较其野生祖先（无论是哺乳动物还是鸟类）都有严重缩小的倾向。在体重一定的情况下，脑容量平均减少 10% ~ 15%。除试验小鼠外，每一种家养哺乳动物的脑容量都在一定程度上缩减了。人类脑部大小以头骨内的体积（或颅容量）来衡量，尽管在过去的 200 万年里，它一直在稳步增加，但大约在 3 万年前，人类大脑开始变小，这一轨迹发生了惊人的变化。在欧洲，现代人的大脑比生活在 2 万年前的人小了 10% ~ 30%。[34] 令人震惊的是，家养动物脑部大小的变化与其认知能力的降低并没有任何关联。事实上，大脑较小的物种有时比其大脑较大的祖先表现得更好。例如，在体重一定的情况下，豚鼠的大脑比其野生祖先小 14%，但豚鼠学会了在迷宫中穿行，并更快地进行联想及逆向联想。大脑较小的家养老鼠与其野生表亲相比，在学习和记忆方面的能力同样令人印象深刻。大多数家养动物的大脑体积都会缩小，这是一个有趣又令人惊讶的事实，但这并不是我们认为大脑较小的智人与其祖先相比认知能力受损的理由。[35]

通常来说，人类化石中的这 4 种变化被分开解释，且往往是以人类特有的方式进行解释。体形变小可能是气候变化、食物供应减少或适应新疾病的结果。面部缩小可能是采用新的烹饪方法的结果，如烹煮使食物变软。性别差异的变小可能由于技术使用的增多，男性不再需要依靠某些身体技能来成为优秀的猎人。更小的大脑可能被解释为身体更轻，需要保持大脑和身体大小之间的一致关系。当我们回顾每一个具体的变化时，看到的是更大的图景。现代人类和我们早期祖先之间的差异有一个清晰的模式，看起来就像狗和狼之间的差异。

这似乎太过巧合，不可能是偶然。如我们所见，人类被驯化的构想至少可以追溯到 2 000 年前。如今我们发现在智人历史上出现的解剖学变化，与狗从狼进化而来的过程中所经历的解剖学变化极为相似。50 万年前，我们的祖先身体更重，面部更凸出，男性体形相对更大，脑部更大。根据家养动物来推断，这些特征可能表明我们的祖先没有我们今天这么温顺。他们会有更强烈的反应性攻击倾向，更容易发脾气，更容易互相威胁和争斗。但不论如何我们被驯化了，甚至当我们的骨骼发生变化时，我们的社会容忍度也在提高。过去像狼一般的行为现在变成了像狗一般的行为。

布鲁门巴哈要是知道有支持人类驯化的直接证据，肯定会很高兴。若是知晓我们现在已知的：人类和家养动物不仅在骨骼上相似，在生物学的其他方面也有相似之处，他会更高兴。

第4章

驯化综合征

驯化综合征对达尔文来说是个惊喜。他一直不明白为什么不同哺乳动物的驯化会有一系列明显不相关的性状。这个谜团一直延续到21世纪。问题在于驯化综合征的各种特征似乎在生物学上互不相关。攻击性降低和咀嚼齿变小之间有什么联系？其实没有明显的联系。动物不会用它们的咀嚼齿进行战斗，所以似乎没有理由相信仅仅因为反应性攻击能力降低而导致牙齿变小。攻击性与毛发中的白斑、耷拉的耳朵或缩小的大脑之间的关系是同样的难题。如何解释这些在家养动物身上普遍存在的性状呢？

　　最流行的传统假说是"平行适应假说"。根据平行适应假说，攻击性减弱、白斑、耷拉的耳朵及驯化综合征的其他特征，都是动物针对新的环境（即与人类共同生活）所做出的自主进化的适应。我们很快就会看到，为什么平行适应假说可以被明确否决，但我们也可以看到，为什么寻求解决驯化综合征这一奇特难题的学者可能认为这是一个合理的解决方案。短小的面部和较小的牙齿可能是由于被驯化者适应了更高品质的食物，如此柔软的食物比它们的祖先过去吃的野生食物需要更少的咀嚼时间。也许毛发的白斑会让它们受到青睐，因为这些白斑可以让人类识别动物，或者是因为农民觉得动物身上的白色

"袜子"很可爱。理论上，耷拉的耳朵可能是被允许的，因为良好的听觉对家养动物来说不如对野生动物重要。假设较小的大脑代表着对威胁的警觉能力较弱，则这可以用家养动物生活在相对安全的环境中来解释。诸如此类的解释导致人们产生了整个驯化综合征在理论上可以代表动物对人类创造的新环境的一系列平行适应的想法。[1]

如前所述，这也是一种应用于人类进化的推理，因为人类在过去的 50 万年里一直在获得越来越多的文化适应。对动物而言，平行适应假说认为，驯化综合征是作为一系列独立的对"与人类共同生活"的适应而进化的。对人类而言，平行适应假说认为，驯化综合征是作为一系列对"日益复杂的文化"的自主适应而进化的。烹饪技术的改进可能带来了更高质量的饮食，使咀嚼变得不那么费力，所以形成了更纤细的咀嚼结构。更好的长矛、射程更远的弓箭、使用更多的陷阱和网可能意味着男性为狩猎进行身体发育的压力降低，从而导致其体形更女性化。与对动物的驯化综合征的解释一样，平行适应假说认为人类的驯化综合征与攻击性的降低无关。相反，它的出现是人类为获得各种文化继承的技能和工具而产生的一系列自主生物反应。[2]

平行适应假说之所以有感染力，是因为它符合进化论的一个重要的普遍预期。生物学家通常认为，特征进化是其为提高个体生存和繁殖能力做出的适应。自达尔文以来，这种适应论的观点就是进化论的核心原则，成功而彻底地改变了我们对生命的理解。

然而，有时候适应论的观点是错误的：生物特征并不总是适应的结果。乳头对雄性来说没有任何益处，然而哺乳动物自大约两亿年前哺乳起源以来就一直保留着乳头。在胚胎发育的过程中，负责女性乳头的发育顺序确实是适应性的，但负责男性乳头的发育顺序则不是适应性的。男性乳头不起作用，但除去它们的成本明显高于保留它们的成本。因此，它们完好无损地保留了几百万代，但对于雄性来说，它们毫无用处，说明了生物体的适应能力有时会受到其发育程序的限制。[3]

雄性乳头是非适应性特征的典型例子。第二个经常被引证为非适应性特征的例子是鸟类的阴蒂。大多数鸟类既没有阴蒂也没有阴茎。然而，那些在水中交配的鸟类往往两者都有。公鸭除非把精子深藏在雌性的身体里，否则就有被冲走的危险。因此与大多数陆生鸟类不同，公鸭进化出了阴茎，而在阴茎的发育过程中，母鸭也进化出了阴蒂。因此，与雄性哺乳动物的乳头一样，鸭子的阴蒂似乎是一种进化的副产品，这种特征的存在是因为进化促进了雄性阴茎的发育。雄性乳头和雌性阴蒂是人类感兴趣的案例，但在所有的生命历程中它们只是小角色。事实上，尽管不具有积极选择的功能，但某些特征仍保留了下来，雄性乳头和雌性阴蒂就是主要的例子，这意味着非适应性特征是罕见的现象。[4]

因此，苏联遗传学家德米特里·别利亚耶夫进行的一项大规模长期试验的结果令人吃惊，这些结果表明驯化综合征根本不是一系列的适应过程。相反，它代表了由被驯化这一单一主要因素引发的一系列非适应性反应。别利亚耶夫发现，男性乳头是一个典型的驯化综合征。驯化综合征是一个极好的，表明进化选择的非适应性副产品具有潜在的巨大生物学作用的例子。

别利亚耶夫的职业生涯提醒我们大多数现代科学家是多么幸运，能够在安全的环境中工作。[5] 1939 年，22 岁的他在莫斯科中央研究实验室的毛皮动物部找到了第一份工作。作为一名优秀的科学家，他充分了解选择性育种对提高毛皮生产质量的潜在价值，并且渴望推动这一科学的发展。但在当时的苏联，选择成为遗传学家是很危险的事情。约瑟夫·斯大林自 1924 年起领导苏联，而斯大林认为西方遗传学是一种旨在促进反苏联意识形态的伪科学工具。[6] 直到 1953 年，理性的正当遗传学研究才在苏联被允许。[7] 1958 年，别利亚耶夫进入了位于新西伯利亚的苏联科学院西伯利亚分院细胞学和遗传学研究所。在那里，他圈养了数百只狐狸和其他动物，终于对长期以来深深吸引他的想法进行了试验。[8]

　　总体而言，别利亚耶夫对驯化综合征很感兴趣，特别是圈养银狐的繁殖率，银狐是 20 世纪 20 年代从加拿大爱德华王子岛引进的赤狐亚种。银狐的毛色不同寻常，深受西伯利亚人和世界各地人们的喜爱。在别利亚耶夫开始研究时，西伯利亚各地数千个农场家庭已经饲养了多达 80 代的银狐。这些银狐当然是圈养的，但没有人刻意去驯化它们。事实上，与大多数真正的家养动物不同，这些银狐并没有将其繁殖率提升至超过野生动物的水平，它们仍然只是每年繁殖一次。这让农夫感到失望，但鉴于银狐在很大程度上只是被圈养的野生动物，繁殖速度缓慢并不令人惊讶。[9]

　　别利亚耶夫的假设是，纯粹为了提高温顺性（可遗传的性状）而进行的选择可能会引起驯化综合征——包括更快的繁殖速度。他的深刻见解是，如果动物感到恐惧以至自发地攻击人类，那么它们就无法与人类共存。因此，他猜想驯化的早期阶段总是涉及选择反应性攻击倾向最弱、最容易驯服的动物。无论农夫是有意识还是无意识地这样做都不重要：发生这种情况很可能只是因为反应性攻击倾向更强的动物更危险、更难对付。

　　虽然没有人了解驯养人心理活动变化的细节，但别利亚耶夫知道这一定是涉及几个生物系统的复杂过程。大脑可能需要解剖学变化，除此之外，激素、神经递质和其他生理上具有活性的化学物质的产生和控制也会出现差异。这种广泛的生物学变化产生的效果很难仅局限于动物反应性攻击频率的降低。而且在动物生命中，越早开始发生这些变化，其所产生的影响可能就越多、越广。人类往往在不同哺乳动物中使用类似的机制对反应性攻击倾向进行生物控制，所以基因驯化可能会导致不同物种以类似的方式做出反应。简言之，人们可以合理地预料被选择驯服的动物会产生各种其他特征，作为其情绪反应减少的副产品，可能包括加速繁殖。

尽管别利亚耶夫知道可能需要几十年的时间才能得到结果，但他有勇气致力于研究这一构想。1959 年，他首先从不同毛皮动物养殖场的几千只银狐中挑选出最初的试验群体。为了找到最安静的动物，试验人员靠近每个笼子并试图打开它们。大多数银狐的反应是咆哮、试图咬人。一小部分（大约 1/10）没有其他银狐那么害怕，甚至表现得更友好，因此被选为第一批种畜，即 100 只雌性银狐和 30 只雄性银狐。[10]

　　一旦银狐开始繁殖，别利亚耶夫就要求他的团队开始评估幼狐而不是成年银狐。试验人员一边给幼狐提供食物，一边试图抚摸和控制它们。最安静的幼狐能接受这样的对待，不发出咆哮。大约 20% 的雌性银狐和 5% 的雄性银狐被判定为特别温顺，并被选入新的交配库。年复一年，别利亚耶夫的团队都在遵循这一方案进行试验。在最初的 50 年里，他们会测试大约 5 万只幼狐，也就是每年 1 000 只，从中选取 200 只进行饲养。[11]为了进行比较，别利亚耶夫还希望有未被选育的银狐品系。他测试了另一个品系的银狐，这些银狐被以正常的方式饲养，不考虑其攻击性和温顺性。

　　试验的结果比预期出现的要快得多。仅仅三代之内，被试验群体中的一些后代就不再做出具有攻击性、恐惧的反应。在第 4 代中，试验人员惊奇地发现有一些幼狐在人类走近时会像狗一样摇着尾巴。未被选育的银狐从来没有摇过尾巴。[12]第 6 代标志着"家养精英"的出现。精英狐不仅会摇尾巴，甚至还会发出呜呜声来吸引人类的注意，甚至走近试验人员闻一闻、舔一舔。据别利亚耶夫的合作者柳德米拉·特鲁特介绍，到第 10 代时，这些精英狐占幼狐的 18%；到第 20 代时，这一比例占到 35%；到第 30 代至第 35 代时，这一比例在 70% ~ 80%。几年内，美国养犬俱乐部就申请将进口家养银狐作为宠物。[13]

　　驯服的变化速度固然令人印象深刻，但真正引起别利亚耶夫注意的是其他性状的出现，虽然这些性状并不是试验人员关注的焦点。到 1969 年，也就是选育开始后的第 10 年，"在一只公狐身上首次观察到了一种奇特的黑白斑点"[14]。在未被选育的银狐身上，"黑白斑点"（别利亚耶夫称之为"星状突变"）非常罕见，但在选育的银狐身上却比较常见，包括"耳间"也有类似的发现，换句话说，这就是经常在马额头上发现的"白斑"，或者在牛、狗、猫和许多其他家养动物身上常见的类似白色斑点。这种星状突变此前从未在银狐身上出现，但很快就出现在试验农场的48个独立银狐家族中。这仅仅代表了少数银狐家族，但与别利亚耶夫的假设相一致，其中有35只银狐的"驯化程度明显很高"。别利亚耶夫推断是驯服导致了星状突变的出现。[15]

星状突变的出现是戏剧性的，因为它为以下观点提供了首个试验性支持：针对攻击性的进化可能引发驯化综合征的特征出现，这些特征没有适应性意义。随后有许多这样的发现，包括繁殖方式的变化。到1962年，6%被选育的雌性银狐不仅在夏季繁殖，还在春秋两季繁殖。到1969年，40%的雌性银狐每年繁殖三次，而未被选育的品系每年只繁殖一次。这种变化集中在同一家族中，显然是遗传性的。交配周期从每年一次到两次的转变并不总是有益的：产崽经常失败。尽管在增加毛皮产量方面没有直接的实际效益，但对别利亚耶夫来说，显然在理论上获得了成功。单纯选择温顺性既导致银狐丧失繁殖的季节性，还致使其比未被选育的银狐早一个月达到性成熟，交配的季节更长，产下的幼崽也更大。

其他影响也一个接一个地出现。柳德米拉·特鲁特写道："接着出现了类似某些品种的狗的特征，如耷拉耳朵和卷尾巴等。"1985年，别利亚耶夫去世后，特鲁特继续进行这项工作。"在第15代到第20代，我们注意到银狐出现了尾巴和腿变短、牙齿咬合不足或多咬合的情况。"这些都是驯化综合征的表现。[16]精英狐的骨骼也印证了别利亚耶夫的预感。它们的头骨形状发生了变化。特鲁特在1999年提到，与农场银狐相比，精英狐的头骨更窄、颅骨高度更低。与长期驯养动物的模式相仿，"雄性银狐的头骨变得更像雌性银狐的头骨"[17]。

别利亚耶夫的策略已见成效。选择进行交配的银狐并不是基于任何解剖学特点、颜色或其他外部特征，而仅是因为它们在幼年时表现出比较友好的态度。结果是，被选育的银狐不仅温顺性迅速提高，而且产生了一整套附带效应。相比之下，别利亚耶夫让未被选育的银狐以传统方式繁殖产生驯化综合征特征的比例要低得多。别利亚耶夫用美洲水鼬和老鼠重复进行了这个试验，也出现了类似的结果。毫无疑问，别利亚耶夫发现了驯化综合征背后的选择力量：选择是为减少反应性攻击的发生。

一个多世纪前，达尔文曾对一些奇怪的共存现象感到疑惑，例如，白毛的蓝眼猫往往听不见声音，这说明自然选择并不总能迫使动物进行优化设计。达尔文想知道一些非适应性，甚至是适应不良的特征（如失聪的猫）是否会被具有重要生物学原理的其他适应性特征拖累。别利亚耶夫的试验已证明这种情况可能发生。只是为了驯服而进行的选择，不仅会让友好、温顺的银狐迅速进化，还会产生一系列令人惊奇的、本不相关的身体变化，这些变化在其他家养动物中也有出现，但这种变化的出现在家养生活中并没有特定目的。[18]

新西伯利亚的试验不仅表明适应性特征可以带来非适应性特征，还首次揭示了驯化综合征到底是什么。它不是动物在进化压力下，为应对人类环境而塑造出来的一系列适应性特征。相反，它是一系列基本无用的特征，恰好标志着进化事件的发生。驯化综合征表明该物种近期的反应性攻击倾向降低了。

* * *

别利亚耶夫的研究表明驯化选择产生的一些直接影响，但未表明驯化综合征会持续多久。这一点很关键。如果驯化综合征的特征适应不良，自然选择将有望使其逆转。因此，从理论上讲，尽管驯化综合征可能会因驯化选择而迅速出现，但也可能以同样的速度消失。

然而，家养动物的历史表明情况并非如此。根据评估，狗是在 1.5

万多年前开始被驯化的，山羊和绵羊是在约 1.1 万年前开始被驯化的，随后，在不到 1 000 年的时间里，牛、猪和猫也开始被驯化。其他家养动物被认为是在近五六千年内被驯化而来的，如美洲驼、马、驴、骆驼、鸡和火鸡等。这些动物被识别出在几千年前就是家养动物，因为那时其骨骼的解剖构造已经出现了驯化综合征的特征，而这些特征在此后一直保持或有所扩大。驯化综合征一旦出现，就可以持续数千代。[19]

诚然，大多数情况下新进化的家养物种继续生活在人类的控制之下。此外，它们还经常受到持续的选择，以获得新的特征并提高驯服性。因此，我们需要问的是，当这些动物不得不回到野外且在那里生存时，驯化综合征的特征是否还会保留下来。事实证明，即使在野外，初始家养动物的子孙在繁衍很多代之后，也无法恢复它们祖先的特征。

生物学家迪特尔·克鲁斯卡和瓦迪姆·西多罗维奇研究了在加拿大牧场上繁殖了 80 代的美洲水鼬后代。在 18 世纪和 19 世纪，毛皮猎人在野外捕捉了大量水鼬，但到了 19 世纪 60 年代，富有创造力的先驱发现可以用人工圈养的水鼬低成本地生产高质量的毛皮。于是毛皮兽场成了新的产业，驯化综合征也随之而来。该综合征的典型表现有：人工圈养的水鼬脸部更短，相较体重相近的野生亲戚，其脑部缩小了 20%。[20]

美洲水鼬在加拿大繁殖得如此成功，以至这里成为水鼬毛皮的主要来源，至今依然如此。然而，欧洲人对美国的商业前景印象深刻，因此也进口了家养美洲水鼬进行繁殖。不幸的是，许多动物逃到野外，并在那里茁壮成长。到 1920 年，这些野生美洲水鼬迅速繁衍，成千上万的入侵物种在整个欧洲大陆及群岛安顿下来，包括挪威、意大利、西班牙、英国、爱尔兰、冰岛、俄罗斯和白俄罗斯。在白俄罗斯，家养美洲水鼬的成功入侵致使两种本地肉食动物（欧洲鼬和臭鼬）的数量大幅减少。美洲水鼬的竞争能力超过了其野生表亲。[21]

虽然它们现在生活在野外，但新野生水鼬保留了其家养祖先脑部较小、脸部较短的特征。水鼬虽然只经过大约 80 代就能在某些方面出现驯化综合征，但在白俄罗斯野外经过 50 代繁殖后，它们依然没有出现恢复野生解剖结构的迹象。小小的脑袋和短短的脸似乎能像适应加拿大的笼子一样很好地适应欧洲的树林和水路。

水鼬的案例很有参考价值，因为水鼬的繁殖历史是众所周知的。其他在野外茁壮成长的家养哺乳动物还包括山羊、猪、猫和狗，尽管它们拥有较小的、被驯化的大脑。在智利偏远的胡安·费尔南德斯群岛上，家养山羊已经在野外生存了约 400 年，还一直保留着较小的脑容量。家养物种在野外获得成功的最突出的例子是澳洲野犬。澳洲野犬是几千代家养狗的后裔，但即使回到野外至少 5 000 年后，它们的大脑也不如野生祖先的大。澳洲野犬的大脑并没有恢复到如狼的大脑一般的状态。[22]

对狗的研究同样具有参考价值。虽然许多狗与人类紧密地生活在一起，依靠主人所提供的食物和照顾，但也有一些狗与家养物种不同，其生存和繁殖与人类没有任何直接关系。它们是流浪狗，聚集在垃圾场、屠宰场、渔港或集市等满是垃圾的地方。生物学家凯瑟琳·洛德及其同事试图估计它们的数量。根据估算，世界范围内这些狗的数量在 7 亿～10 亿只。据他们估计，其中 76% 的狗是独立繁殖的。同样，这些流浪狗也没有恢复到像狼一样的状态。尽管它们独立于人类而生活在大量野生狗群中，但仍保留了驯化综合征，有些狗很可能在驯化最早期就已经如此了。[23]

野生水鼬和澳洲野犬等小脑袋、短脸的物种在野外获得的成功，显然打破了物种回归野外后驯化会迅速逆转的说法。这就提出了一个新的难题：如果驯化综合征的特征在野外能很好地发挥作用，那么野生祖先在哪些方面比驯化的后代更能适应野外环境呢？如果说小脑袋和短脸对白俄罗斯散养的美洲水鼬来说已经很好了，那么为什么水鼬的祖先起初要进化出更大的大脑和更长的脸呢？

答案是未知的。一个耐人寻味的可能性是，这些特征是对物种内部竞争的适应，而不是对寻找食物或逃避捕食者的适应。换句话说，也许这代表了进化中"军备竞赛"的结果，在这场竞赛中，脑部较小、脸部较短的动物最终被脑部较大、脸部较长的动物所击败。这符合一个事实，即在野外繁衍生息的家养动物大多是在没有其野生祖先的栖息地中被发现的，如欧洲的美洲水鼬、加拉帕戈斯群岛的猪、美国西南部的马或澳大利亚的澳洲野犬。我们可能最终会期待野生特征能够缓慢逆转，因为具有更大大脑的动物能够利用其所提供的优势，例如，让它们能够更好地为反应性攻击做好准备。但生活在野外的家养动物证明，任何逆转都是缓慢发生的。驯化综合征的寿命与雄性乳头的寿命相似。即使从来没有任何适应性的原因，但两者都能长期存在。

*　*　*

别利亚耶夫研究中刻意减少的攻击性是对人类的攻击性，而这种攻击性在家养动物身上总是减少的：如果这种攻击性没有减少，人类就不能有效地管理动物。驯化是否也会让动物对同一物种的成员像对人类一样降低攻击性，情况各不相同。到目前为止，别利亚耶夫和特鲁特的试验还没有证据表明家养银狐彼此之间没有攻击性。然而，在许多其他物种中，家养动物彼此之间的关系与其野生祖先彼此之间的关系相比，前者相对友好。[24]

野生豚鼠和豚鼠原产于秘鲁、玻利维亚和智利，分别是同一种动物的野生和驯化版本。它们可以进行有说服力的比较，因为两者都可以很容易地在相同条件下进行人工圈养。在安第斯山脉的高山上仍存在大量的野生豚鼠。豚鼠在 4 500 年前，也许早在 7 000 年前就被驯化了（作为食物）。由于豚鼠一年可以繁殖 5 代之多，因此它们有可能已经被驯化了两万多代。它们的驯化产生了典型的综合征特征，包括相对较小的大脑、短短的脸和毛发上的白斑。[25]

生物学家克莉丝汀·库伦茨和诺伯特·萨克斯尔已经证明野生豚鼠和豚鼠对群体成员表现的行为有明显不同。野生豚鼠彼此之间攻击性较强，而豚鼠彼此之间不仅攻击性较弱，而且更加宽容和友好（例如，它们会互相梳理毛发或轻轻推搡），在求偶时也更加积极。为了调查圈养生活的影响，研究者将野外捕捉的成年野生豚鼠和圈养了30代的成年豚鼠进行了比较。两组豚鼠中的雄性在行为和应激反应方面没有表现出差异。因此，就雄性而言，豚鼠和野生豚鼠在攻击性方面的差异显然可以归结为驯化的遗传效应，而不仅仅是被圈养了很多代所产生的影响。[26]

类似的证据表明，家养动物较其野生祖先不仅对人类，而且对其他同类的攻击性都更低，这在狗、老鼠、猫、水鼬和鸭子身上也有发现。拿狼和狗来说，一般狼对人类的攻击性比狗更强。狼对待其他族群成员也明显比狗更暴力。狼天生就对陌生的狼具有攻击性，以致狼在野外死亡的主要原因是被其他狼咬死，这一概率占成年狼死亡率的40%之多。相比之下，在一群野狗中，咬死另一只陌生狗的记录仅有过一次。在群体中，狗似乎也比狼更能相互容忍，这从它们更平等地分享繁殖机会就可以看得出。[27]

家养动物在一定程度上控制了对人类的攻击性，但这并不一定意味着它们彼此间会控制自己的攻击性。但是，一般来说，由人类管理的动物无疑常常因其对其他同类的宽容而被选择，因为在农场里打架的动物对农夫来说代价高昂。

* * *

别利亚耶夫的研究表明，选择对人类温顺可以产生驯化综合征，为许多在其他方面令人困惑的特征的分布提供了一个令人振奋的新解释。他的推测是正确的。进化得更加温顺取决于改变一组影响情绪反应性的生物系统，而这些系统对一系列其他特征具有次级效应。毛发上的白斑恰好是其中一个特征。短短的脸、更小的牙齿、较小的脑袋、更短的繁殖周期、耷拉的耳朵也是如此。因此，他发现并提出了一个有趣的问题：驯养是如何导致驯化综合征的？

有人认为，有两个生物系统影响着驯化综合征的每一个特征，因此解释了驯化综合征的存在。这两个系统是每一种哺乳动物生存的基本系统，并且彼此密切相关。它们是神经嵴细胞迁移的模式，以及甲状腺所施加的激素控制。

* * *

神经嵴细胞涉及许多甚至可能是所有驯化特征的主要候选细胞。

当你的母亲受孕两周到三周后，你在很大程度上是一个位于空旷区域的单层细胞。然后你开始形成原肠胚，这意味着你的一些细胞开始向内移动，形成多层细胞，你因而变成了一个含有内层和外层的微生物。原肠胚的形成过程标志着构成小胚胎的 4 种组织出现了：外胚层、中胚层、内胚层和神经嵴细胞。外胚层、中胚层和内胚层是细胞的外层、中层和内层，分别形成了与我们成年后身体中位置大致相同的部分，如皮肤、肌肉和柔软的器官。神经嵴细胞则不同。

神经嵴细胞是一种独特的组织。它们在脊椎动物胚胎中沿着发育中的头部和躯干的背面形成细胞带，直接贴在表皮（将成为皮肤）下面。大多数组织都会缓慢发育，形成自己的命运，而神经嵴形成后不久就作为一个独立的实体消失了，因为其组成细胞离开了位于胚胎背面（背神经管）的发源地，然后彼此分离，并成群地在胚胎周围扩散。这种独特的穿透性迁移系统意味着，尽管神经嵴在发育初期就消失了，但当个体成年时，身体的许多器官至少有一部分来自神经嵴细胞。[28]

胚胎的某些成分，如黑素细胞系统，受神经嵴的影响更大。黑素细胞位于皮肤最底层，生成头发和皮肤中的黑色素。动物皮毛上的白斑通常表明该区域没有黑素细胞。在家养物种中，许多动物尾巴尖端是白色的，或者腿上有白色的"袜子"，原因是神经嵴细胞迁移得太慢，或者产生的数量太少，未能到达身体的末端部位。所以尾巴尖端或腿部末端缺乏黑色素，从而形成了白色毛发。

这个简单的动态过程也解释了为什么家养动物的额头上经常会出现"白斑"，也就是别利亚耶夫所说的星状突变。神经嵴细胞在从头部和躯干的背面向前额迁移的过程中，首先向嘴部移动，然后向上移动，直到经过身体两侧，在眼睛上方相遇。如果它们没有彻底完成迁移，前额中心就没有接收到黑素细胞，因此就没有能够产生色素的细胞，从而产生了白斑。

因此，家养动物的皮毛出现白斑说明神经嵴细胞的迁移有某种延迟或减少。就身上有斑点的银狐而言，特鲁特的团队发现注定要成为黑素细胞的神经嵴细胞（即黑色素母细胞），在迁移过程中延迟了一到两天。[29]

我们对如何控制这些细胞的旅程，将它们带到特定目的地，并在那里产生各种不同的衍生物这一遗传系统十分了解。神经嵴细胞在迁移过程中的缺陷明显造成了驯化综合征中白斑的出现，这提出了一种可能性，即驯化综合征的其他方面同样与胚胎发育中这种极早期的变化有关。2014年，我向生物学家亚当·威尔金斯、特库姆塞·菲奇明确地提出了这个想法。菲奇曾在2002年到访过位于新西伯利亚的俄罗斯科学院西伯利亚分院细胞学和遗传学研究所，对将神经嵴细胞迁移和白斑联系在一起的证据印象深刻。我们以此为出发点，将驯化综合征作为一个整体来考虑，发现了一个有趣的契合点。[30]

驯化综合征的大多数特征都来自神经嵴细胞迁移的变化。正如特鲁特及其同事所强调的那样，神经嵴细胞产生了肾上腺，肾上腺体积缩小、激素分泌速度变缓是家养动物情绪反应性降低的关键。[31]达尔文曾发现小小的颌骨和短短的鼻子（或扁平的脸）是家养动物的一般特征，在别利亚耶夫团队选择的银狐和水鼬身上也发现了这些特征。颌骨的发育很好理解，它们来自两对原始骨，在神经嵴细胞到达迁移终点后发育而成。到达原基的神经嵴细胞数量决定了颌骨的大小，即细胞越少，颌骨越小。

控制牙齿大小的基因与决定颌骨大小的基因不同，但神经嵴细胞同样是关键。在人类孕中期，大约17周或18周时，神经嵴细胞到达胎儿的牙胚，并转化为一种被称为"成牙本质细胞"的细胞类型。成牙本质细胞形成活体组织的外表面，在牙齿的生长阶段通过产生牙本质从而在内部形成牙齿。因此，到达牙齿的神经嵴细胞数量较少，生成的牙齿也较小。

耷拉的耳朵为神经嵴细胞如何影响驯化的特征提供了一个完全不同的例子。如果内部软骨太短，耳朵末端部分没有支撑且易翻转，耳朵就会下垂。耳朵的支撑性软骨部分（称为"耳郭"）和整个耳朵的组织来源是不同的。软骨和耳郭都接收神经嵴细胞，但二者接收的细胞来自神经嵴的不同部位。所以耷拉耳朵的动物似乎是那些软骨接收神经嵴细胞相对较少的动物。人类是家养动物，却没有耷拉的耳朵很令人失望。也许是因为我们的耳朵太小，神经嵴细胞的迁移有延迟也不要紧。

人类偶尔出现的遗传状况为形态变化是由神经嵴细胞迁移减少而引起的这一观点提供了另一种支持。就拿莫厄特－威尔逊综合征来说，这显然是一种由神经嵴细胞迁移问题所引起的罕见情况。患有莫厄特－威尔逊综合征的人往往有严重的智力缺陷，从外表上看，有狭窄的颌骨和较小的耳朵。该综合征与一种叫ZEB2的基因发生突变有关。ZEB2基因突变会导致一些神经嵴细胞停留在发源地，这看起来像是造成莫厄特－威尔逊综合征患者有较小的颌骨和耳朵的原因。让人引起联想的是，这些人"经常微笑、举止活跃"，与反应性攻击倾向的表现相反。[32]

因此，神经嵴细胞数量的减少及其迁移速度的下降是产生驯化综合征的主要原因。虽然神经嵴迁移模式发生变化主要归因于个体的基因，但环境因素也可能发挥作用。在胚胎的早期发育过程中，甲状腺素是神经嵴迁移所必需的。甲状腺素完全由母亲的甲状腺供应。动物学家苏珊·克罗克福德认为，产生驯化综合征的部分原因可能是母体甲状腺素产量的减少。[33]

关于神经嵴细胞迁移核心作用的假设简要地解释了大部分的驯化综合征，但直到近几年，一个重要的特征似乎还是个例外——脑部一贯较小。在已被驯化的 20 多种动物中，无论是鸟类（如鸡、鹅和火鸡等）还是哺乳动物（从老鼠到骆驼），几乎每一种动物的大脑体积都会缩小。事实上，在长期驯化的动物中唯一的例外是试验小鼠，其大脑并不比它所衍生而来的野生家鼠小，考虑到鼠类与人类的长期联系，家鼠祖先可能并不是真正的野生动物。[34] 在别利亚耶夫的银狐试验中，虽然据说在经过 40 代的进化后，银狐的头骨体积缩小了，但还没有发现大脑体积缩小的情况。动物被驯化后，大脑不同部位并不是均等缩小的。克鲁斯卡发现，家养动物大脑中缩减最多的是与感官处理有关的区域（特别是听觉和视觉），以及与情感、反应性和攻击性有关的边缘系统。相比之下，胼胝体（连接左右两侧大脑半球的神经纤维束）在家养动物大脑中保持着与其野生祖先大脑相同的相对体积。[35]

人们尚未对野生动物和家养动物之间大脑缩小的原理进行直接比较，但调节大脑生长的一般原则可能适用。脑组织本身并非来自神经嵴，但神经嵴细胞对大脑发育至关重要。被称为生长因子的蛋白质由迁移的神经嵴细胞产生或调节，促进大脑的生长。例如，有助于面部生长的面部神经嵴细胞会产生叫作"头蛋白"和"Gremlin"的蛋白质，影响一种名为"FGF8"的重要蛋白质的产生。颅神经嵴细胞产生的 FGF8 越少，大脑越小。因此，神经嵴细胞迁移速度变慢或数量减少很可能导致大脑生长速度变慢，最终变小。[36]

大脑包含几种与反应性攻击发育尤其相关的结构。发育的大脑中最重要的部分（端脑）是杏仁核发育的地方。杏仁核在促进恐惧反应

（可导致反应性攻击）方面至关重要，各种迹象表明较小的杏仁核与较少的恐惧和较弱的攻击性有关。一位杏仁核严重受损的女性，尽管体验了所有其他的基本情绪，但也感受不到恐惧。有关家养动物的杏仁核是否会缩小的研究不多，但在一种哺乳动物（兔子）和一种鸟类（孟加拉雀——白腰文鸟的家养品种）身上，人们发现杏仁核确实缩小了。[37]

端脑后面有一个叫作"间脑"的区域，是下丘脑发育的地方。和杏仁核一样，下丘脑也是神经网络的核心部分，是反应性攻击（以及主动性攻击）的基础。下丘脑还对肾上腺的活动有剧烈影响，并参与调节雌性动物的发情周期和繁殖行为。

因此，和身体的其他部位一样，大脑中驯化综合征的特征很可能受到神经嵴细胞活动变化的影响。神经嵴细胞会明确输入调节压力、恐惧和攻击性的系统，包括交感神经系统和一组调节情绪反应的大脑结构。如我们所见，神经嵴的发育首先与马、狗、牛，以及其他家养动物典型的白斑有关。我们假设神经嵴细胞涉及家养动物的许多特征，并根据假说进行调查，发现更小的颌骨、更小的牙齿、耷拉的耳朵等表面上不相关的特征甚至与有关反应性攻击降低的大脑变化有联系。

我们对该假设进行的另一个关键试验是家养物种中影响神经嵴细胞迁移的基因是否发生了变化。自 2014 年以来，人们在 6 个物种（马、鼠、狗、猫、银狐和水鼬）身上发现了这种现象。神经嵴细胞迁移的变化是否会发生在每个家养物种中尚不确定，但在早期阶段还没有发现例外。[38]

简单地说，驯化综合征的关键就是幼态延续。正如我们将在第 9 章中看到的那样，幼年动物的反应性攻击比成年动物要弱，因此通过选择幼年特征，最容易降低反应性攻击。所以家养动物的应激系统和大脑预计会像其野生祖先的幼年一样。使其变得幼年化的部分方法是通过选择减少家养动物身体内神经嵴细胞的数量，致使相关系统发育缓慢。

人们认为神经嵴细胞在驯化过程的各处都起着作用。这一想法十分有趣，并提供了一种新的试验方法，可以测试智人这样的物种是否经历了针对反应性攻击的选择。神经生物学家塞德里克·博尔克斯的团队对此进行了考虑，提出了人类和家养动物是否倾向于分享平行的遗传进化这一问题。[39] 他们将智人与两个已经灭绝的人种——尼安德特人和丹尼索瓦人相比，列出了智人中 742 个被正向选择的基因。博尔克斯的团队随后注意到，在 4 个家养物种（狗、猫、马和牛）中所有已知的 691 个基因都被正向选择了。他们发现，人类和这 4 个家养物种之间的基因变化有非常明显的重叠，共有 41 个在人类中被正向选择的基因在家养物种中也被正向选择了。虽然大部分重叠基因的生物学作用尚不清楚，但有两种情况似乎明显与驯化有关。例如，在猫、马和智人中被正向选择的 BRAF 基因在神经嵴的发育中具有重要作用。博尔克斯的团队很清楚这一结论，他们认为这一结论强化了"自我驯化发生在我们这个物种中"[40] 的假说。这一假说具体指向智人，而不是其他物种的人。这一发现十分关键，稍后我们会再次谈到。如果神经嵴假说继续得到支撑，它将提供非常精确的方法来考察驯化和自我驯化的进化史。

然而，不管神经嵴假说有多么准确或多么完整，别利亚耶夫的试验都让我们对驯化综合征的认识更加清晰。他告诉我们，驯化综合征是通过选择反应性攻击倾向，而不仅仅是通过与人类生活在一起产生的。这一推断值得我们注意，它意味着只要选择反应性攻击倾向，就会产生驯化综合征。既然野生动物有时必须选择具有攻击性，那么在野生动物中应该有许多驯化综合征的实例。

然而直到 2019 年，还没有人找到过这样的例子。

第 5 章

野生动物的自我驯化

别利亚耶夫曾提出过关于选择反应性攻击是否会产生驯化综合征的疑问。当他大胆的假设得到验证后，便开始着手在新西伯利亚进行研究，这一研究贯穿其整个人生。在他的同事柳德米拉·特鲁特的指导下，这项研究将攻击性较弱、攻击性较强和未被选育的动物进行比较，而且至今仍在继续。别利亚耶夫的发现引发了许多令人着迷的问题，但即使在半个多世纪后的今天，也少有家养物种被详细研究。银狐、大鼠和水鼬是别利亚耶夫先前研究的主要对象。在其他地方，狗、豚鼠、小鼠和鸡是被研究得最彻底的家养物种。另外还有 20 多个物种有待调查。除了为人所熟悉的家养动物之外，还有更多的机会在等待着我们——我们还需要关注其他动物。许多野生物种都经历过针对反应性攻击的选择。

　　驯化综合征与人类照看家养动物的具体情况无关，对野生动物的研究应该会产生有意思的结果。没有与人类接触、生活在自然界中的动物如果因选择反应性攻击而产生了驯化综合征，将是没有驯养者而发生驯化的真实例子。这将强化这样一种可能性：即使没有布鲁门巴哈所说的"存在于地球上的一类高级生物（人类对其而言是一种家养动物）"，人类也可能发生了驯化。[1] 因此，能否在野生动物中发现驯化综合征是一个关键性的问题，既有助于理解可能普遍存在的进化过程，也有助于解决有关人类温顺性的难题。

人们通常认为驯化是一个过程，其存在取决于人类是驯化者。动物考古学家朱丽叶·克鲁顿－布罗克——《哺乳动物》一书的作者——给出了一个典型的定义：家养动物是"以生存或其他利益为目的，被圈养在控制其繁殖、活动和食物供应的人类社区中"的动物。"驯化"一词的起源更直接地说明了这个问题。它来源于希腊语"domos"，意思是"房子"。有了这个典型的定义和词源，野生动物表现出驯化综合征的想法就完全没有意义了。[2]

但驯化的其他定义认为驯化的发生早于人类参与，且独立于农场。昆虫学家将"驯化"一词应用于蚂蚁农业，这个系统可以追溯到大约 5 000 万年以前。美洲热带地区的切叶蚁依赖其与真菌的关系存活。蚂蚁把真菌带到新家，提供饲料供其生长，然后吃掉其产物。真菌不能独立存在，只能与其蚂蚁宿主生活在一起，而且通过进化，很容易产生营养丰富的特殊肿胀物（即菌丝球）从而形成易于收获的食物，让其宿主将之分发到整个蚁群。同其他品种的蚂蚁一样，这些切叶蚁已经驯化了它们的粮食作物。白蚁和树皮甲虫也进化出了原始的农业驯化系统。[3]

在极为不同的情形下，提奥夫拉斯图斯、布鲁门巴哈、弗朗兹·博厄斯、玛格丽特·米德、海伦·利奇等人称人类是"驯化的"，其原因是，他们认为人类天生就是温顺的，他们需要一个词来表达这种想法。这些人中的大多数都不关注人类是否曾经历过任何形式的控制繁殖。布鲁门巴哈曾轻描淡写地提到了这个想法，但对他而言，驯化者只是一个次要问题，仅被写进了脚注。显然，这些人称人类是"驯化的"与他们"被圈养"或"以生存或其他利益为目的"没有关系。相反，他们想强调自己的观点，即人类行为与家养动物的行为存在着共同的特殊之处。这种特殊之处在于社会容忍度和对挑衅的低情绪反应。对这些人而言，这种特殊之处是如何产生的并不重要，他们中的大多数甚至认为这个问题不值一提。[4]

诚然，"驯化的"一词有多种用法，可能会造成潜在的混淆，但没有其他词能准确表示"在基因方面是温顺的"这一含义。因此，在本书中，我沿用布鲁门巴哈和其他人的说法，使用"驯化的"一词来表示"由于遗传适应而驯化"（而不是"在一生中驯化"）。"自我驯化"是在单一物种内发生的，也就是说，在没有任何其他物种帮助的情况下，一个物种的反应性攻击倾向降低了。这就是自我驯化。

那么，自我驯化会发生在野外吗？当然会。

攻击性行为是古老的，并在 5.4 亿年前就已经开始进化了。当时寒武纪"生命大爆发"产生了大量新的动物分类，包括今天地球上发现的大多数门类，如昆虫和扁虫，其中许多动物对与自己属同一物种的成员相当暴力。自寒武纪"生命大爆发"以来，反应性攻击倾向无疑是有增有减的。目前，我们还没有理由判定，在整个动物界中，物种的攻击性平均而言是变得更强还是更弱了。因此，大约有一半物种的反应性攻击倾向不同于其直系祖先，预计其中有一半的攻击性会增加，另一半则会减少。因此，这些反应性攻击倾向降低的物种将是"自我驯化"的例子。

因此，如果别利亚耶夫的见解适用于野生动物，那么，许多动物不仅反应性攻击倾向降低，同时还产生了驯化综合征，或者称其为"自我驯化综合征"，也就是那些未受其他物种（如人类）影响的案例。

不幸的是，到目前为止，科学家很少努力去验证这个假设，部分是因为这是一种新的思维方式，但更多是因为其本身就很难调查。即使自我驯化已经很普遍了，但我们可能依然找不到证据。对于大多数物种来说，必要的证据是难以捉摸的，因为（通常已经灭绝的）祖先的行为是关键部分，但极难查明。如果你想检验"亚洲象是自我驯化的"这一观点（它们很可能的确如此），你需要对现存大象的近期祖先有足够的了解，以证明它比现今的种群更具攻击性。但如果其祖先已经灭绝了，我们往往找不到它的化石，而且它的行为也不会留下任何痕迹。通常情况下，我们无法知道其反应性攻击倾向是否降低了。[5]

但我们偶尔也会很走运，这样的运气让我们惊人地接近了自己的进化树，即倭黑猩猩和黑猩猩的奇特案例。这两种类人猿的姊妹种是与我们关系最近的现存亲属，且倭黑猩猩的祖先似乎与黑猩猩极为相似。

* * *

倭黑猩猩和黑猩猩看起来非常相似。两者都是黑毛猿，靠关节行走，体重在 30 ~ 60 千克，雄性比雌性体形大，生活在非洲赤道附近潮湿的热带雨林中。区分两者最简单的方法是看头顶，倭黑猩猩较小的头顶上有中央分叉的毛发。倭黑猩猩的特点还包括粉红色的嘴唇，其面部的其他部分都是黑色。这两个物种生活在刚果民主共和国，由蜿蜒在非洲赤道上的刚果河分开，黑猩猩在刚果河以北，而倭黑猩猩在刚果河以南。[6]

倭黑猩猩和黑猩猩的社会行为有很多相似之处。它们都生活在由几十个个体组成的团体中，其中雌性多于雄性。团体成员居住在同一片领地，保护这个领地不受邻近团体的侵扰。在领地内，它们形成不断变化的亚群（也称群体），个体数量多达二三十个或更多。它们有时会独自旅行。雄性从不离开它们的原生团体，但雌性大多相反。雌性往往会在青春期前后，离开母亲，搬到另一个团体，在那里度过余生。雌性在生下每个孩子之前通常会交配上百次，这意味着它们通常会与团体内的每个成年雄性交配。母亲基本上是在没有任何帮助的情况下照顾自己的孩子。

这两个物种在许多方面都很相似，因而它们在行为上的少数差异更加引人注目。最直接地表明倭黑猩猩是自我驯化的特征是其相对较弱的攻击倾向。与黑猩猩相比，倭黑猩猩彼此之间的攻击性要弱得多，对彼此的恐惧感也少得多。动物管理员发现倭黑猩猩有很强的适应能力，其群体很容易接受新的个体，所以个体通常不会出现任何严重的紧张情绪。相比之下，让黑猩猩彼此接受往往是一个痛苦而缓慢的过程，需要几周或几个月的时间让陌生个体通过铁丝网相互熟悉，以尽量降低暴力风险。即使经过这样谨慎的准备，没有在一起生活过的黑猩猩最终相遇时也可能很容易就打起来。长期的研究表明，在野外，黑猩猩和倭黑猩猩在每一种竞争性或攻击性行为方面都有很大的不同。[7]

雄性黑猩猩经常与团体中的其他成员打架。有时它们为争夺有价值的食物，如大块的肉而打架，有时它们为争夺交配权而打架。然而，在大多数情况下，它们争夺的不过是地位。它们经常相互表现出进攻的样子，目的是要求对方明确表示出从属地位。如果对方没有发出任何服从的信号，战斗就会爆发。通常情况下，攻击者会获胜，不情愿的服从者会情绪激昂地尖叫，而群体中的其他黑猩猩则会跑开躲避。[8]

雄性也经常殴打雌性，而且往往没有任何征兆就突然发动袭击。这些欺凌会持续很长时间。研究员卡罗尔·胡文在乌干达西部的坎亚瓦拉（Kanyawara）看到了一次整整持续了8分钟的攻击。其间雄性在没有扇耳光、拳打脚踢的情况下，间歇性地用棍子殴打雌性。雄性实施这种攻击的目的是恐吓被选中的雌性，让其欣然接受它未来的性要求。[9]对于每一只雌性黑猩猩来说，都有一只雄性黑猩猩通过最频繁的攻击将自己与其他雄性区分开来。这种策略往往会成功。在接下来的几周里，对雌性实施最频繁攻击的雄性往往是它最频繁的性伴侣，尽管最终它可能与团体内的每一只雄性交配几次，但这只雄性黑猩猩将最有可能是它下一个孩子的父亲。[10]而这就是雄性成年后要经历殴打每只雌性仪式的部分原因。雄性恐吓雌性的能力是使其能够拥有尽可能多后代的重要策略。

黑猩猩团体内的攻击行为更加极端。偶尔会有不足几个月大的孩子被杀死。任何性别的成年黑猩猩都可能是杀害孩子的罪魁祸首，但凶手从来不是其母亲。当成年黑猩猩联合起来实施攻击时，战斗也可能致使成年雄性死亡。这个联盟的成员相互合作，疯狂地抓、打、咬受害者，直至其不堪重负、无法动弹，有时甚至是当场死亡，而有时是在爬走后几小时或几天内死于攻击中受到的伤害。

黑猩猩团体之间的互动从来不是轻松或友好的。它们中的大多数会警惕地回避，有时伴有"喊叫比赛"，即当每个团体相距足够远时，个体可以勇敢地呼喊对方。当双方走得很近（这可能是由意外或故意造成的）且一方的雄性数量远多于另一方时，危险就会出现。雄性数量较多的一方会试图向另一方显示自己的优势。有时它们会抓住并杀死无助的受害者，无论是幼年的黑猩猩还是成年黑猩猩。如果成为这种团体攻击的目标，那么能活着逃脱就很幸运了。[11]

黑猩猩的极端暴力行为发生频率并不高，即使是较温和的暴力也不一定每天都发生。然而，长期没有情绪爆发的情况很罕见。特别是在水果丰富、亚群较大时，冲撞、恐惧的尖叫和殴打几乎充斥着黑猩猩的日常生活。良好的食物条件让雌性易于接受性行为、雄性精力充沛，这种强有力的组合致使雄性发动原始攻击的概率更高。

在竞争和攻击方面，倭黑猩猩与黑猩猩的差别则更大。尽管雄性倭黑猩猩可以按统治地位进行排名，但它们之间的竞争很少涉及攻击挑衅，也不会有明确的地位信号。成功成为高等级的雄性很少取决于雄性之间的斗争，因为相较于它们自己的战斗力，更重要的是母亲对其成年儿子的支持。排名靠前的雄性大多有排名靠前的母亲，而当它们的母亲去世时，其排名很可能会下降。倭黑猩猩间争夺肉食的情况不多，而且这种行为在雌性中比在雄性中更为常见。倭黑猩猩中雄性对雌性的恐吓远少于黑猩猩。在一项研究中，雌性倭黑猩猩对雄性的攻击性比相反的情况更强。雄性倭黑猩猩不会殴打雌性，在食物竞争中，雌性比雄性更容易获胜。无论是在倭黑猩猩群体内部还是群体之间，没有任何暴力杀婴的记录，也没有任何杀害成年倭黑猩猩的记录。倭黑猩猩当然不是不会发生纠纷，当不同群体相遇时，有时会因争斗而造成咬伤、抓伤。但总的来说，倭黑猩猩实施攻击性行为的强度比黑猩猩小得多。[12]

灵长类动物学家伊莎贝尔·贝恩克记录了一个有说服力的例子，说明倭黑猩猩的行为与黑猩猩有多大不同。相邻的黑猩猩团体可能会产生敌意，而相邻的倭黑猩猩团体则不同，它们往往喜欢彼此相伴，在一起梳毛、性交和玩耍。倭黑猩猩间的游戏包括成年和未成年倭黑猩猩之间关于冒险和信任的可怕测试，人类观察家称之为"悬挂游戏"。成年倭黑猩猩坐在 30 米高的树枝上，握住未成年倭黑猩猩的肢体，来回摇摆这个自愿的"玩具"。未成年倭黑猩猩并没有紧紧地抓住成年倭黑猩猩，这意味着未成年倭黑猩猩将自己的命运交给了成年倭黑猩猩，因为掉下去会造成严重的伤害，甚至是死亡。然而，用贝恩克的话说，未成年倭黑猩猩表现出"明显的喜悦"，极度快乐的微笑，显然没有意识到成年倭黑猩猩可能会把自己摔下去。令人惊讶的是，这种"悬挂游戏"甚至发生在不同团体的倭黑猩猩之间。倭黑猩猩之间表现出的信任显然是由一定程度上的互不侵犯及恐惧的减少促成的，这几乎在任何群居物种中都是不同寻常的，在它们脾气暴躁的黑猩猩近亲中更是不同寻常的。[13]

同样令人惊讶的是，来自相邻团体的成年雄性倭黑猩猩间会玩一种"球类游戏"，它们围绕着一棵树苗缓慢地相互追逐，每只倭黑猩猩都试图抓住前面那只的睾丸。成年雄性黑猩猩偶尔也会与自己团体内的其他雄性玩同样的游戏，这种活动伴随着兴奋的表情和带喉音的轻笑声。但是，所有研究黑猩猩的人都认为黑猩猩会和不同团体的成员玩这种游戏是荒谬的，因为在相邻领地的雄性黑猩猩之间，唯一展现关系的是一触即发的敌意，然后是逃跑、喊叫或打架。[14]

为什么两个长相如此相似的物种在攻击强度上会存在如此大的差

异？解剖学、生态学和心理学在回答这一问题上都发挥了作用。雄性黑猩猩与倭黑猩猩在解剖学上有一个明显的区别，即前者匕首状的犬齿要长得多，这与它们较强的攻击性有关。与倭黑猩猩相比，雄性黑猩猩的犬齿更长（或如解剖学家所说的"更高"）；它们的上犬齿比倭黑猩猩高 35%，下犬齿高 50%。雌性黑猩猩显示出类似但稍小的差异（雌性黑猩猩的上犬齿比倭黑猩猩高 25%，下犬齿高 30%）。对于黑猩猩和倭黑猩猩这两种吃水果的物种来说，长犬齿是不必要的，甚至可能是麻烦的。但犬齿可以成为强大的战斗武器，所以黑猩猩拥有较长的犬齿揭示了这一物种进化史的一个重要方面：作为一名优秀的战士，黑猩猩比倭黑猩猩更具优势。[15]

我们很容易想到雄性黑猩猩掌握了犬齿带给它们的力量。一旦犬齿长出来（大约在 10 岁时），雄性黑猩猩就会变得更加危险。因此，年轻时长出较长的犬齿会增加打架的意愿。类似的情况也发生在人类身上，身材高大的男孩早在三岁时就知道自己在与较小的同伴争斗时可以获胜。由于成功的攻击得到了奖励，他们在整个童年时期都更具攻击性。体形大甚至成为反社会人格障碍的风险因素。正如体形大会影响年轻男孩的心理一样，黑猩猩较长、较危险的犬齿在理论上也可能会促使其出现攻击性更强的行为。[16]

可以预见，体形上的性别差异也会在攻击性倾向中发挥一定作用。在雄性比雌性体形大的物种中，如大猩猩或狒狒，雄性往往更具攻击性。然而，令人惊讶的是，从野外获得的少量数据表明，黑猩猩的雄雌体重差异（26%～30%）可能比倭黑猩猩的雄雌体重差异（35%）略小。因此，单凭体重并不能解释为什么雄性黑猩猩比雄性倭黑猩猩更具攻击性。[17]

倭黑猩猩和黑猩猩的攻击性差异的第二个合理解释来自它们的生存环境。倭黑猩猩可能不需要太多的争斗，或者生活在不太有利于攻击性行为发生的环境中。我们很快就会看到，食物供应的差异似乎促进了攻击性差异的出现，尽管这种影响可能起因于食物类型对黑猩猩和倭黑猩猩分组模式的影响，而非获取竞争资源的好处。

性格是理解倭黑猩猩相对黑猩猩而言如此平和的关键，这甚至比解剖学和生态学更重要。人工圈养时，这两个物种在相似的条件下被研究，野生食物供应的紧急情况与之完全不相关。这项工作中的大部分是在保护区进行的，在那里人们致力于照顾从"野味贸易"中被解救出来的类人猿孤儿。在刚果民主共和国的金沙萨附近，有一个被恰当地命名为"洛拉·亚倭黑猩猩保护区"（意思是倭黑猩猩天堂）的地方，收容了很多倭黑猩猩。自 1994 年克劳丁·安德烈创建这个保护区以来，这里一直是倭黑猩猩的避难所。刚果河以北，在邻近的刚果共和国内，黑猩猩孤儿生活在类似的家园中，即由美国的珍·古道尔研究会资助的黑猩猩保护区。在这两个地方对几十只各个年龄段的倭黑猩猩和黑猩猩进行的研究，大大加深了我们对这两个物种的了解。

生物人类学家维多利亚·沃伯和布莱恩·海尔领导了这项工作。这两人都是我的研究生。2005 年，我高兴地陪同海尔和他的妻子瓦妮莎·伍兹首次参观了洛拉·亚倭黑猩猩保护区。

通过对几十只洛拉·亚倭黑猩猩及生活在乌干达和刚果共和国境内相似条件下的黑猩猩进行系统测试，海尔和沃伯证实并扩展了我们对这两个物种的心理学差异的了解。测试者不希望个别类人猿受到压迫或伤害，因而不愿在类人猿中进行直接的反应性攻击研究。但反应性攻击与情绪反应密切相关，后者可以通过测量社会容忍度进行评估。在第一个旨在了解保护区倭黑猩猩是否比保护区黑猩猩更宽容的测试中，海尔只是在空房间里把几截香蕉堆成一小堆或两小堆，然后让两个个体同时从同一道门进入。物种的差异非常明显。两只黑猩猩进入房间时，通常只有一个个体进食，它主导了食物的获取，尽管另一个个体明显对香蕉感兴趣，但也只能自行离开。但在同样的情况下，倭黑猩猩没有抢夺或垄断食物，也没有悲伤地退出，两个个体并排吃东西，毫无紧张感。无论受试对象是成年还是未成年，是雄性还是雌性，物种之间的差异都是一样的。[18]

一系列同类研究都得到了相同的结果。倭黑猩猩自愿分享食物，对和它们一起进食的同伴态度更宽容，对需要相互容忍的任务更熟练，如合作获取够不着的食物。对于倭黑猩猩是喜欢独自进食还是在同伴在场时进食这一问题，研究者得出了令人惊讶的发现。即使同伴属于不同的社会群体，倭黑猩猩也很温和，还会自愿打开一扇门，让同伴加入并分享自己那堆食物。乐于分享的倭黑猩猩剩余的食物更少了，但这并不是其所关心的。陪伴似乎比食物更重要。[19]

其他差异也导致了倭黑猩猩与黑猩猩之间容忍度的不同。倭黑猩猩更爱玩耍，更有亲和力。当两只倭黑猩猩同时被引入有食物的房间时，它们典型的反应是在接近食物前冲向对方进行性互动。这种互动模式可以从一直轻微摩擦对方的生殖器到完全交配，但无论如何，其效果与在野外经常看到的一样：倭黑猩猩喜欢给予和接受性快感，它们经常用性来缓解或转移社交紧张感。性交后，无论是圈养的还是在野外生存的倭黑猩猩都很容易挨着进食。黑猩猩在这样的测试中从未把注意力从食物转向游戏或性。

简言之，圈养黑猩猩和倭黑猩猩的试验在很大程度上解释了不同物种在反应性攻击频率方面的明显差异。这些差异根植于截然不同的心理倾向。倭黑猩猩所表现出的更高的容忍度反映了其更小的情绪性反应。倭黑猩猩的平和天性表明其反应性攻击倾向比喧闹、热血、迷人但危险的黑猩猩低。神经生物学家正准备研究大脑机制是如何促成这些差异的。他们已经在杏仁核和大脑皮质中发现了与行为结果一致的相关差异。回想一下，大脑中较高的血清素含量与反应性攻击的减少有关。令人震惊的是，倭黑猩猩杏仁核中含血清素的轴突（对血清素有反应的神经）数量是黑猩猩的两倍，这表明倭黑猩猩进化出了更强的能力来调节攻击性和恐惧性冲动。不出所料，大脑的生物机制似乎适用于有效地产生各种情绪反应并进行社会交往，这是每个物种的特点。[20] 基因必然成为差异的基础。

那么这种心理学上的差异是如何演变的呢？

倭黑猩猩和黑猩猩成为独立物种至少有87.5万年，而根据我们目前对物种间遗传差异的理解，这一时间可能长达210万年。也就是说，黑猩猩的祖先和倭黑猩猩的祖先大约在90万~210万年前从其共同的祖先物种中分化出来。从那次分化到现在，黑猩猩和倭黑猩猩演变成了我们今天所见到的两个物种。按一代黑猩猩平均寿命约为25年计算，倭黑猩猩和黑猩猩之间的心理学和解剖学差异至少是经过3.5万代的独立进化演变而来的。如果倭黑猩猩是自我驯化的，那么它们的祖先一定比当前的倭黑猩猩更具攻击性。因此，自我驯化假说的关键问题是，在3.5万代或更早以前，黑猩猩和倭黑猩猩的共同祖先是否比今天的倭黑猩猩更具攻击性。[21]

行为不会变成化石，我们也没有发现那一时期的相关化石。然而，倭黑猩猩与黑猩猩在解剖学上有一系列的区别，这些区别是它们各自的世系所特有的，并与它们的起源相关。区别倭黑猩猩是独立于黑猩猩的物种的最值得注意的特征是幼年倭黑猩猩的头骨。

只有目光敏锐的人才能发现倭黑猩猩的头骨很特别。早在1881年，英国自然历史博物馆就展出了倭黑猩猩的头骨，但没有人注意到其与黑猩猩的头骨有所不同。自1910年起，更多的倭黑猩猩骨骼被送到了比利时。后来，西方科学家甚至有机会见到活的个体。1923年，未成年的"奇姆王子"（Prince Chim）被带到美国，由美国灵长类动物学家罗伯特·耶基斯照料，最终它死于肺炎。耶基斯认为，"奇姆王子"是一只个性相当讨人喜欢的"黑猩猩"。其他见到奇姆的人都有同样的想法，包括一位名叫哈罗德·柯立芝的20岁学生，他当时正准备加入在西非寻找灵长类动物的探险队。没有人意识到"奇姆王子"在当时属于未被描述的物种。不管是死是活，倭黑猩猩在自1881

年进入科学家视野后的近 50 年里一直未被注意到。[22]

最终的突破是突如其来的。从非洲回来后，哈罗德·柯立芝于 1928 年前往比利时的特尔菲伦测量大猩猩头骨。据其自述，这发生在他参观中非皇家博物馆时：

> 我永远不会忘记，在特尔菲伦的一个下午，我随手从储物盘中拿起一个明显看起来像是来自刚果南部的未成年黑猩猩的头骨，惊讶地发现其骨骺完全闭合，这显然是成年动物。我从相邻的盘子里拿起四个类似的头骨，发现情况也是如此。[23]

骨骺完全闭合！这意味着它们尽管看起来像未成年动物的头骨，但其实已经停止了生长。这些必定是成年动物的头骨。在所有哺乳动物的幼年时期，被称为"缝合线"的软组织连接着头骨的骨骺生长板。缝合线为头骨能够独立移动，提供足够的灵活性，以适应不断生长的大脑。只有当大脑达到最大尺寸时，缝合线才会闭合，形成稳定的结构。柯立芝将这些缝合线误认为"骨骺"，但他完全理解自己所看到的东西有何意义。

柯立芝的话意味着他正在观察新的类人猿品种，在解剖学上与黑猩猩相似，但不同的是其成年头骨相对较小，呈圆形，似乎没有完全发育，就像未成年黑猩猩的头骨一样。几天后，一位德国解剖学家听说了柯立芝的发现，抢先发布了将倭黑猩猩作为新分类群的报道，但他犯了一个错误，仅把倭黑猩猩称为亚种。柯立芝笑到了最后，他将倭黑猩猩称为完整的物种。1933 年，这个新确认的物种被命名为"侏儒黑猩猩施瓦茨 1929"。[24]

随着科学研究的深入，成年倭黑猩猩身上有类似于未成年的头骨这一奇怪现象不仅展示了其与黑猩猩的区别，还提供了一种方法来重建新命名物种的进化历史。当前黑猩猩和倭黑猩猩的头骨是不同的，但它们共同祖先的头骨是什么样子的呢？进一步说，自这两个物种分化以来，哪个物种的头骨变化更大？更具可能性的是，倭黑猩猩的头骨类似于未成年形态是幼稚形态（paedomorphism）的例子，或是成年后保留了其祖先未成年时的特征。如果这个头骨是幼稚形态的例子，则我们可以得出结论：倭黑猩猩是从类似于黑猩猩的祖先进化而来的。

另一个想法也值得被考虑。这个物种差异可能是由黑猩猩的多型现象（peramorphism）形成，而不是倭黑猩猩的幼稚形态造成的。多型现象形成是指成年动物的特征扩展到超出其祖先物种的存在形式，因此是与幼稚形态相反的。若多型现象形成解释了倭黑猩猩和黑猩猩头骨之间的差异，那么我们可以得出结论：倭黑猩猩的头骨形态一定属于其祖先中发现的类型。

我们有一种方法可以判断黑猩猩的头骨是否为多型现象形成，或者说，倭黑猩猩的头骨是否为幼稚形态，就是核查其他类人猿。如果倭黑猩猩和黑猩猩的近亲具有与倭黑猩猩相似的头骨解剖构造，那么黑猩猩就是异类，即黑猩猩的头骨是多型现象形成，而倭黑猩猩的头骨相对于其祖先没有变化。然而，如果其他类人猿的头骨与黑猩猩的头骨更相似，那么倭黑猩猩的头骨一定是幼稚形态，这是一种新的解剖结构，来自具有类似于黑猩猩头骨的祖先。

答案很简单。其他类人猿的头骨，包括大猩猩、红毛猩猩和已灭绝的物种，如南方古猿，在这些方面与黑猩猩的头骨而非倭黑猩猩的头骨相似得多。作为与倭黑猩猩和黑猩猩关系最近的近亲，大猩猩提供了最相关和最具启示性的对照。它们密切遵循黑猩猩的生长模式，有人说它们"类似于'过度生长'的黑猩猩"。[25] 简言之，倭黑猩猩的头骨是幼稚形态；而黑猩猩的头骨不是多型现象形成。倭黑猩猩和黑猩猩的共同祖先最可能具有类似于现代黑猩猩的头骨。倭黑猩猩的头骨发生了变化，因此是异类。

倭黑猩猩在其他方面也很奇特。黑猩猩、大猩猩和红毛猩猩的发情期都有限，且多是雄性支配雌性。倭黑猩猩的不同之处在于其发情期大大延长，且普遍是雌性支配雄性。

为什么了解倭黑猩猩的头骨变化如此之大十分重要？头骨包含大脑，而大脑指导着行为。黑猩猩的头骨保留了与大猩猩和其他类人猿相同的祖先式颅骨生长风格，这表明，自黑猩猩和倭黑猩猩从最后的共同祖先进化以来，黑猩猩的行为一直相对稳定。相比之下，倭黑猩猩的头骨变化很大，意味着倭黑猩猩的大脑和行为发生了变化。将倭黑猩猩鉴定为独立于黑猩猩的物种，然后确定倭黑猩猩是变化得更彻底的物种，表明倭黑猩猩之间的和平相处是新现象，打破了其祖先的相处模式。[26]

虽然倭黑猩猩和黑猩猩的关系密切，但它们在攻击倾向和头骨形态上有很大不同，而且它们有许多提供有用信息的亲属，相较黑猩猩，我们可以自信地认为倭黑猩猩的头骨、大脑和行为与它们共同的祖先相比，变化更大。换句话说，倭黑猩猩的低反应性攻击倾向是新进化出来的现象。因此，我们可以坚定地预测：倭黑猩猩应该表现出驯化综合征。

我和布莱恩·海尔、维多利亚·沃伯于2012年试验了这一预想，并在野生物种中发现了第一个关于驯化综合征的证据。事实证明倭黑猩猩的头骨解剖构造非常符合驯化综合征的要求。首先，倭黑猩猩的大脑（或颅容量）比黑猩猩小。这种缩减在雄性中尤为明显，多达20%。这与几乎每一种家养脊椎动物大脑跟其野生祖先相比都有所变小相呼应。驯化综合征的所有其他主要颅骨特征也都存在于倭黑猩猩身上。倭黑猩猩的脸相对较短，且没有黑猩猩的脸那么凸出。倭黑猩猩的颌骨较小，咀嚼齿也较小。倭黑猩猩头骨的男性特征也没那么夸张，雄性倭黑猩猩比雄性黑猩猩更雌性化，雌雄之间的性别差异也更小。[27]

倭黑猩猩这些不寻常的特征早已为人所知，但以前没有人将其与驯化理论联系起来讨论。体质人类学家布莱恩·谢伊在证明倭黑猩猩头骨的独特性方面所做的努力不亚于任何人。他认为了解倭黑猩猩的关键在于其雄性和雌性的头骨比黑猩猩雄性与雌性的头骨更相似。谢伊写道："倭黑猩猩面部区域的性别二态性减少似与社会因素有关，如男性与男性和男性与女性之间的攻击性降低，女性之间的联系加强，进行食物分享，也许还包括性行为的某些方面。"但是，形态学上的头骨特征如何与行为倾向相联系仍未可知。为什么倭黑猩猩应该有较小的大脑或较小的咀嚼齿？它们生活的森林与刚果河对岸的黑猩猩居住的森林非常相似，河两岸面临的适应性问题似乎也十分相似，无法用任何简单的方式解释这些重要的物种差异。[28]

根据自我驯化理论，这些差异是有意义的。与圈养一样，当倭黑猩猩面临针对攻击性的选择时，驯化综合征就出现了。大脑变小，脸变短，牙齿变小，性别差异减少，头骨出现幼稚形态——所有这些倭黑猩猩的特征也是家养动物所具有的。诚然，倭黑猩猩没有耷拉的耳朵，皮毛上也没有白斑。也许3.5万代已经根除了自我驯化综合征的这些常见特征，或者说倭黑猩猩从未出现过这些特征。这些特征的出现频率在家养动物中是不同的。猫很少有耷拉的耳朵，水牛也很少有白斑。不过，倭黑猩猩身上确实出现了脱色现象。大多数个体的嘴唇周围出现了醒目的粉红色，这种脱色现象很可能与神经嵴细胞迁移延迟有关，与已经发生在家养物种中的过程相似。倭黑猩猩的臀部有一簇白色的毛发，就像幼年黑猩猩一样。但倭黑猩猩与黑猩猩不同的是，它们的臀部在成年之前一直保留着白色毛发（幼稚形态）。

除解剖学之外，倭黑猩猩的社会行为也非常符合别利亚耶夫在家养银狐中发现的行为模式。除了攻击性降低，其社会行为中还有两个特点是家养动物所特有的——性和游戏。[29]

家养动物，如狗和豚鼠，比其野生同类表现出更多样的性行为。与黑猩猩相比，倭黑猩猩也是如此。同性恋行为就是突出的例子。在灵长类动物幼年期，雄性经常趴到其他雄性和雌性身上，这是不包括实际性交的过早性交形式。随着它们的发育逐渐成熟，雄性转而趴到雌性身上，因此在成年期，同性趴到彼此身上的情况非常罕见。黑猩猩遵循这一模式，但倭黑猩猩成年后的同性恋行为十分普遍。如果成年同性趴到彼此身上是从幼年期保留下来的，那么正如这些跨物种的观察所表明的那样，这是幼稚形态。[30]

倭黑猩猩中成年同性恋行为在雌性中尤为突出。行为生物学家将这种行为简单地称为"生殖器摩擦"，在刚果则称为"霍卡－霍卡"（hoka-hoka）。"霍卡－霍卡"通常是两个雌性面对面，兴奋地左右摆动生殖器。这种互动有时以类似高潮的停顿结束，包括脸部紧张、四肢收缩。"霍卡－霍卡"经常出现在社交氛围紧张局势之后，例如，当雌性亚群发现了特别令人兴奋的食物，或者两只雌性发生冲突之后。因此，如果"霍卡－霍卡"在黑猩猩中是幼稚形态，人们应该会看到未成年雌性黑猩猩也有类似的行为。但它们几乎不会这样做，只是偶尔会有类似的报道。

1994 年，在乌干达的基巴莱国家公园发生过很有趣的例子，那是我在那里研究黑猩猩的几年后。我们的研究小组发现了一只未成年黑猩猩被非法作为宠物饲养在当地的村庄里，据推测，它是在母亲作为食物被杀后成为孤儿的。在得到当局许可后，我们救了它。我们叫它巴哈蒂，试图把它引入我们的野生动物研究社区。巴哈蒂五六岁。雌性动物通常在 12 岁左右加入新的团体，所以它绝对比它应该进入新群体的年龄要小。它的身体状况也很差，在被关在村子里的时候还不会爬树。研究人员丽莎·诺顿和阿德里安·特里维斯与巴哈蒂一起在森林里露营了三周，帮助它增强体力，以适应森林里的食物。[31]

一天，我们的黑猩猩研究小组刚好在附近，丽莎和阿德里安把巴哈蒂带到了研究人员面前。这些雄性黑猩猩被这只新来的幼年黑猩猩深深吸引了。经过一些紧张的冲撞（这让巴哈蒂靠近丽莎和阿德里安），一些雄性黑猩猩缓慢地靠近巴哈蒂并拥抱了它。野生黑猩猩如此欢迎巴哈蒂的行为，让人类感到很欣慰。巴哈蒂似乎也有同感。无论如何，在丽莎和阿德里安的照看下，巴哈蒂与野生黑猩猩一起度过了自几个月前被捕后第一个远离人类的夜晚。它和新朋友日复一日地待在一起。

几周后，我拍摄到巴哈蒂与一些黑猩猩一起旅行的场景。那时，雄性黑猩猩已经不再对它表现出那么大的兴趣，但它已经与其他同龄黑猩猩建立了友好关系。有一次，同龄的雌性黑猩猩罗莎在等着它，当巴哈蒂走近时，罗莎滚到它的背上，张开双臂，鼓励这个仍处于恐惧中的陌生孤儿。巴哈蒂拥抱了它，两个小家伙抱在了一起，互相摆动着骨盆部位。我以前从未在黑猩猩身上看到过这种行为，但我立刻就对此熟悉了起来。这看起来像是雌性倭黑猩猩之间的"霍卡－霍卡"，含义似乎显而易见。巴哈蒂和罗莎的行为是罕见的黑猩猩幼年行为。倭黑猩猩已经将其拓展并通过幼稚形态将之表现为成年社会生活的特征。

与同性恋行为一样，在狗等家养物种中比在狼等野生祖先中存在更多社会性游戏，而且年轻灵长类动物也比成年灵长类动物有更多社会性游戏。同样，正如伊莎贝尔·贝恩克所说，与家养物种一样，成年倭黑猩猩比成年黑猩猩玩更多的游戏。灵长类动物学家伊丽莎白·帕拉吉对生活条件相似的圈养倭黑猩猩和黑猩猩进行了仔细比较。成年倭黑猩猩不仅比成年黑猩猩更喜欢发起游戏且做鬼脸，而且有趣的是，倭黑猩猩的游戏也更粗暴。人们可能以为粗暴的游戏是更具攻击性的黑猩猩的选择，但由于粗暴行为要求伴侣给予更多的容忍，对更粗暴游戏的容忍可以通过倭黑猩猩的非攻击性来解释。[32]

在倭黑猩猩中，性和游戏经常被联系在一起。用贝恩克的话说，"阴茎勃起、开玩笑地插入和探索成熟雌性的性兴奋"是倭黑猩猩游戏环节中的一部分要素，这与黑猩猩的情况不同。[33]

* * *

将倭黑猩猩作为自我驯化的例子再合适不过了。倭黑猩猩的攻击性显然比黑猩猩弱。它们与黑猩猩的共同祖先被最合理地重组为具有类似于黑猩猩的头骨、大脑和行为的动物。倭黑猩猩与黑猩猩的不同之处是驯化综合征的特征，无论是解剖学上的（头骨）特征还是心理学上的（性和游戏）特征。倭黑猩猩的这些特征还没有通过常规的适应性逻辑得到解释。因此，没有人用平行适应假说提出令人信服的理由，该假说指出，倭黑猩猩攻击性降低、头骨出现幼稚形态、脸较短、牙齿较小都是平行进化的结果，是对一系列独立选择的压力反应。然而，别利亚耶夫在家养动物中发现了似乎适用于倭黑猩猩的模式。我们可以将别利亚耶夫规则称为针对反应性攻击的选择导致的驯化综合征。这一想法适用于倭黑猩猩，因为选择似乎是针对反应性攻击发生的，由此出现了驯化综合征的特征。从这个角度看，许多使倭黑猩猩完全区别于黑猩猩的特征并不是为适应而进化的，相反，它们的进化是针对反应性攻击选择的偶然副作用。对这一假设进行基因检测将是有益的，特别是对黑猩猩和倭黑猩猩的神经嵴基因进行比较。

倭黑猩猩提供的证据对研究脊椎动物的进化有着令人兴奋的意义。这表明在其他经历过攻击性下降的物种中同样会出现自我驯化综合征。如果是这样，雄性哺乳动物的乳头可能被证明没有看起来那么不寻常。就像雄性哺乳动物的乳头是由发育限制而不是进化适应所造成的一样，较短的脸、较小的牙齿、白斑和其他驯化综合征的特征也可能被证明是由发育限制造成的，甚至在野生动物中也是如此。倭黑猩猩的证据意味着攻击性降低通常会导致偶然副作用的出现。

倭黑猩猩提供的证据还有与人类进化直接相关的深层含义。如果倭黑猩猩可以进行自我驯化，那么这一案例就可以支撑人类也可以进行自我驯化的观点。

但自我驯化的证据并没有解释为什么倭黑猩猩的反应性攻击倾向会降低。

＊ ＊ ＊

你可能会认为，更具攻击性的个体在成功进化的竞争中总是表现得更好。事实上，任何事情做得太多都是坏事。动物如果过于频繁或过于激烈地斗争，就会浪费精力且承担不必要的风险。诀窍是要掌握好平衡，在适当环境下以适当的强度进行战斗，而且只在回报值得的时候进行战斗。

那么是什么原因使倭黑猩猩的攻击行为相较黑猩猩不那么有利可图？在黑猩猩中，雄性实施的暴力最为频繁且危险，然而雄性倭黑猩猩的暴力行为相对较少，所以这个问题实际上是关于雄性的讨论。归根结底，倭黑猩猩的心理已经进化到了：与黑猩猩相比，其对支配同伴（无论是雌性还是雄性）的兴趣更小。更深层次的问题是，为什么在进化过程中更温和、攻击倾向更小的雄性往往繁殖成功率更高。

雌性力量显然是答案的重要组成部分。[34]一只雄性倭黑猩猩与一只成年雌性倭黑猩猩对抗，若它是雄性倭黑猩猩听力所及范围内唯一的雌性，那么雄性很可能获胜，但雌性倭黑猩猩很少远离其他同伴。挑衅的雄性必须预料到，如果它让雌性尖叫，那么它可能在几秒钟内遇到准备攻击它的雌性联盟，而且这样做非常有效，所以它最好的应对措施就是逃跑。雌性的相互支持解释了为什么雄性在与雌性争夺食物时容易放弃，或者为什么雄性很少试图欺侮雌性，或者为什么一般而言雄性的地位无法超过雌性。联盟式攻击不一定很普遍。灵长类动物学家马丁·苏贝克和戈特弗里德·霍曼发现，尽管雌性在野外可以很好地利用联盟，但它们很少这样做，通常在雄性威胁到它们的孩子时才会如此。[35]尽管雌性在体形上处于劣势，但它们非常有效地压制了雄性的欺凌行为。雄性似乎已经知道决定性的力量在哪里：数量胜于体力。

雌性倭黑猩猩可以预见性地保持统一战线的原因似乎很简单：它们会彼此靠近。倭黑猩猩群体始终包含一个雌性伙伴核心，且雌性数量往往多于雄性。大多数雌性之间没有任何密切的亲属关系，因为它们是"移民"，在幼年末期或青春期早期作为陌生个体加入团体。在没有亲属关系的情况下，移民需要几周或更长时间耐心地跟随群体才能被接受。最终，它们参与"霍卡－霍卡"、游戏和梳理毛发，以便很好地融入雌性群体。自此，它们便可以指望获得支持。[36]

与此相反，从数量上来看，雄性黑猩猩在群体中占据主导地位。雌性倾向于单独活动或在较小的子群中活动。或许是因为这种相对分散的生活方式，雌性黑猩猩无法在和雄性对抗时获得相互支持的信心。唯一看到雌性黑猩猩成功围攻具有攻击性的雄性黑猩猩的情况是在动物园里，雄性被引入之前，成群的雌性已经单独在一起生活了几个月。在没有雄性黑猩猩的情况下，雌性黑猩猩学会了相互信任。在野外，大多数成年雌性黑猩猩待在一起的时间显然太短，无法学会相互依赖。[37]

当剥开倭黑猩猩进化的层层面纱时，我们注意到，雌性可以组成稳定的团体以形成防御联盟，而雄性的攻击性较低，因为雌性可以使它们的攻击无效。但为什么雌性倭黑猩猩比雌性黑猩猩更有能力组成稳定的团体？动物最终要适应环境，所以可以先从倭黑猩猩栖息地的特殊性方面寻找答案。在大多数方面，黑猩猩和倭黑猩猩的栖息地非常相似。这两个物种的关键需求都是进入雨林或河边沟壑，那里的树木能产出丰富的水果。它们的居住习惯在纬度上有所不同，黑猩猩通常生活在更北的地方，而倭黑猩猩生活在更南的地方。然而，将这两个物种分开的刚果河蜿蜒曲折，在某些地方，黑猩猩生活在倭黑猩猩的北部、西部、东部，甚至南部。因此，在赤道地区，人们无法严格区分这两种类人猿所居住地区的气候、土壤和森林类型。河流两岸的森林各不相同，没有证据表明这两种类人猿物种的栖地在植物结构或水果生产方面存在任何系统性差异。

尽管如此，它们栖息地之间的主要动物学差异还是影响了倭黑猩猩的食物供应。在黑猩猩居住的整个赤道地区都有大猩猩，但倭黑猩猩的栖息地却没有。大猩猩的存在与否似乎会产生一连串的影响，将倭黑猩猩的饮食选择与分组模式和社会联盟联系起来，最终导致了其攻击性下降。这个级联效应始于大猩猩与黑猩猩争夺食物。相比之下，大猩猩没有与倭黑猩猩生活在同一地区，后者便从这种竞争关系中解脱了出来。因此，倭黑猩猩比黑猩猩有更多的食物选择。

大猩猩是非洲的另一种类人猿。它们与倭黑猩猩和黑猩猩相似，居住地主要局限于热带雨林，饮食也大致相似：能轻易找到水果时，就吃水果；水果稀缺时，就吃植物的叶子和茎，但大猩猩比其他类人猿体形大得多。雌性大猩猩的体重是雌性倭黑猩猩和黑猩猩的 2～3 倍，雄性是 3～4 倍，平均约 170 千克。大猩猩体形较大意味着在多产的树木很少时，个体很难吃到足够的水果。因此，大猩猩很容易形成以叶子和茎为主的饮食习惯。生活在深山里的大猩猩群体甚至只吃叶子和茎，因为在海拔 1 800～2 400 米的地方，温度太低，除了偶尔有可食用的水果外，无法产出更多食物。[38]

对这三种非洲类人猿来说首选作为食物的植物类型大多是相同的，即大型的、能够快速生长的植物的嫩叶、茎基部或生长尖端，如姜科（姜）、竹芋科（竹芋）和爵床科（莨苕）植物。这些植物往往生长在"低洼地"上，通常占据了森林中由于植被覆盖率低而形成的缺口。

大猩猩擅长吃这些草本植物，且一旦缺少水果，它们也愿意这样做，这似乎给黑猩猩带来了麻烦。每天早晨，黑猩猩在起床后的几分钟内吃新成熟的水果，作为第一顿正餐。它们会持续吃水果，直到成熟的水果变得太少而不容易找到，这可能是在中午前后。然后它们就会找叶或茎来吃。但是，如果大猩猩先到了那里，草本植物就不足以满足黑猩猩的需要。所以黑猩猩不得不寻找其他食物。由于带着幼崽，雌性黑猩猩走得很慢，无法跟上快速行走的雄性。它们每天需要吃很长时间，于是分散开来，常常独自寻找能够给自己提供所需热量的小块食物地。

相比之下，倭黑猩猩没有来自大猩猩的食物竞争，可以自由地食用在环境中生长繁茂的所有类人猿食物。在倭黑猩猩的栖息地，没有其他动物为吃这些优质的草本植物而与其进行激烈的竞争，所以倭黑猩猩可以吃到最好的食物。这使得一切都变得不同。这就是大猩猩所做的。倭黑猩猩每天都能吃到"大猩猩的食物"，这似乎是其亚群相对稳定的原因（大猩猩也是如此），相比之下，黑猩猩的亚群在不断变化且规模较小。[39]

这条逻辑链让我们进入了最后一个问题。为什么倭黑猩猩的栖息地没有大猩猩？虽然大猩猩在古代的分布情况不详，但我们确切知道，刚果河南岸没有山，而倭黑猩猩就生活在那里。黑猩猩生活在河的北岸，西边和东边都有山。尼日利亚、喀麦隆和加蓬的西部山区是西部大猩猩多样化的中心。刚果民主共和国、卢旺达和乌干达的东部山区是东部大猩猩生活的核心区域。当炎热、干燥的气候意味着平坦的低地缺乏茂盛的草本植物时，山区成为大猩猩可以存活的地方。

如果南边没有山的情况如我所说的那样重要，我们可以将倭黑猩猩的历史重组如下：根据最近的地质资料，这段历史的开端是毫无争议的。在类人猿存在之前的很长时间里，刚果河一直是动物南下的障碍，海洋沉积物显示，刚果河流入大西洋已有 3 400 万年。所以黑猩猩、倭黑猩猩和大猩猩的祖先一直生活在刚果河以北。[40]

260 万年前的更新世时期，包括寒冷、干燥的冰河时期，使得动物有机会到达刚果河以南。研究人员在刚果河的外流地区发现了雨量减少的迹象，其形式为海洋沉积物，记录了非洲灰尘的沉积。当时气候很干燥，灰尘的沉积被认为与森林面积的减少相吻合。这样的干旱期发生在大约 100 万年前。降雨量减少可能导致刚果河上游变得足够浅，因而在一些地方，即使是像类人猿这种不会游泳的物种也能渡河。黑猩猩和倭黑猩猩的祖先适时地过了河。它们发现了类似今天黑猩猩所居住的较干燥的地区。只要是有果树可以存活的河边沟壑，黑猩猩和倭黑猩猩的祖先就可以茁壮成长。[41]

大猩猩的祖先可能也曾过河，而刚果河的南岸并不适合它们居住。没有山意味着没有足够潮湿的地区来容纳大猩猩所需的作为食物的湿润草本植物。因此，即使大猩猩在 100 万年前确实穿过了刚果河，但它们不久之后便会在此灭绝。

然后，也许在几千代之后，雨季又来了，河水再次成为障碍，低地栖息地又变得繁茂起来。在河的南岸，有大量供给两种类人猿的食物，但那里没有大猩猩收割丰富的森林草本植物。唯一的类人猿是黑猩猩的祖先，现在进化成了倭黑猩猩的祖先。原始倭黑猩猩茁壮成长，既吃树上的果实，又吃丰富的新生优质草本植物。母亲们从经常单独行动的觅食方式转为移动的觅食方式，与大猩猩一样，在稳定的、较大的双性个体亚群中分享草本植物低洼地。试图欺侮雌性的雄性逐渐开始被击退了。

随着雌性力量的出现，其选择攻击性较弱的雄性作为配偶的能力增强。雌性大大延长了性接受期，并因此进化出隐藏发情期的能力。它们可以承受长时间的性吸引，因为在大片的"大猩猩食物"中，存在感兴趣的雄性并不是一个大问题，它们对茂盛的草本植物几乎不存在竞争。雄性对于何时进行竞争的把握程度大大降低，因此对雌性的威胁不再像雄性黑猩猩那样可以得到回报。随着雌性越来越倾向于选择攻击性较弱的雄性作为配偶，自我驯化综合征出现了。同性恋行为是自发出现的，然后被编入倭黑猩猩的社会系统，作为加强联系、减少矛盾的手段。

遗传学证据表明，这个情景的时间设置比我目前为止所介绍的要复杂一些。黑猩猩的祖先第一次跨过刚果河之后，似乎又出现了至少两个干旱期，黑猩猩的祖先和倭黑猩猩的祖先再次共存，并短暂地繁殖。然而，这种杂交并没有产生太大的遗传影响，非洲中部黑猩猩的基因中只有不到1%可以追溯到倭黑猩猩。[42]

因此，更新世的干旱气候让黑猩猩的祖先跨过大河的屏障，进化成了倭黑猩猩。与其他类人猿相比，倭黑猩猩被留在了相对较小的区域，由于栖息地丧失和狩猎，其数量已经减少到野外现存仅 10 000 ～ 50 000 只。我们非常幸运看到了它们的幸存。它们与黑猩猩形成了鲜明的对比，同时也证明了别利亚耶夫规则的力量。它们给我们提供了迄今为止发现的最好的迹象，即在逐渐和平的野外环境中也可以产生与圈养类似的效应。[43]

* * *

倭黑猩猩为我们打开了一扇窗，让我们看到了先前未曾见过的世界。如果我们透过这扇窗仔细看，最终会在许多地方看到驯化综合征。反应性攻击倾向的降低应该被证明是常见的进化现象。

与倭黑猩猩相结合的两个特点使其成为极其耐人寻味的物种。它们的社会行为包含了一系列不寻常的模式，包括明显比黑猩猩攻击性低，而且它们是与我们最接近的两个近亲之一。这种组合可能表明了倭黑猩猩与人类的密切关系，如高认知能力使它们倾向于自我驯化。然而，这种联想是没有道理的。自我驯化应该完全取决于自然选择是否恰好有利于减少反应性攻击倾向，无论该物种与人类的关系密切还是疏远。有时，迅速的反应性攻击倾向是一种优势。如果做好最充分的准备进行战斗的竞争者倾向于在地位、食物和配偶的竞争中获胜，拥有更多的孩子，并且生存得更好，那么反应性攻击就会受到青睐，自我驯化就不会发生。但如果生活条件变化可以改变特定行为的成本和收益，则太快发火可能就不再有什么好处了。现代黑猩猩和倭黑猩猩从共同的祖先进化而来，强有力地说明了不同环境有利于不同程度的反应性攻击倾向的发展。

生活在岛屿上的动物提供了又一实例。岛屿就像天然的实验室，为进化过程提供了深刻见解。岛屿几乎总是比邻近的大陆出现得晚。因此，生活在岛屿上的物种通常由大陆上出现的物种演变而来，而不是相反的情况。

人们已经将生活在岛屿上的各类物种与其在大陆上的近亲进行了比较。这种比较产生的稳定模式被称为"岛屿规则"，该规则适用于小鼠、蜥蜴、麻雀、狐狸和许多其他物种。岛屿规则从体形开始，被隔离在岛上的大型动物往往会变小。在加利福尼亚海岸、地中海和东南亚的岛屿上发现了不同种类的微型大象的骨骼。被困在岛上产生了一致的结果：迷人的小象，有些四肢着地肩高只有 1 米。而那些体重小于 1 千克的动物，在岛上往往会变得更大。例如，在印度洋的岛屿上，远古的果鸠变成了渡渡鸟，这让水手、野猪和外来的猴子很高兴，它们在 17 世纪把渡渡鸟吃到了灭绝。

岛屿规则不仅适用于体形，也适用于物种生长和繁殖的许多方面。岛屿动物往往性成熟延迟，产下的幼崽数量较少，寿命较长，且性别二态性变少，换句话说，雄性与雌性的身体构造比在大陆上的物种更相似。[44]

岛屿动物对思考自我驯化问题很有意义，原因是行为上的变化同样普遍存在。岛屿动物往往比其祖先亲属的反应性攻击倾向更弱。蜥蜴、鸟类和哺乳动物都表现出这种趋势。即使有些动物大陆上的亲属有充分的领地意识，这些动物也会放弃一切保卫领土的努力。若它们在岛上占有领地，该领地相对较小，与邻居的领地重叠较多，它们就可能与邻居分享。在试验中，被放入同一笼子的两只动物如果来自岛屿则比来自大陆相互争斗的可能性更低。所有这些行为变化都可能受到进化的心理差异的影响，具体而言，岛屿动物的反应性攻击倾向降低了。[45]

反应性攻击倾向降低是由于岛屿太小，无法给肉食动物提供充足的补给，这意味着被杀的风险比在大陆上要小。因此，动物在岛屿上存活的时间更长，且种群密度更高。因而岛屿的种群相对拥挤，这意味着太过好斗可能会过度疲惫。例如，当领地持有者赶走一个入侵者后，又出现了三个新的入侵者，这时保卫领地可能不是有效策略。如果攻击没有回报，最好是不要浪费时间和精力，也不要通过战斗引来高风险。在这些条件下，选择倾向于反应性攻击倾向较低的动物。[46]

岛屿动物对自己物种的成员相对不具攻击性这一概括引发了简单的预测：岛屿动物应倾向于表现出自我驯化综合征。虽然这一假设还未经过系统研究，但一些案例却强烈地暗示了这一点。以桑给巴尔红疣猴为例，这一物种只生活在桑给巴尔。

桑给巴尔是印度洋上的政治单位，这个群岛包括两个主要岛屿——温古贾岛和奔巴岛。这两个岛屿都距坦桑尼亚海岸 20～30 千米，是世界上唯一有桑给巴尔红疣猴生活的地方。奔巴岛已与非洲大陆分离了 100 万年甚至更长时间。分子数据表明，桑给巴尔红疣猴作为物种大约有 60 万年的历史，这表明其在奔巴岛成为岛屿后不久就在那里进化了。该物种与非洲大陆上所有其他红疣猴看起来明显不同，其中大约有 16 个物种曾被描述过。[47]

几乎每个将桑给巴尔红疣猴与其他红疣猴物种区分开来的特征都符合驯化综合征。与所有大陆上出现的形式相比，桑给巴尔红疣猴体形较小，体重较轻，脸部相对较短。雄性体形缩减得更多，一些权威人士甚至认为雌性桑给巴尔红疣猴可能比雄性桑给巴尔红疣猴体形大。桑给巴尔红疣猴也是幼稚形态，成年动物保留了相关物种的幼年特征。在我所熟悉的乌干达红疣猴中，只有不到几个月大的婴儿唇部周围才会出现粉红色轮廓。然而，桑给巴尔红疣猴却对同样的粉红色外形进行了终生保留。整个头骨的形状和大小也是幼稚形态，包括大眼睛、小脸和相对较小的脑壳。在所有这些特征中，桑给巴尔红疣猴对大陆红疣猴来说就像狗相对于狼一样。[48]

随着自我驯化研究工作的推进，岛屿应该被证明是特别有价值的，它们似乎可以提供多次机会来检验起源于别利亚耶夫的关键推论。然而，在我看来，倭黑猩猩已经提供了重要突破。倭黑猩猩支持源自银狐研究的简单预测：针对反应性攻击倾向的选择甚至在野外也会产生驯化综合征。

第 6 章
人类进化中的别利亚耶夫规则

正如我在上一章中所说，别利亚耶夫规则是指在圈养中，针对反应性攻击倾向的选择会导致驯化综合征。现在，别利亚耶夫规则似乎也适用于野生动物，几乎可以肯定的是其在倭黑猩猩中适用，可能在桑给巴尔红疣猴中也适用，也许在我们开始寻找证据的许多其他物种中同样适用。对于别利亚耶夫规则的运作来说，选择是如何发生的应该并不重要。该物种可能是人类有意驯化的，如水鼬；也可能是在人类存在的情况下自我驯化的，就像当狼越来越多地被人类营地的垃圾所吸引时就出现了狗那样；或者，像倭黑猩猩一样，可能是在完全没有人类的情况下自我驯化的。别利亚耶夫规则显然适用于所有这些情况。针对反应性攻击倾向做出选择，驯化综合征就出现了。

别利亚耶夫规则似乎十分强大，我们可以反过来用它从驯化综合征的存在推断出物种已经经历过的，特别是针对反应性攻击倾向的选择。别利亚耶夫规则的这一逆推版本对倭黑猩猩在许多行为上和生物学上的奇特之处做出了解释。我们现在可以把这个构想应用于人类。海伦·利奇已经根据我们的头骨和骨骼确定了人类具有驯化综合征。根据别利亚耶夫规则，其推断很明显。在进化过程中，人类经历了针对反应性攻击倾向的选择。

我们应该能够通过发现驯化综合征开始的时间来判断选择发生的时间。我们需要找到完好的化石记录。而这需要运气，然而对于某些物种，我们没有运气可言。倭黑猩猩没有已知的化石，所以我们不知道其驯化综合征是从什么时候开始的。人们合理地猜测这发生在倭黑猩猩族系首次与黑猩猩的祖先分离后不久，至少是 87.5 万年前。也许最终的化石会检验这一猜想。

相比之下，人类留下的丰富的化石记录让我们能够追溯关于我们这个属的祖先 200 万年甚至更早以前的历史。考虑到别利亚耶夫规则，化石记录变得非常具有指导意义，因为证据显示驯化综合征只存在于人属的一个阶段和物种中。这个阶段指的是过去 30 万年，而这个物种是智人。

让我们把丰富而复杂的故事大大简化。至少在过去 25 万年里，有两种智人主导了我们的进化。一种是一系列强壮、古老的智人；另一种是我们——体形更轻盈、更苗条的智人。

诚然，这两种类型的智人并不是唯一的参与者。脑容量小的纳莱迪人居住在非洲南部的部分地区，在黑暗的山洞中发现的骨骼被鉴定为大约出现在 30 万年前。在印度尼西亚的弗洛里斯岛，生活着同样拥有较小脑袋的小型物种，即所谓的霍比特人或弗洛里斯人。霍比特人最晚生活在 6.5 万年前，最早可能生活在 70 万年前。纳莱迪人和弗洛里斯人很神秘，他们代表着那些未表明的，对我们的祖先有贡献的侧枝。[1]

智人起源的关键地点和时间是非洲的中、晚更新世。260 万年前的更新世时期是我们人类世系从黑猩猩大小的类人猿转变为具有复杂文化、现代心理的智人的时期。当更新世开始时，我们的祖先是巧人，也被称为"灵巧种南猿"或"能人"。巧人命名的不确定性反映了其作为部分猿类（有较小的身体、较大的颌）和部分人类（大脑比类人猿大）的身份。在 200 万年前的不久之后，巧人生育了我们属第一批毫无争议的成员——直立人。当更新世到了最后一个冰期，由更温暖的全新世（11 700 年前）所替代时，直立人中唯一存活的后代就是智人了。[2]

智人的各个人种似乎都起源于非洲，但也有几个人种在世界其他地方开拓"殖民地"。在更新世期间，非洲至少有 4 次将智人种群引入欧洲和亚洲。在 180 万年前或更早的时候，直立人到达了印度尼西亚和中国。有人称随后扩张产生的种群为"前人"，他们于 80 万年前生活在西班牙，与另一个欧洲人群体海德堡人非常相似。尼安德特人可能在 50 万年前经中东进入欧洲。每个新物种都会经历一段时期的繁荣，然后会被来自非洲的下一波人取代。直立人、前人、海德堡人、尼安德特人及其祖先都是古人类的成员，然而在非洲出现的最后一个物种有着更灵巧、更优雅的外形——智人。

智人何时首次到达欧洲和亚洲尚不确定，但他们在 10 万～6 万年前的扩张似乎是导致其形成全世界大多数我们所熟悉的种群的关键举措，包括在非洲大陆内的传播。到更新世结束时，即大约 1.2 万年前，智人开始使用复杂的工具进行狩猎和采集。一些种群已经居住在固定的村庄，与狗一起生活，用五颜六色的颜料装饰洞壁，使用陶器并研磨谷物。此后不久，大约 1 万年前，农业革命开始了。[3]

由于发现的化石太少，我们无法确定古人类在何时何地开始分化为智人。有几个模糊的特点可以用来判断是否为智人，头骨外形必须明显是圆的（球状的）、底部明显弯曲，脸较小且大部分隐藏在颅骨下面。最早具有这些特征的人来自埃塞俄比亚南部的奥莫河，可追溯到 19.5 万年前。[4] 在那之后不久，智人更大规模地在非洲被发现，后来也在中东被发现。

那么确切的智人（如来自奥莫河的智人）起源于何地、何时呢？在摩洛哥西海岸的沙漠地区杰贝尔依罗（Jebel Irhoud）出土的化石似乎是正式向智人过渡的人种化石，也可能是我们这个人种最早的化石。20 世纪 60 年代初的采矿工人在那里挖出了骨骼和牙齿，2019 年，又有更多的物质被挖掘出来，一共有至少 5 个个体，其中有 3 个头骨。与其他中更新世的人类相比，不那么突出的脸部、较小的咀嚼齿及不那么突出的眉脊等特征暗示着人类后期的发展趋向。2017 年，古人类学家让 - 雅克·胡布林及其同事鉴定这些骨骼的出现年代为 31.5 万年前（±3.4 万年）。胡布林的团队认为，虽然古代摩洛哥人确实与当代人类有很大的不同（他们的脸仍然相对较大、脑壳没有显示出变圆的趋势），但脸部和牙齿的一些解剖学变化仍然标志着他们是新的进化方向的先驱。胡布林的团队总结说，杰贝尔依罗人是智人出现的第一个暗示，是早期的前现代版本智人。[5]

将杰贝尔依罗人称为"智人"是有争议的，因为智人这一名称通常是为具有圆形头骨和短脸的种群保留的，杰贝尔依罗人没有这种特征，且这种特征只在大约 20 万年后才被发现。[6] 胡布林的团队将他们在摩洛哥发现的物质称为"智人"，不是因为它符合智人的标准定义，而是因为它似乎引发了一种趋势：未来的发现可能会赋予智人不同的起点。但在本书中，根据胡布林的提议，我将杰贝尔依罗人作为已知最早版本的智人。

追溯杰贝尔依罗人的时代，我们可以近似地认为是 30 万年前，这与近期遗传学和考古学的发现相吻合，表明智人的深层起源处于同一时期。根据现存人类的遗传差异，据推测当今每个人的祖先都生活在 35 万 ~ 26 万年前。这个时间也与考古发现相吻合，表明文化开始加速发展。敲击石器的勒瓦娄哇技术是文化发展的重要例子。与早期技术相比，这一方法要求使用者提高认知能力。勒瓦娄哇技术要求使用者在尝试制作石片之前对石块进行处理。这种技术造出了比以前更小、更雅致、更有效的石刀，而已知最早的这类技术出现于 32 万年前肯尼亚的奥洛戈赛利叶（Olorgesailie）盆地。近期于奥洛戈赛利叶盆地的其他发现表明，到 32 万年前，人类在选择制作石器的原材料方面变得更加挑剔。例如，他们不会忍受低质量的本地资源，而是会从远至90千米外的地方获得高质量材料，如黑曜石。奥洛戈赛利叶人也是已知最早收集红赭石的群体，他们可能将其作为颜料使用。因此，化石、遗传学和考古学证据都显示30万年前是变革期。在50万～25万年前，显然开始出现了形成智人的独特世系。[7]

摩洛哥智人的直接祖先并不知名，甚至没有公认的名字。在过去，他们有时被称为"古代智人"。然而，将杰贝尔依罗人的祖先称为智人令人困惑，因为他们也带来了智人之外的其他物种，尼安德特人就是众所周知的例子。有时欧洲的海德堡人或非洲的罗德西亚人化石拥有智人中更新世先驱的标签。但尚未可知这些名字中的哪一个合适，目前还没有能够阐明这种关系的化石。古生物学家克里斯·斯特林格更倾向用"中更新世人"这个不确定的术语来称呼我们的前智人祖先。中更新世从78万年前一直持续到13万年前，显然涵盖了我们感兴趣的时期。因此，我将沿用斯特林格的说法，把智人的古人类祖先称为中更新世人。[8]

假设你能穿越时空回到过去，遇到那些古人，中更新世人的行为在某些方面会让你觉得熟悉。如果你从远处看到一个小群体，这些影像在旱季的薄雾中闪闪发光，你会立即认出他们是人类：相似的体形、相同的外形、相同的步伐。当你走近时，就会看到一些不太熟悉的特征。这些人无论男女都肌肉发达，更像是摔跤选手而不是跑步运动员。他们的脸庞惊人地宽阔而且棱角分明，尤其是男性。头部有些倾斜，从头顶到巨大的眉脊往前倾斜，额头并不突出。眉脊又宽又厚，让他们的眼睛看起来令人生畏。大嘴下面是沉重的、没有下颌的颌骨。[9]

以色列古老湖泊旁有据可查的露天遗址揭示了他们可能会享受营地生活的信息。大约78万年前，这个现在被称为格舍尔伯努瓦雅各（Gesher Benot Ya'aqov）的地方被使用了约10万年。我们尚不清楚哪种人类生活在那里，但从时间上判断，可能是直立人，即中更新世人的前身。无论我们给他们起什么名字，他们都代表了一种复杂的狩猎采集系统。考古学家纳马·戈伦－因巴尔领导的团队研究了大量坚果壳、动物骨骼及木制和石头工具的遗骸。戈伦－因巴尔的团队发现，这些人类根据季节变换吃了几十种不同的植物，包括种子、水果、坚果、蔬菜和水生植物等。整个居住期间他们一直使用火，显然是可以随心所欲地生火。结合屠宰的证据，火的使用表明营地的周围经常会飘有烤肉的香味，通常被烤的是鹿，但也有跟大象一样体形庞大的动物。人们还为各种用途敲击石头。在各种工具中，有锋利的劈刀、刮刀和小的燧石片，他们很可能把这些工具装在长矛上。他们把薄薄的玄武岩板带到营地作为石板使用，显然是为了砸碎坚果或捣肉。一些食物的准备工作要求很高，如多刺的睡莲芡实。根据今天人们收获和烹饪坚果的方式推断，中更新世人必须潜入水中收集坚果，将其晒干、烘烤，也许还要让其爆裂。这些人是有条理的觅食者。[10]

当我们发现足够多的化石，让古生物学家能够正确地区分不同种群的中更新世人时，有可能意味着那个时代的非洲不只有一个人类种群（除了非洲南部小身材、小脑袋，与杰贝尔依罗人同时代的神秘纳莱迪人）。当时的环境和今天一样多样化。在不同时间、不同地点，有封闭的森林、开阔的山谷和广阔的灌木丛。有数千年的干旱，也有数千年的强降雨。有时，沙漠或河水造成的障碍让种群分离了足够长的时间，从而出现了进化差异。如果你的时光机碰巧把你放在某个时间、某个地点，你可能会遇到若干种群中的一个，每个种群都代表特定地区的特定时期。但这些潜在差异与我们无关。考虑到自我驯化的问题，关键是在智人出现之前，每个体形较大的人类种群都有相对宽大、沉重的头骨和粗大的四肢骨架。即使在第一个智人进化之后，一些典型的中更新世种群仍然存在。他们古老的外表与智人不同，就像黑猩猩与倭黑猩猩，或狼与狗一样。[11]

* * *

随着时间的推移，在杰贝尔依罗人身上首次发现的朝智人方向过渡的形态变化变得复杂起来，并且被加强了。在非洲其他地方发现的化石显示，在 20 万年前的某个时候，人类脸部和眉脊的大小进一步缩减。性别差异也变小了，男性的脸变得更加女性化。从 4 万年前开始的旧石器时代晚期，从股骨（大腿骨）的直径变小可以看出，人类身体也变得更轻了。更进一步地说，四肢变得不那么强健了，他们的骨骼没有那么突出了，这可以从臂骨或腿骨的横截面看出来，即骨髓腔周围的骨皮质外壁变得更薄。在过去的 3.5 万年里，身高和牙齿大小的性别差异也在缩小。综合所有这些方面来看，现代智人是一个不如我们 30 万年前的祖先强壮的男性物种。从那时起，我们的祖先开始变得女性化了。[12]

海伦·利奇确定了人类驯化综合征的解剖学成分，即较小的体形、较短的脸、不断缩小的性别二态性和较小的大脑。正如我们所见，智人进化史的大部分过程都能看到前三者。至少在 20 万年前，较细的股骨就预示着较小的体形。较小的脸用来说明杰贝尔依罗人的化石属于智人。当评估解剖学上的性别差异成为可能时，男性已经变得更加女性化了。

智人存在的大部分时间里，大脑并没有缩小，反而变大了。中更新世保存下来的头骨不够多，不能确定最早期智人的大脑有多大，但在 30 万年前，可能是 1 200 ~ 1 300 立方厘米，比现存人类（平均约 1 330 立方厘米）小一点。在接下来的 25 万年里，智人的大脑继续增大，平均可达 1 500 立方厘米。[13] 同时，由于智人的大脑尺寸略有增加，其外形也发生了变化。到 20 万年前，他们的头骨变得越来越圆，或呈球状。[14]

虽然中更新世和晚更新世时期大脑尺寸的持续增长表明人类并不完全符合驯化综合征，但智人的大脑增长确实与狗的进化模式相吻合。克里斯托弗·佐里科夫已经证实,与尼安德特人相比,智人的头骨在某种程度上是幼稚形态的,因为当智人的头骨停止生长时,其形状类似于处于倒数第二个生长阶段的尼安德特人的头骨形状。[15] 从本质上讲,尼安德特人的头骨(根据推论,以及其大脑)持续增长并超过智人达到的终点。智人并不是从尼安德特人进化而来的,但就头骨生长这一方面而言,尼安德特人似乎是智人进化的合理种群模型。[16] 智人头骨生长速度缓慢可能也反映了其大脑生长速度缓慢,这表明智人相对于其直接祖先来说不仅头骨是幼稚形态的,而且大脑也是幼稚形态的。

最终,在过去的 3.5 万年里,智人的大脑尺寸缩小了大约 10%~15%,变成了今天的大小。正如我之前提到的,大脑尺寸缩小意味着什么这一问题存在争议,因为在同一时期,群体的身体变得更轻了。但一些科学家认为大脑变小是驯化综合征的又一实例。在过去的 200 万年里,演变为智人的世系大脑尺寸稳定增长(从大约 600 立方厘米增长到 800 立方厘米),且在智人进化的大部分过程中大脑尺寸是持续增长的,因而这一缩小十分引人注目。[17]

我们投入人类古生物学方面的研究,并进行了预测。我们想知道驯化综合征是何时形成的,这将揭示反应性攻击倾向被选择出来的可能时间。驯化综合征可以看作开始于约 31.5 万年前,在较小的脸和变小的眉脊等智人进化的标志中初见端倪。随着时间的推移,驯化综合征变得更加夸张,近期达到了顶峰,男性变得比以前更像女性、脸变得更短,而且大脑变得更小,这可能也是驯化综合征的一部分。

因此,变成智人的整个过程可能与自我驯化有关。如果自我驯化确实是造成有关智人起源变化的原因,那么造成自我驯化的选择压力肯定在 31.5 万年前就已经开始了。这个过程似乎随着时间推移而加快,这表明从那时起直到现在,针对反应性攻击倾向的选择压力变得越来越大。

我们只能推测这发生在 31.5 万年前的多长时间。毋庸置疑，最早的智人出现在杰贝尔依罗人之前：科学家从未能幸运地捕捉到史前进程的最初阶段。自我驯化可能开始于 40 万年前，这一进程非常缓慢。但显然，这只是猜测，再多 10 万或 20 万年，即开始于 50 万～60 万年前同样合理。

然而，不能超出这个范围太多，DNA（脱氧核糖核酸）分析限制了这种可能性。形成智人的中更新世人早些时候曾繁衍了离开非洲的世系。这一世系在西欧、中欧和中东地区成为尼安德特人，在西伯利亚及其他地区成为丹尼索瓦人。尼安德特人和丹尼索瓦人作为独特的种群都已经灭绝了，但与智人的杂交让他们的一些基因在现代非洲以外的人中留存了下来。丹尼索瓦人何时灭绝尚不清楚。尼安德特人最后生活在欧洲的希腊和克罗地亚。到 4.3 万年前，智人已经进入欧洲，生活在肥沃的河谷和沿海地区。尼安德特人的遗址很快就消失了。一些群体继续生活在山区，但到大约 4 万年前，尼安德特人就已经灭绝了。[18]

目前发现的丹尼索瓦人的化石只有三块牙齿碎片和一截指骨，而尼安德特人的化石多到甚至可以让古人类学家重新模拟他们的生长速度。对尼安德特人的解剖学研究有助于理解智人的进化。不同于我们这一世系，尼安德特人在解剖学上没有显现出攻击性降低的迹象，也没有出现驯化综合征。[19] 他们生活在欧洲和亚洲时头骨和脸仍然很强健。已知的中更新世人标本比较少，因此尼安德特人为研究中更新世人提供了参考。[20]

尼安德特人没有表现出智人所经历的变化，因而智人的产生很可能始于这两个祖先世系分裂之后。因此，问题在于尼安德特人和智人的世系是何时分裂的。我们对生活在西伯利亚阿尔泰，与丹尼索瓦人先前居住在同一个洞穴的尼安德特妇女的优质基因组序列进行了分析，答案是 76.5 万～27.5 万年前。[21] 尽管这个估算误差幅度很大，但还是有帮助的。遗传学数据表明分裂不早于76.5万年前。别忘了化石资料显示智人进化过程最早发生在30万年前。所以这两个极端之间的时期就是智人独特进化开始的时间。[22]

为了方便起见，我将称其为"约50万年前"。换句话说，50万年是个估计，应该带我们回到智人开始进化之前。如果我们是通过自我驯化产生的，那么这个过程应该始于从那时到20万年前之间的某个时间，这也是最早的智人化石出现的时间。

＊ ＊ ＊

了解我们的起源具有纯粹的宇宙哲学魅力，但有关智人存在原因的讨论却出奇的少。对我们这一物种起源的研究主要集中在时间和地点，而不是方式和原因上。2008年，古人类学家丹尼尔·利伯曼捕捉到了这种无知："悬而未决的关键问题是在大约20万年前的非洲，有利于现代人类进化的选择压力是什么？"[23] 即使现阶段很少有研究人员探究这个处于我们生存核心的问题。

考古学家柯蒂斯·马里恩给出了宏伟提议，这是为了解智人起源提供生态背景的罕见例子。马里恩认为智人的"主要适应"是我们积累文化适应的能力。我们的生活离不开文化知识，这些知识使新的一代能够重新创造其社会生活方式。无经验的动物进入新环境中，往往可以自己解决寻找食物和生存的问题。相比之下，人类大都要从别人那里学习挖掘可食用的食物、烹饪、制作工具、建造房屋、制作船只、灌溉农田、驯服马匹、制作衣服等技能来谋生。如果没有前人传授给我们这些技能，我们就会陷入困境。有了这些技能，我们才能主宰这个星球。[24]

马里恩认为，智人有三个特点让我们能够积累这些文化技能：高度聪慧，高度合作，擅长向他人学习，即所谓的社会学习。从化石头骨的内部体积所显示的大脑尺寸来判断，其他中更新世人的智力与智人更接近，但智人略胜一筹。例如，研究者通过分析20万～7.6万年前的 14 块化石发现，尼安德特人的脑容量相对较小：8 件尼安德特人大脑标本的平均大小为 1 272 立方厘米，而 6 件智人大脑标本的平均大小则为 1 535 立方厘米。相比之下，在 7.5 万 ~ 2.7 万年前，化石头骨的内部体积没有区别，两个物种大脑标本的平均大小均为 1 473 立方厘米。[25] 但是，即使人类物种的智力水平在某种程度上是相似的，出色的合作和社会学习能力似乎也是智人所独有的。马里恩推测，这种能力的结合起因于食物生产的关键进步。

马里恩认为，在智人出现之前，人类像黑猩猩一样生活在低密度的小型社会里。然后，他认为生活在非洲南部海岸的一个种群可能进化出了采集和狩猎的能力，使其食物资源变得更加丰富。人口自然增长到对食物供应产生竞争的程度后，各团体很快就会为争夺最好的领地而争斗了。赢得战斗势在必行，因此，各团体相互结盟，产生了今天由狩猎采集者形成的大型社会。团体内战士之间的合作对于赢得斗争十分重要，甚至演变成了人类特殊互助倾向的基础。社会性变得更加复杂，学习变得更加重要，文化也变得更加丰富。

马里恩的观点在将智人的成功与文化联系起来方面是主流。这种关系得到了考古学证据的强有力支持。颜料、创新工具和各种象征性的手工艺品（如装饰性的贝壳）在 10 万年前就已经投入使用了。从那时起，文化多样性迅速发展。马里恩的设想还指出，社会特征——而不仅仅是智力——对智人的起源尤为关键。他认为赢得斗争是智人胜过其他人类物种的合理解释。他强调智人的产生不是单一的重大事件而是持续发展的过程，这与我们这一物种在文化和生物学方面从未停止进化的事实相符。古生物学中有关大脑尺寸和文化繁荣时间点的证据得到了广泛认可，团体间的竞争和战争促进了社会性这一假说在马里恩的设想中被建设性地联系在了一起。

然而，有关智人进化的两个重要问题并没有通过马里恩的理论——或任何其他关于我们起源的理论——得到解决。首先，没有任何替代理论能解释智人身上明显的自我驯化综合征。马里恩的设想强调合作这一能力的重要性，但忽略了合作依赖于非常低的反应性攻击倾向这一事实。布鲁门巴哈、达尔文以及许多后来的思想家肯定会认为这是关键的疏漏。鉴于人类的情绪反应比黑猩猩、倭黑猩猩或大多数群居的灵长类动物要少得多，在我们中更新世的祖先中，较低的反应性攻击倾向并非理所当然。反应性攻击倾向的降低必须与智力、合作和社会学习并列，作为我们物种出现并取得成功的关键因素。

温顺应该被视为人类的基本特点，不仅因为这一特点不同寻常，而且因为这似乎是高级合作和社会学习的重要前提。比较心理学家艾丽西亚·梅利斯领导的研究揭示了宽容在黑猩猩中的重要性。在野外，黑猩猩在领地巡逻和结盟对抗其他个体这两方面进行合作；但在圈养情境中，它们往往对合作没有兴趣。梅利斯的团队想知道，这种合作失败的原因是否在于它们在圈养环境中的社会关系过于紧张。为了找出原因，该团队通过记录个体相互分享食物的倾向来评估成对黑猩猩之间的容忍度。然后他们测试了这两只黑猩猩的合作程度。果然，相互分享食物最多的一对黑猩猩在同时拉动绳子以获得奖励方面也合作得最好。[26] 在圈养黑猩猩中，成对黑猩猩之间的反应性攻击倾向越小，合作能力就越强。一项关于斑鬣狗的研究尤其关注攻击性，结果表明，那些更宽容且攻击性更低的配对组合会合作得更好。在许多哺乳动物和鸟类中也可以看到宽容与合作之间的类似联系，包括猕猴、狒猴、乌鸦和食肉鹦鹉（一种陆生鹦鹉物种）等。[27]

大多数这样的研究都是在一个物种内进行的，但同样的想法在物种之间似乎也是可行的。我和布莱恩·海尔、艾丽西亚·梅利斯等人一起，对圈养倭黑猩猩之间的合作进行了研究。由于倭黑猩猩比黑猩猩更宽容、攻击性更低，我们猜想它们可能会比黑猩猩更容易相互合作。我们的猜想是正确的。在拉绳任务中，它们比成对黑猩猩合作得更好。[28] 我们对这个想法进行了有趣的延伸，发现更加宽容、主张平等的猕猴物种比不那么宽容的猕猴物种更善于在社交方面约束自己，也更善于使用沟通进行暗示。[29]总的来说，相当多的证据支持合作的进化取决于宽容这一观点。在我看来，大多数关于人类进化的设想（如马里恩的设想）都没有考虑我们的物种是怎样变得如此不具有攻击性的，这是那些设想的重大缺陷。

同样，马里恩也没有对为什么智人经历了所有典型的解剖学变化这一问题提出疑问，物种在化石记录中通过这些变化得以确认。据古生物学家克里斯·斯特林格所说（正如海伦·利奇所描述的那样），这些变化包括头骨高且轮廓比较圆；脸较小且没那么突出；眉脊小，鼻子上方有间隙；未成年时期延长；一个颌，甚至幼儿也是如此；较窄的躯干和骨盆。[30]

人们提出了两种主要解释来说明这些特征。这两种解释都不包含自我驯化。一种解释是，这些典型的人类解剖学特征之所以出现，是因为那些在生存和繁殖方面大获成功的个体碰巧具有一些不寻常的特征。例如，进化出十分富有成效的获取食物方法的种群可能碰巧头很圆。如果这样的种群在整个大陆上扩张，它们的偶然特征会随着它们的扩张而传播，在这个假设的例子中，球状头部的基因会变得更加普遍。理论模型表明，这种被称为"遗传漂变"的观点在数学上是物种获得新特征的合理途径。但遗传漂变对生物学上意义不大的特征最为有效，是不得已的解释。与这种预期相比，牙齿较小或不那么阳刚的战士很可能对个体的生存和繁殖能力产生非常重要的影响。[31]

另一种解释是找到一系列的适应性原因，智人的各种解剖学变化都有一个原因，这很像平行适应假说——驯化综合征的传统解释。正如我在第3章中所说，智人的不同特征被认为分别与气候温暖、更多的烹饪食物、更好的狩猎武器或体重下降等因素相关。这些和许多其他提议都意味着有各种各样的原因产生了各种影响。至少在某种程度上，其中一些或所有原因可能相互关联。例如，气候变暖可能促使骨架更纤弱；烹饪的食物可能导致颌的数量减少及牙齿变小。但一个接一个出现的观点并没有解答利奇所提出的问题：为什么智人的典型特征与动物的驯化综合征相一致？利奇给出了令人信服的解答，即用驯化综合征描述人类特征的原因很简单：人类是家养物种。[32]

然而，在利奇处理这一问题时，"人类是家养物种"这一想法遇到了麻烦。她提出，这个过程在我们的进化中发生得很晚，即在过去的1万年里，许多人停止游牧开始定居之后。这个概念不仅忽视了驯化综合征可以追溯到智人起源这一证据，而且犯了亚里士多德的错误，暗示一些人类种群（那些一直处于游牧状态的觅食者）没有经历过驯化。

利奇的解释还有一个难题，即她为自我驯化所提出的机制。她提出，一旦人们开始建造房屋，"人工保护的环境"将会"有意识或无意识地干扰繁殖"。她推测这将引起植物、动物和人类的驯化，但她没有解释这将如何发生，也没有将其想法与别利亚耶夫的见解联系起来，即针对反应性攻击倾向的选择是发生驯化的关键影响。[33]

为了理解人类为什么会表现出驯化综合征，我们必须确定一种机制，一种可能在智人时期一直运作的特定选择力量。解释驯化的因素必须适用于我们整个物种，这意味着它至少可以追溯到6万年前，并且可能是我们物种在大约30万年前的遗传根源。[34] 这种选择力量也必须是智人所独有的，没有出现在尼安德特人或其他智人物种中。最重要的是，该机制必须解释反应性攻击倾向是如何减少的。查尔斯·达尔文明确暗示了这样一种机制，克里斯托弗·博姆对此做了详细说明。他们的提议解释了智人身上出现驯化综合征的原因，即人类通过对自己施加反应性攻击的惩罚降低了反应性攻击倾向。

第 7 章

性别差异与暴君问题

驯化综合征表明，在 30 万年前的非洲中更新世，较低的攻击性心理开始出现，并被用来给智人下定义。随着时间的推移，智人的头骨变得越来越女性化，驯化综合征变得更加明显，人类的神经嵴细胞基因经历了积极选择。虽然这些趋势表明我们的祖先变得越来越温顺，但没有说明反应性攻击倾向被选择出来的方式和原因。幸运的是，死刑假说对此做出了明确解释。死刑假说只是科学解释，没有任何伦理意义，无意暗示当今的死刑是社会福利。然而，其核心主张还是有些令人不安。该假说提出，反对攻击性及支持温顺性的选择来自对极端反社会个体的处决。

　　令人惊讶的是，死刑假说可以追溯到达尔文，但达尔文认为人类并没有发生自我驯化。他曾问过自己，人类是否经历了被驯化的进化阶段，答案是否定的。普鲁士国王腓特烈·威廉一世试图通过人工选择培育高大威猛的人类，但失败了。如果专横的最高统治者都不能培育人类，那么肯定没有人能够做得到。基于这一点和其他原因，达尔文得出结论——人类没有被驯化。

　　然而，1871 年达尔文在《人类的由来及性选择》中关于人类进化的讨论，还勾画了死刑假说的简单版本，并以此来解释两个重要特征——攻击性减少和社会容忍度提高——的进化，如今我们认为这两个特征是驯化的核心。尽管达尔文否定了自我驯化的观点，但他仍然想解释攻击性倾向是如何降低的，因为他认为进化中的攻击性降低是道德问题，而不是驯化问题。他急于为积极的道德行为提供进化方面的解释。

达尔文最关心的道德行为是无私帮助。达尔文时代的传统智慧认为，这种自我牺牲式合作的道德情感是仁慈的上帝所提供的恩赐。但是，道德由上帝赋予这一想法向达尔文的进化论发起了挑战，因为达尔文指出，所有生命特征的进化都没有神的干预。如果进化论要如达尔文所希望的那样保持完整，他就必须在不援引宗教影响的情况下解释道德。[1]

达尔文把注意力集中在了攻击性上，这是美德的反面。他想知道为什么人类在很多方面都不具有攻击性。他问自己，野心勃勃的男性身上发生了什么？他似乎理所当然地认为，男性往往比女性更暴力，这种性别差异已经完全得到了证实。[2]

达尔文对于异常好斗的男性的命运得出了答案。"关于道德品质，"他写道，"即使在最文明的国家，某种程度上消除最恶劣的习性总是一种进步。罪犯被处决，或被长期监禁，这样他们就不能自由地传播不良品质……暴力且好争论的人往往会有血腥的结局。"[3]

达尔文的观察来自当代社会。他说，如今罪犯和好斗的不法分子受到了法律的惩罚，如果"他们不能自由地传播不良品质"，他们的特征就不太可能由下一代继承。如果类似的惩罚适用于整个人类进化过程，促进攻击性行为的基因就会被稳定地淘汰掉。一代又一代，攻击性更低、更积极的道德行为将易于扩散。乍一看，这个想法似乎与更新世无关。在达尔文时代，即19世纪英国的维多利亚时代，惩罚罪犯可能是通过当代社会的一些手段来实现的，但这些手段在游牧的狩猎采集者中并不存在。警察、成文法、审判和监狱都有助于制裁暴力。直到最近的研究依然表明我们的祖先尚未创立这些机构。但达尔文意识到，即使史前人类社会与今天不同，他们可能仍然找到了严厉对待"暴力且好争论的人"的方法。如果总是以降低繁殖成功率的方式对异常好斗的男性进行常规惩罚，那么在史前年代，对暴力男性的淘汰可能会导致进化变化。达尔文的结论直截了当。道德问题可以通过古老的死刑制度来解决，这种制度根除了自私的不道德个体，这将导致不利于自私倾向而有利于社会容忍度的选择。他写道，通过这种自然选择，"人们最初就这样获得了基本的社会本能"[4]。

达尔文有关这个话题的著作揭示了显著的矛盾。在《人类的由来及性选择》第4章中，他否认人类可能发生自我驯化，因为人类的"繁殖从未受到长期控制，无论是有意识的还是无意识的选择"[5]。但在同一本书的第5章中，他提出具有攻击性的人的繁殖在受到社会控制时——无论是通过监禁还是死刑，可能发生所谓的社会本能的进化，这显然与自我驯化近乎相同。因此，达尔文对人类自我驯化的考量既包括对其攻击性降低这一核心特征的解释，又包括对其发生的全盘否定。显然，这位伟大的进化论者从未注意到这种前后矛盾。他认为道德是攻击性降低的演变结果，但他并未以同样的方式看待驯化问题。[6]他的混淆是可以理解的。将近一个世纪过去了，别利亚耶夫通过试验表明，针对反应性攻击的选择是家养动物出现的关键。

不过，尽管达尔文没有认识到自己对于死刑的想法意义重大，但在思考道德问题时，他提出了严格而简单的概念，这也适用于自我驯化的问题。由于"暴力且好争论的人"会有"血腥的结局"，选择倾向于道德行为。因此，选择会不利于极端暴力。他推测，这一趋势持续了足够长的时间，有利于形成"社会本能"。

多亏了达尔文，人类的温顺性——反应性攻击倾向降低——开始有了进化意义上的解释，即死刑假说的初始版本。

达尔文对"社会本能"进化的解释带有合乎情理的挑衅，你可能认为这会引起很多人的兴趣。然而并没有，有关积极道德行为进化的第二个解释掩盖了这一解释，现被称为"狭隘利他主义假说"。

达尔文是第一个提出狭隘利他主义假说的人，尽管他并没有这样称呼这一假说，而且后来他也认为这一观点是错误的。尽管如此，狭隘利他主义假说仍然很受欢迎。它是对死刑假说的补充，而不是替代，这两种观点旨在解释道德行为中略有不同的部分。狭隘利他主义假说论证了合作受到青睐的原因，而死刑假说则提出了攻击性降低的原因。我也相信狭隘利他主义假说是错误的，但这一假说如此流行且具有吸引力，并且在转移学者对死刑假说的注意力方面发挥了重要作用，因此其价值和问题值得细想。与死刑假说一样，有关合作进化的狭隘利他主义假说的早期版本也出现在《人类的由来及性选择》中，其根据是合作的好处而不是攻击的代价。达尔文观察到，竞争型社会的成功往往受双方战士无私地相互支持程度的影响。在将人类社会的两个本质特点——合作和战争——巧妙联系起来的论述中，他提出了一种可能性，即特殊合作是特殊战争的结果。他在著名篇章中写道：

> 我们不能忘记，虽然高标准的道德对每个个体及其子女来说，相较同一部落的其他人优势甚微，或没有优势，但道德标准提高、天资高的人数量增多肯定会使一个部落相较另一个获得巨大优势。毫无疑问，部落中许多成员拥有高度的爱"国"主义、忠诚、服从、勇气和同情心，随时准备互相帮助并为共同的利益牺牲自己，战胜其他大多数部落……世界各地总是会有部落取代其他部落；道德是他们成功的要素之一，因此每个地方的道德标准都会提高，天资高的人数量都会增多。[7]

达尔文的观念是，与邻近群体有矛盾就要内部团结。他的想法得到了热烈响应。1883 年，政治哲学家和散文家沃尔特·白芝浩将其应用于现代生活："关系密切型部落获胜，这种部落也最温顺。文明开始了，文明的开端就是军事优势。"[8]

这种类型的解释——群体内部团结促进了群体间竞争的成功——直到今天还在吸引着学者的注意。我们可以看到这一吸引力。正如历史学家维克托·戴维斯·汉森所言，那些士兵合作得更好的军队确实在战争中更成功，例如，在公元前490年的马拉松战役中，1万名团结的雅典人可以击败3万名波斯人。[9]面对敌人时团结的好处解释了美国"9·11"恐怖袭击事件后的团体精神，或以色列人从埃及作战到迦南的故事，或《三个火枪手》中的箴言："我为人人，人人为我！"地球上出现外星人时我们想象中的反应往往是国际团结。在虚构和现实中，战争可以促进群体内部合作。

2007年，经济学家崔成奎和塞缪尔·鲍尔斯将狭隘利他主义定义为战争中的自我牺牲，并量化了这种行为会被正向选择的条件。为保护自己的战友而扑倒在爆炸的手榴弹上是个极端的例子。崔成奎和鲍尔斯认为，就像上面所引用的达尔文的那段话一样，当群体打败对手的价值大于群体内部的自私行为时，狭隘利他主义就会在进化上受到青睐。鲍尔斯后来用狩猎采集者在战争中的死亡率，以及狩猎采集者群体间的遗传差异来支撑这一观点。该论点援引了"群体选择"的观点，即群体之间的选择会导致有利于群体的特征进化，即使某些个体因此遭受损失。[10]

狭隘利他主义理论这个想法很高雅，但有一些证据恰好与此相反。崔成奎和鲍尔斯认为这一理论是为了解释人类的具体特征，即积极道德倾向的进化，因此应该援引具体的人类选择的力量。然而，在群体间的冲突中，黑猩猩的死亡率与狩猎采集者的战争死亡率十分相似。根据鲍尔斯及其同事的观点，黑猩猩在战斗中应该有自我牺牲的迹象。然而，在黑猩猩中尚未发现狭隘利他主义。狭隘利他主义理论的难题尚未得到解决。[11]

撒开理论问题不谈，关于狭隘利他主义的基本问题是，它尚未被证实发生在人类狩猎采集者中。崔成奎和鲍尔斯承认，狩猎采集者的大多数战争都遵循黑猩猩所表现出的保守风格，除非肯定能获胜否则就会避免发生冲突，但他们也声称有证据表明人类在激战（相对于突袭）中存在自我牺牲的情况。他们援引了澳大利亚的一场战斗来支持这一主张，这场战斗至少涉及 700 名战士。崔成奎和鲍尔斯大概认为澳大利亚原住民战士会像现代战争中获得勋章的英雄一样，冒着巨大的个人风险相互支持。然而，在澳大利亚这个例子中，没有死亡，也不存在任何利他的冒险行为。从争夺结束的方式可以判断其特点，在一个男人因被三根长矛击中而发怒时，据目击者说："他愤怒地大叫，吐出一连串母语咒骂，奔向住处拿出一把藏起来的枪，填入弹药回到战场对付敌人，但那时敌人已经逃窜了。"[12] 显然，没有人想受伤，更没有人想被杀，即便如此他们也没有相互支持。这一事件是典型的狩猎采集者的斗争。政治学家阿扎尔·盖特回顾了澳大利亚原住民之间的战争。他发现许多证据表明，突袭时受害者的死亡人数很多（在这种情况下，攻击者显然是为了避免受伤而出其不意地杀人）。然而，战争"主要是在远处投掷长矛"，因此"很少流血"。[13] 狩猎采集者发生正面冲突时往往在第一次受伤后就停止战斗，就像卡尔·海德研究的巴布亚新几内亚的丹尼族农耕民众一样。

除非有证据表明狩猎采集者在战争中存在自我牺牲，否则狭隘利他主义应被视为文化上的诱发行为，而不是选择的进化产物。二战期间驾驶飞机撞向敌舰的日本神风特攻队队员，或伊斯兰教自杀式炸弹袭击者，更多是迫于强烈的文化压力，而非先天的倾向。目前还没有证据能够充分证明狭隘利他主义是人类这一物种普遍存在的倾向。[14]

达尔文还认定战争对促进群体内部团结的影响是文化上的。他说，社会本能不可能因群体间斗争而进化，因为即使在最具合作精神、道德最高尚的部落里，有些人也会比其他人更自私；而更自私的人也会比道德高尚的人有更多孩子。"随时准备牺牲自己生命的人……往往不会留下后代继承他高尚的天性……因此，似乎几乎不可能……具有这种美德的人的数量会通过自然选择，即适者生存而增加，其美德标准也几乎不可能因此而延续。"狭隘利他主义或战争中的自我牺牲，在特定社会中也许可以通过军事文化或努力实现冒险的理想来解释，但不能通过进化来解释。[15]

总之，狭隘利他主义假设，战争可能导致自我牺牲，似乎只适用于其文化效应方面，而不能解释为进化上的选择力量。然而，该理论一直很重要，因为它主导了解释人类社会性异常积极方面的努力。对自我牺牲的关注分散了人们对人类为何如此温顺这一问题的注意力，使达尔文关于"暴力且好争论的人"会有"血腥的结局"的推断黯然失色。一个世纪以来，攻击性降低的问题被遗忘了，死刑假说也被忽略了。

解释人类极高的合作倾向比解释我们极低的反应性攻击倾向获得了更多的关注，但最终攻击性问题被再次提起。在鲍尔斯及其同事提出"战争中的自我牺牲是人类善良根源"观点的30年前，进化生物学家理查德·亚历山大提出声誉是关键所在。虽然亚历山大没有提出任何关于人类反应性攻击倾向降低的问题，但他的设想会将人们引回达尔文对"暴力且好争论的人"的关注。亚历山大的问题是，自然选择怎么可能有利于良性道德的进化？核心问题是，为什么在弱肉强食的世界里，人类的美德意识已经发展到超越其他物种的水平。亚历山大重提了达尔文曾概述的想法，把重点放在良好声誉的生物学价值上，这意味着两个或多个评判者对个人特质的评价是相同的。亚历山大于1979年在《达尔文学说和人类事务》（*Darwinism and Human Affairs*）中提出，在我们进化过程中的某个未知点，语言技能发展到了可能存在流言蜚语的程度。一旦发生这种情况，声誉将变得很重要。公认的乐于助人预计会对某人在生活中取得成功产生很大影响，品行良好会得到回报。美德将是适应性的。[16]

这种解释将有助于解决"为什么在人类中合作是特别复杂的"这一问题，主要归因于只有人类才有的特征——语言。如果声誉取决于评判者互相分享评价，黑猩猩估计不会关心这个问题。黑猩猩会对他人表现出负面情绪，但它们不能解释为什么会有这种感觉。它们不能八卦某个家伙咬了对手，或打了雌性一耳光，或偷盗食物，也不能说某只黑猩猩是否可靠、是否慷慨、是否善良。它们的沟通能力不足。很明显，这意味着黑猩猩不关心其声誉。

为了确定黑猩猩是否关心自己的声誉，认知心理学家英格曼研究了黑猩猩在被其他黑猩猩注意时是否会改变自己的行为。英格曼及其同事计划让一只黑猩猩从另一只黑猩猩那里偷走食物。有时，打算偷盗的黑猩猩会被第三者看到。如果被注意到对黑猩猩来说有关系，那么当有第三者看到时，它们应该不太可能偷东西。不出所料，第三者的存在并没有产生任何影响。试验是关于帮助而不是偷窃时，情况也是如此。黑猩猩根据自己的倾向表现得自私或乐于助人，不会根据是否被注意到而改变自己的行为。对它们来说名誉似乎并不重要。[17]

黑猩猩确实有个性。有的比较胆小、有的比较好斗，还有的比较慷慨。一只黑猩猩可能更乐意互相梳毛，而另一只可能更自私。这种差异是可以注意到的。个体选择与谁交往，取决于它们过去被对待的方式。好的合作者往往会受到青睐。不好的合作者往往会被回避。在许多物种中也是如此。[18] 因此，黑猩猩不关心声誉并不是因为缺乏个体差异，也不是因为没有能力评价他人。黑猩猩知道伙伴的特性各不相同，但由于它们不能谈论这些，就只能自己使用这一信息了。

人类则没有这种难题。流言蜚语围绕着我们，所以我们关心自己的声誉。我们的关心可能是潜意识的。人们在被注视时比独自一人时更有可能伸出援手或收拾残局。观察者甚至不一定是真人。在杯子上画两个像眼睛一样的大圆点，放在配有慈善捐款箱的房间里，就足以增加捐款数额。[19] 我们对他人的想法的敏感始于幼时。英格曼对 5 岁的学龄前儿童进行了测试，方案类似于对黑猩猩的测试。与黑猩猩不同，对学龄前儿童来说，观察者的存在很重要。当他们被注视时，偷东西的次数减少了，帮助他人的次数增多了。

亚历山大认为，好的或坏的声誉所带来的社会压力是道德进化的基础。从短期来看，名声不好的个体可能会改过自新，成为社会中的合格成员。但从长远来看，坏名声的影响会有遗传进化序列。那些过于好斗、易怒或自私的人，如果不能根据同龄人的批评成功地做出调整，他们生存和繁殖的机会就会受限。这些不遵循社会常规的人被群体排斥，就会比那些声誉良好的人传递更少的基因。因此，选择会倾向于善良、合作、宽容的类型：道德上积极的类型，比其祖先攻击性更弱。我们的祖先会进化成更好的物种。语言带来了声誉，而声誉带来了道德。

亚历山大的设想符合小规模社会的迹象。生物人类学家迈克尔·古尔文领导了关于庇里阿西人的研究，庇里阿西人定居在巴拉圭，近期曾是狩猎采集者。不论通常施予的数量有多少，一些个体以慷慨而闻名。当那些以慷慨而闻名的人遇到困难时，会比那些有吝啬名声的人得到更多的帮助。例如，他们会得到更多的食物。正如所预测的那样，名声很重要。[20]

有了黑猩猩的对比和人类数据的支持，声誉假说看起来很有前景。精神病学家伦道夫·内瑟认为这一假说可以从合作扩展到温顺。"这似乎是合理的，"内瑟于 2007 年写道，"人类已经被其他人类偏好和选择所驯化。取悦他人的个体会获得资源和帮助，从而提高身体素质。具有攻击性或自私的个体得不到这些好处，并有可能被群体排除在外，对其健康产生严重影响。结果是出现完全驯化的人类，其中一些人非常讨人喜欢。"[21] 在这段话中，内瑟无意中提出的问题让我们回到了对达尔文观点的思考上：为什么"具有攻击性或自私的个体……

有可能被群体排除在外"?

亚历山大的假说假定个体关心自己的声誉。然而，并非所有人都对此表示关心。部分人类也会忽视其他人的抱怨。如果名声不好的人只是为自己觅食呢？我们可能都记得学生时代欺凌弱小的人，他们十分强大，不关心那些与他们关系不太紧密的孩子对自己的看法。他们身材高大、十分大胆，就算别人怨恨他们，那又怎样？恶霸在得到他们想要的东西时，不需要经过那些咕哝抱怨的人的同意。他们不会简单地被流言蜚语阻止。他们只会被反击的人阻止，或者被成年人阻止，然后被送去拘留所。

把这些典型放到过去，我们就要面临声誉假说没有解决的重要问题。为什么名声不好会对足够大胆、足够大强并能够承担暴力行径的男性产生影响？如果他像黑猩猩领袖一样，不在乎别人的看法，名声不好如何能阻止他呢？类人猿没有进化到对社会批评十分敏感的程度。在黑猩猩中比在人类中更容易诱发反应性攻击。在我们进化出更平和的性格之前，我们会表现得更像那些类人猿，会有很多场斗争，最强壮、最强硬、最坚韧的战士会获胜。

雌性可能更想要比较善良、温和的雄性作为配偶。但它怎么阻止专横的雄性逼迫自己呢？更宽容的雄性可能提供更多的肉食。但有什么能阻止仗势欺人的强大个体拒绝被否定，咄咄逼人地夺取超出其应得份额的食物呢？不在乎自己声誉的暴君可以通过霸凌获得比别人更多的东西——无论是更多的食物、更多的交配机会、最好的睡觉场所，还是更多的社会支持。这就是黑猩猩之间发生的事情。在中更新世人中，谁能阻止这些暴君呢？

回避并不能在战斗中恐吓或击败所有其他个体。服从者的怨恨只有通过联合的力量才能转化为有效的抵抗。弱者之间需要合作。

社会力量的用途之一是教会攻击者接受失败。在倭黑猩猩中，当某只雄性过于咄咄逼人时，一群雌性就会追赶它，它大概率可以学会自此不去惹恼雌性。雄性倭黑猩猩的攻击性倾向在进化的过程中可能已经减少了，部分原因是雌性的联合力量能够弱化雄性的暴力优势。早期人类女性是否也会在男性领导者过于自私的时候联合起来阻止他？

尽管这个假设在逻辑上具有吸引力，但实际上是不可能的。在狩猎采集者中，女性在与暴力男性进行肉搏时并不懂得相互支持。在更新世，男性比今天更强大、更健壮，所以女性在战斗中与其对抗的风险会更大。女性能否像倭黑猩猩那样相互依靠，似乎也值得怀疑。在狩猎采集者中，男性作为食物的提供者和保护者，对群体来说十分重要，女性为了成为最好男性的妻子而相互竞争。而在雌性倭黑猩猩中不存在这样的分裂力量。

我们会看到，在狩猎采集者中，攻击者不是被反复联合追赶阻止的，也不是被女性自身行为阻止的。当戏弄、恳求、排挤和迁移营地都不能改变男性的暴力行为时，正如达尔文所预见的那样，联盟的最后手段就是死刑。

如果我们回到智人的起源，可能两种性别的人都比今天的人好斗。但是，从面部解剖学来看，两性中现代男性的行为与智人男性相差极大。回想我们中更新世祖先的强壮男性力量，男性的脸大且有气势、宽而长，眼睛上方的眉脊厚而突出。[22] 更新世人和早期智人夸张的男性面部特征通常与攻击性增强有关。在倭黑猩猩中，雄性头骨相对雌性化，在黑猩猩中雄性黑猩猩相对雄性化，且更具攻击性。在别利亚耶夫选育的银狐中，雄性头骨变得雌性化；在未选育的品系中，雄性的头骨更加雄性化且更具攻击性。一般来说，家养动物与其野生祖先相比，头骨的性别差异会变小，而且家养动物中雄性的攻击性较弱。这种影响可能部分是由青春期睾丸雄激素分泌水平的差异造成的。例如，脸部较宽的男性往往会分泌更多的睾丸雄激素。[23]

自 2008 年以来，人们发现在今天的男性（而不是女性）中，面部宽度与反应性攻击倾向有关。男性在青春期面部相较女性变得更宽，显然是受到睾丸雄激素的影响。在职业曲棍球比赛中，脸宽的男性往往比脸窄的男性在犯规球员禁闭区等待的时间更长。一般来说，在欧洲白人中，脸宽的男性不仅攻击和报复倾向更高、以自我为中心和欺骗行为更多、合作谈判的机会更少、在精神病特征"无畏的支配"上得分更高，且在以自我为中心的冲动性方面得分也更高。脸宽的男性也是更好的战士，这也许解释了为什么在一项对1 000多具美国尸骨的研究中发现，脸宽的男性比脸窄的男性在战斗中死亡的可能性更小。即使在不到100人的样本中也反复发现了这些统计效应，但这并没有说服力，我们无法通过面部比例预测人的攻击性。然而，在试验中，不了解这些发现的受试者往往会警惕地对待脸宽的男性，他们似乎认识到相对宽大的脸是攻击信号。这种对男性面部宽度表现出的无意识敏感性表明，在人类进化的过程中，脸宽的男性会在社会中产生更多不良行为，而我们脸宽的更新世男性祖先是更加冲动、无畏、不合作的伙伴，他们会迅速采取攻击性行动来捍卫自己的自私需求。[24]

声誉假说的难题在于并没有解释反应性攻击倾向降低的原因。攻击对方身体的攻击者已经以欺凌的方式成功地到达了顶端。所有解释人类善意进化的观点都面临着同样的挑战，这些想法没有解决控制攻击性的问题。进化人类学家莎拉·赫迪提出，当我们的祖先开始互相照看孩子时，合作倾向加强了，他们能够比以前养育更多的后代。灵长类动物学家卡雷尔·范·谢克认为，合作对于狩猎来说十分重要，而狩猎有利于男性之间宽容关系的发展。心理学家迈克尔·托马塞洛认为，随着男性学会识别他们的后代，他们将通过降低攻击水平、更多地参与养育子女受益。他还认为，在面对捕食者时，对团队合作的需求会选择有利于合作的个性。这些推断有很多值得一说的地方，所有这些都可能有助于理解合作倾向，但都没有解决专横跋扈的攻击者的问题。即使一个人狩猎成功的概率很低，而且没有人愿意和他一起狩猎，但如果他的攻击性足够强，也可以抢夺别人的猎物。[25]

　　唯一足以解释我们的祖先如何解决顽固的恶霸问题的方案，肯定是阐述合作行为的关键一步，也是对达尔文认为"暴力且好争论的人"会有"血腥的结局"这一观点的阐述。死刑假说认为，在更新世期间，新的能力已经成型。男性联盟开始有效地故意杀死社会群体中打算对自己使用暴力，并且根本不在乎他人看法的成员。最终，死刑是阻止这种男性成为暴君的唯一方法。

第8章

死刑是阻止暴君的唯一方法吗?

1820 年的一个夏夜，马萨诸塞州塞勒姆市 16 岁的斯蒂芬·梅里尔·克拉克因放火烧毁马厩而被捕。他来自体面的家庭，由于没有人因此而受伤，他希望能得到宽大的处理。但是，这一行为毁坏了他的名声，而且火势蔓延，摧毁了三栋住宅和五栋其他建筑。在马萨诸塞州，纵火焚宅罪是死罪，而塞勒姆市有老派的标准。克拉克受审，被判有罪，并被判处死刑。尽管有人慷慨激昂地恳求，州长还是立场坚定。在行刑那天，男孩爬着上了绞刑台，凝视着下面的数百人。他恐惧且虚弱，不得不被人扶着，听着牧师宣读自己要说的话。

愿在场的年轻人以我的悲惨命运为戒，不要抛弃父母教导的良好纪律……愿你们都向上帝祈祷，让你们及时悔改，睁开你们的眼睛、启迪你们的智慧，让你们避开罪恶的道路，余生遵循上帝的戒律。愿上帝怜悯你们所有人。别了这个世界！ [1]

伴随着群众焦急的叹息声和呻吟声，他被绞死了。可怜的克拉克。现代人对死刑利弊的争论始于 18 世纪。仅一两年后，他就会被送进监狱而不是被送上绞刑台。这是美国最后一个并不涉及人身伤害而被判处死刑的案例。现在看来，任何人，更不用说青少年，因纵火意外烧毁住宅而被处死这种行为似乎很野蛮。但是，如果与更加文明的现在相比，我们的过去似乎很严酷。克拉克的死将我们与历史上很久以前就已经盛行的生活方式联系在了一起，也许这就是智人的开端。[2]

在 17 世纪，美国有数百种重罪是死罪。在新英格兰，你可能会因为巫术、盲目崇拜、亵渎神明、强奸、通奸、兽奸、鸡奸而被处死，而且在纽黑文，手淫也会被处死。如果你"已满 16 岁，是倔强或叛逆的男孩子，殴打或咒骂父母"也可能会被处死。这些刑罚与理论相去甚远。1622—1692 年，马萨诸塞州的埃塞克斯和萨福克记载处决了 11 名谋杀犯、23 名女巫、6 名海盗、4 名强奸犯、4 名贵格会教徒、2 名通奸者、2 名纵火犯及被控兽奸和叛国的各 2 名罪犯。[3]

死刑的规则十分大众化。罪犯被追捕、审判、定罪、判刑，并在宣布死刑后的 4 天内被处决的情况并不罕见。社区有时会扩大规则适用范围来实现预期的裁决。历史学家大卫·哈克特·费歇尔讲述了住在纽黑文的独眼仆人乔治·斯宾塞的故事。他"经常站在法律的对立面，他的邻居怀疑他有过许多堕落行为。一头母猪生下了只有一只眼睛的畸形猪，于是，这个不幸的人被指控兽奸。在巨大的压力下，他认罪、翻供、再认罪、再翻供。新英格兰的法律使定罪变得更加困难：作为死刑罪，兽奸需要两个证人才能做出裁决。但治安法官十分无情，那只畸形小猪被允许作为一名证人，而翻供后再认罪的罪犯则被认为是另一名证人"[4]。斯宾塞被处决。

自发的暴民杀戮反映了公众对以暴制暴的热情。费歇尔讲述了在马布尔黑德，丈夫被印第安人抓走的女性如何"抓住两个印第安人俘虏，将其撕碎"的事件。此类事件在全国范围内产生了巨大影响。从 1622 年美国记录的第一起死刑案件（因盗窃罪）到 1900 年，大概有 11～13 起合法裁定的死刑案件；在同一时期，暴动或私刑被认为杀死了一万人。偶尔发生的私刑和非正规的处决仍然困扰着弱势群体。[5]

简言之，严苛的法律、态度坚决的公民和消灭被排斥者的热情相结合，传统上使美国成为对那些触犯社会规范的人来说致命的危险之地。直到 18 世纪末，死刑的流行程度才开始下降。在此之前，如果你挑战规则，就将面临死亡。这种对应关系令人印象深刻。这导致人们很少出现纷争，屋主可以敞开门睡觉，人们不必锁上贵重物品。只要你遵守规则，新英格兰就是和平之地。

＊　＊　＊

根据死刑假说，类似的动态大体上也适用于我们这个物种。死刑一直是法律和秩序的最终来源。

每一个有文字记录的社会都记述了死刑及其执行原因。从古埃及、古巴比伦、亚述帝国、波斯、古希腊和古罗马到印度、中国、印加文明和阿兹特克文明，所有最早的文明中都有关于死刑的记录。死刑不仅适用于暴力犯罪，也适用于不墨守成规者（如苏格拉底的案例）、轻度重罪，甚至是一些令人悲痛的琐事，如非法销售啤酒（根据《汉谟拉比法典》）或偷窃丈夫酒窖的钥匙（根据罗马共和国早期的法律）。死刑被公认为生活的一部分，经常吸引大量公众观看十分残酷的场面。在所有历史上已知的社会中，死刑一直延续到 1764 年意大利法学家切萨雷·贝卡里亚的《论犯罪与刑罚》出版。贝卡里亚反对死刑的论点有助于公众对死刑态度的转变，这种变化持续至今。随后监狱越来越多地承担了社会控制的责任。[6]

虽然对农业社会盛行死刑有广泛的记录，但并没有讲述有关人类的深层历史。直到 20 世纪 80 年代，人们还没有系统地研究过狩猎采集者中的死刑。这种疏漏很容易理解。死刑大多是秘密执行的。任何单一群体都太小了，不能执行大量死刑。传教士和政府试图阻止各种杀戮，西方知识分子往往不赞成死刑。文化快速变化，尤其是在控制暴力方面，一旦国家认定死刑是非法行为，它们就有可能从小规模社会中消失。

1961 年 11 月，迈克尔·洛克菲勒在巴布亚新几内亚的死亡说明了记录杀人事件有多困难。彼时，23 岁的美国冒险家洛克菲勒正在探索偏远地区，寻找异国的艺术品。他在奥茨贾内普附近失踪，这里居住着阿斯马特狩猎采集者。1961 年 12 月，奥茨贾内普的 4 个居民向当地传教士讲述了他们的故事。他们发现洛克菲勒还活着，就将他抬到独木舟上，用长矛刺死，并吃掉了他。这场杀戮是回应 4 年前他们村子所遭受的死亡，当时一名荷兰军官杀死了 4 名奥茨贾内普居民。这些人描述了可信的细节。传教士认识这些人并了解其文化背景，就相信了他们的故事。但多年的调查并未发现任何实质性证据，如洛克菲勒的衣服或眼镜。传教士的教会、政府和洛克菲勒的家人都不愿意相信这个关于谋杀和食人的故事。

2012 年，当作家卡尔·霍夫曼重新审视此案时，他碰了壁。他在 2012 年拍摄的视频说明了其中的原因。视频中，一名奥茨贾内普男子用阿斯马特语跟一群同龄人交谈。霍夫曼是唯一的局外人。说话的人不知道他的话以后可能会被翻译。他说得再明白不过了：

不要把这个故事告诉任何其他人或其他村子，这个故事只属于我们。不要说，不要说，不要说这个故事……不要跟任何人讲，永远不要跟其他人或其他村子的人讲。如果别人问你，不要回答。不要跟他们说，因为这个故事只属于你。如果你告诉他们，你就会死……我希望你把这个故事永远留在自己家里，永远保密。永远。我希望，我希望。如果有人来问你，不要说，不要说。今天，明天，每天，你必须保密。即使为了一把石斧或一串狗牙项链，也永远不要说出这个故事。[7]

1986 年，小规模自给自足社会中的死刑成为科学研究的课题。人类学家基思·奥特伯恩受到了电影《伊丽莎白女王》的启发，影片中最后一幕是苏格兰女王玛丽一世的头颅在地面上滚动，他研究了死刑只出现在国家社会中这一假设。前提是，只有权威的政治领导人才有资格处置那些威胁到他们的人。奥特伯恩将死刑定义为"正当杀死在政治社会中犯罪的人"。令他惊讶的是，这项研究得出的结论是死刑在人类社会中是普遍现象。[8]

狩猎采集者为我们了解死刑是否可追溯到史前时代提供了机会。民族志的记录并不准确。奥特伯恩发现尚不清楚有些狩猎采集者文化中是否有过死刑，如印度东部的安达曼岛人。但他判断，所有有足够信息的社会都符合大趋势。克里斯托弗·博姆后来扩展了奥特伯恩的工作，调查了数百份民族志，以确定研究得最彻底的狩猎采集者文化。他说，每个有人居住的大陆都有死刑，特别是在因纽特人、北美印第安人、澳大利亚原住民和非洲觅食者中。[9]

与美国的合法处决和暴民私刑相结合非常相似，在狩猎采集者中，公众对杀人的支持是通过各种方式实现的。有时死刑是预先批准的，然后每个人都可能想参与进来。人类学家理查德·李研究了朱/霍安西人（或称昆桑）——博茨瓦纳的卡拉哈里沙漠中极为和平的狩猎采集者。李记述了公众是如何聚集在一起解决他们群体中某个杀死了三个人的成员。凶手的名字叫/Twi。"在罕见的一致行动中，"李写道，"公众在大白天伏击/Twi并对其造成了致命伤害。当他奄奄一息时，所有人都用毒箭朝他射击，用知情者的话说，直到'他看起来像一头豪猪'。然后，在他死后，所有女人和男人都走近他的尸体，用长矛刺他，象征性地分担他的死亡责任，就好像在这个短暂的时刻，这个平等主义社会构成了国家，并掌握了生杀大权。"[10] /Twi 的死类似于尤利乌斯·恺撒，据说他的尸体被密谋反对他的 20 多名元老捅了35 刀。[11] 他们都想表明自己是联盟的一部分。

或者将预先批准的决定留给单个执行者。弗朗兹·博厄斯在 1888 年出版的《中部因纽特人》（*The Central Eskimo*）一书中，描述了一个案例：一个名叫帕德鲁的男人与别人的妻子私奔。其丈夫来找妻子时，帕德鲁杀了他。后来，其丈夫的兄弟和一个朋友分别试图救走这名女子，也都被杀死了。在这之后，首领去了帕德鲁的营地，问大家是否应该杀死帕德鲁。"所有人都同意，于是他和帕德鲁一起去猎鹿，在海湾上游附近，他朝帕德鲁的背部开了一枪。"[12] 这看起来像是一对一的谋杀，实际上是执行者完成了集体的计划。

/Twi 和帕德鲁因为杀人而被处决。除了暴力之外，许多违法行为都是处决的理由，这使得死刑对任何人来说都是严重的威胁。罪行的重要来源之一是对文化规则的漠视。这些规则往往有利于男性。20 世纪 20 年代，人类学家劳埃德·华纳与澳大利亚的姆林金人（Murngin），现称雍古族人（Yolngu）一起生活了三年。许多社会要求女性不得介入男性的秘密活动，否则将被处死。

几年前，利亚戈米尔（Liagomir）部落正在举行图腾仪式，给地毯绘上蛇图腾的标志（彩色的木制喇叭）。两个女人偷偷溜到仪式现场，看着男人们吹喇叭，然后回到女人的营地，告诉别人她们的所见。当男人们回到营地，听说了她们的行为，首领亚宁德亚说："我们什么时候杀了她们？"所有人都回答说："现在。"在另一个团体的男人们的帮助下，这两个女人立即被其部落成员处死。[13]

规则十分重要，一个人可以不顾自己的偏好，为了规则而杀人。20 世纪初，业余民族志学者黛西·贝茨撰写了有关西澳大利亚人的文章。男性应当在性关系中举止得体。他们会因与已订婚的女性发生性关系而被杀，或因带走在月经期间的女性而被杀，或因在成年之前就发生性关系而被杀。贝茨在那里的时候，一个年轻女子爱上了一个男青年，这个爱慕他的女子向他表达了自己的感情。这个年轻人知道会受到什么样的惩罚，他不希望自己被杀，于是杀死了这名女子。"他向她的同族者证明自己的行为合乎情理，并逃脱了惩罚。"[14]

一种浪漫的观点认为，小规模社会的生活会令人十分愉快。在许多方面确实是这样。与中央集权的暴政不同，游牧狩猎采集者的无领导群体或刀耕火种的村落是真正的多元社会。人们共同解决争端。任何人的声音都可以被听到。没有人有悲伤的必要。社会支持感很强，而且正如我们所见，日常生活的主调十分平和。为了增加乐趣，这些群体或营地不是任何政体的主体，它们是更大的群体网络的成员，其中每个人都说同样的方言或语言、分享同样的文化。邻近的群体有时可能会发生纠纷，甚至会彼此施暴，但它们都在同一政治层面上运作，群体之间没有等级之分，也没有群体镇压。

因此，在许多方面，这些小规模社会中的个体比那些更大的农耕群体中的个体更自由，用社会人类学家厄内斯特·盖尔纳的话说，在那里，个体受"国王暴政"制约。但自由也有其局限性。在没有统治者的情况下，传统的社会牢笼要求人们封闭地遵守群体规范。盖尔纳称之为"表亲暴政"。文化规则至上，个人的自由有限，他们的生死取决于是否愿意遵守规则。盖尔纳所说的"表亲"不一定是真正的亲戚。"表亲"在小规模社会的背景下，象征着掌握决定权的成年人群体。他们拥有绝对的权力。如果你不遵照他们的指令行事，就会有危险。[15]

卢卡斯·布里奇斯正好经历过这种威胁。1874 年，作为最早定居在那里的传教士之子，他成为第一个出生在火地岛的欧洲人。该岛位于南美洲的南端，存在着两个狩猎采集者社会，即沿海的雅马纳人和内陆的塞尔克南人或奥纳人。布里奇斯像体验欧洲生活一样亲密体验了狩猎采集者的生活。他说着雅马纳语长大，也广泛参与了塞尔克南人的生活。这些深入体验让他很敏感。当他加入男性社会时，人们告诉他，如果他把他们的秘密透露给女性或未被这一社会接纳的男性，就会被杀死。告密者可能会被其父亲或兄弟杀死。男性联盟比亲属关系更重要。布里奇斯等了半个多世纪才发表了他与狩猎采集者一起生活的不寻常记录，那时，他小时候了解的那些社会已经消失了。[16]

文化人类学家布鲁斯·科诺夫特有机会了解到，在小型平等主义社会中，男性之间的流言蜚语是如何导致某人被排挤出这个群体的。20世纪80年代初，他在巴布亚新几内亚偏远的低地雨林中与格布斯人（Gebusi）相处了近两年时间。格布斯人是狩猎耕种者（或刀耕火种的农民），他们在1940年与现代人类有过首次短暂的接触，然后在20世纪60年代由政府控制。他们的社会规模很小，总共约有450人。像流动的狩猎采集者一样，他们生活在小村庄里，平均每个村庄不到30人，团体中没有权威首领。社会内部关系是典型的温和模式：安静交谈，十分幽默，没有吹嘘。他们的政治制度是平等主义，但和以往一样，并非人人平等。在格布斯人中，巫师和女巫一样，可能被指控给他人带来不幸。但是，女巫是天生的，巫师据说是按自己的意愿作恶。也许这让他们更难被原谅。当然，他们经常被杀害，通常是由于一些微不足道的理由。杀人是为了解决冲突、维持社会凝聚力。[17]

　　科诺夫特描述了人们如何就死刑达成共识。根据对真实对话内容的记录，他描述了村民为治疗社区的重病成员而召开会议的场景。正如万物有灵论社会中的情况，病人的疾病被认为是由邪恶引起的。这样的会议通常是在晚上、在长屋里、在令人兴奋的氛围中进行的。人们的脸只由火中的几块炽热的煤炭照亮。柔和的声音提供了背景音乐。某个人是通往精神世界的媒介，在大多数情况下，他处于昏睡状态，沉默不语、一动不动。

　　有时，这位灵媒会醒过来，摇摇晃晃、大喊大叫。他打人、打燃烧的木头，扔掉他能找到的一切东西。人们欢呼、大叫，四处打滚以逃离混乱。然后一切又变得平静。

　　当病人似乎变得更加衰弱时，就开始有麻烦了。原告提出过错方一定是巫师。他温和地说出理由：

　　唉，我不知道谁会送来这种病，我真的不知道……但是我们开了这个降神会，嗯，灵媒说这个人来自这片居住地，而且，他摘了这里的叶子，应该是巫师的魔法叶子。而且除了（指认某个人），没有别的人了。

被指认的巫师在场，他现在很危险。如果他生气并否认自己应对疾病负责，可能会被视为不知悔改。他最好是承认犯了小罪，换句话说，承认自己是巫师，并同意停止让病人生病。他应该极力保持镇静，为自己的生命进行辩护：

我也不知道，我什么都不知道。他也是我的亲戚，我不可能让他生病。我不知道。当我听说他生病时，我很难过。我几天前才听说。我们一直在丛林中，我甚至不知道这件事。当我听说时，我就对妻子说："我们得去看看他是否没事。我想知道他可能得了什么病？"我不知道这件事，但我相信现在叶子被摘掉了，如果你把它们扔掉，他就会好起来。我可能因为最近没有吃到足够的鱼而有点生气，但我肯定不会让自己的亲戚病成这样。[18]

被告很可能会离开长屋，他理应对可能发生的事情感到紧张。

科诺夫特说，被告的命运将取决于病人死亡后的占卜。除非结果对其案件有明显帮助，否则他肯定会在几个月内被处决。原告会悄悄地确保得到集体的支持。他和他信任的朋友可能会在知道过错方家里男性亲属很少时召开降神会。在长屋里高声谈笑的不眠之夜，男人们会越来越热衷于认为被指控的巫师应对病人之死负责。所有人达成共识，判定被告有罪。

黎明时分，他们进行了伏击。他们用棍棒或弓箭杀人。有时会先用酷刑，然后进行屠宰和烹饪。在本地人与外来文化接触之前的时代，食人现象很普遍，但只有巫师会被吃掉。

科诺夫特的叙述让我们对无政府小团体的社会动态所存在的危险有了十分详尽的了解。他的经历与最近接触到的特殊园艺种植者群体有关。然而，指控和达成共识所产生的致命性似乎是小规模社会中引发死刑的典型政治网络。

对于大多数在舒适国家社会中长大的人来说，一群关系密切、彼此熟悉的人会同意杀死自己人的想法往往令人感到不安和奇怪。然而，在危机时期，最富裕的国家也存在同样的做法。这种情况发生在第二次世界大战的集中营里，那里的囚犯极需要食物。尽管遭受着苦难，但分享食物也很普遍，这是黑暗时期人性的标志。偷窃也很普遍，而且会遭人唾骂。囚犯想到了阻止这一行径出现的方法。鲁道夫·弗尔巴曾写过奥斯威辛集中营的"面包法"："如果某个人偷了你的食物，你就杀了他。如果你没有足够的力量独立执行判决，还有其他刽子手，这是简易且很公平的裁决，因为夺走一个人的食物无异于谋杀。"[19]据特伦斯·德斯·普雷斯所说，其他纳粹集中营也执行了面包法。这非同小可。德斯·普雷斯将其描述为："一部法律，也是唯一一部所有囚犯都知道并接受的法律。在明确清晰的意义上，这部特殊'法律'是集中营道德秩序的基础和焦点。"[20]面包法支撑着受难者群体。尤金·温斯托克是布痕瓦尔德集中营的幸存者，他描述了这一法则的优点："如果一个人因为饥饿而士气低落，偷了别人的面包，没有人向党卫队甚至营长举报他，房间里的其他成员自会处理他，如果他没有被打死，且不能正常生活，只能被送去火葬场。我们赞同这一规则，因为这实际上帮助我们维持了一定程度的士气，让我们相互信任。"[21]

在国家社会和小规模社会中，死刑在某些方面的目的是不同的。在国家社会中，死刑往往是为了清除那些挑战领袖权威的人。依照这些目的，国家经常公开执行死刑，特别是在国家存续早期、权力结构还不稳定的时候。

在国家社会中，死刑通过保护"国王暴政"，实现了小规模社会中不存在的目标。小规模社会不会保护单一领导人的权力基础，只是因为正常情况下没有领导人、没有"国王"。在狩猎采集者和其他平等主义群体中，死刑的目的是保护"表亲暴政"，既是为了防止人们挑战社会规范，也是为了预防自私的攻击者。

杀害具有攻击性的男性所代表的社会控制形式，在人类进化中显然具有深远意义。有关智人自我驯化的观点，关键的问题是反应性攻击倾向特别高的个体是否容易被杀死。平等主义关系中的典型事实表明，处决潜在暴君的确是系统性的。即使是现在，尽管已婚的男性狩猎采集者通常会尊重彼此的自主权，但偶尔也会听说某些个体试图控制他人。就像黑猩猩领袖一样，这些潜在暴君通过野蛮地反抗挑战者来捍卫其最高地位。在没有监狱或警察的世界里，只能通过死刑来阻止那些实施特别恶劣的反应性攻击的恶霸。因此，所有流动的狩猎采集者中出现的平等主义表明，最具攻击性的个体都已经被消灭了。讽刺又令人不安的结论是，平等主义这个因为不存在专横行为而具有吸引力的系统，可能是由人类武器库中最专横的行为促成的。

为理解平等主义的含义，需要考虑狩猎采集社会的结构。典型的社会平均有近千人，享有相同的独特语言（或方言）和文化习俗，如葬礼仪式。社会太大的话，不能使所有人都住在一起，因为环境不能提供足够的资源在小范围内维持数百人的生命。所以人们通常生活在平均不到 50 人的部落中。每个部落在社会领土范围内占有自己的分区，往往一次在一个地方停留几周。当附近的资源耗尽、觅食变得过于艰难，部落就会继续前进，通常会再次居住到以前的营地。这些有规律的转移解释了为什么狩猎采集者被认为是"流动的"或"游牧的"。部落中通常只有 10～20 个已婚成年人；大约一半人口是儿童，有些成年人未婚，要么很年轻，要么丧偶了。部落成员不固定，人们可能为了与亲戚相聚或逃避麻烦关系，而举家搬到另一个部落。部落规模各不相同，但总是很小。[22]

平等主义是男性狩猎采集者之间关系的特色，以部落中 5～10 个已婚男性为中心。这几个丈夫是"长老"，或盖尔纳所谓的"表亲"。在火地岛发现的体系具有其他狩猎采集社会的典型特征。卢卡斯·布里奇斯将有关奥纳人（塞尔克南人）坎科特的逸事记录了下来：

某位科学家访问了我们这个地方，当他问到这个问题时，我告诉他，奥纳人没有他们所了解的那种首领。见他不相信我，我叫来了坎科特，当时他已经会说一些西班牙语了。当来访者重复他的问题时，坎科特很有礼貌地否定说："是的，先生，我们奥纳人有很多首领。男人都是船长，女人都是水手。"[23]

这个故事大体上适用于流动的狩猎采集者。部落可能会有首领，有些人比其他人更受尊重，但从某种意义上来说人人平等，每个人都必须努力为自己提供食物，而且已婚男性无权管束其他人。[24]当需要进行群体决策时，由当下的形势决定谁最具影响力。长老们表现得像是没有董事长的董事会。每个人都有发言权，但他们都相当不愿意使用这一权力。人们十分厌恶自大狂，自嘲在公共行为中备受重视。人类学家肯尼思·利伯曼记录了澳洲原住民中的这种情况。他写道，表现出羞愧和尴尬是很重要的，因为这是在"向别人表明这个人不自负"[25]。

正如坎科特所说，对于女性和儿童，平等主义可以不那么严格。父权制的程度各不相同。据称朱/霍安西人中的平等适用于所有成年人，但如果男性殴打女性，至多会有最低限度的惩罚。[26]据说坦桑尼亚的哈扎族狩猎采集者是平等主义者，但如果炎热的地区能遮阴的树极少，男性就会得到树荫，而女性只能坐在太阳下。[27]不过，即使某些个体的意见没什么影响力，也不存在可以要求别人服从的群体领袖。

将平等的流动狩猎采集者体系与较大的、典型的等级制农耕群体体系形成对比，在后者中，酋长、君主、独裁者或总统等个人担任有权管束他人的职位。当然，即使是由个体领导的定居社会，也可能坚定地包含平等主义成分。当《独立宣言》指出"人人生而平等"时，可能看起来是革命性的，但在小群体中，人们总是倾向于采纳平等的规范。那些试图在小群体中提升自己地位或掌握指挥权的人很容易成为众矢之的。

与人类相比，大多数群居灵长类动物都有明确的统治阶层，由野蛮的战斗力强制执行。通常情况下，首领是男性，但无论性别，首领都是在体格上击败了所有挑战者的个体。[28] 狩猎采集者中的男性完全不同于黑猩猩或大猩猩等灵长类动物，男性的地位通常并不取决于暴力。类人猿和其他灵长类动物个体通过在肉搏中彻底击败先前的首领而成为首领。相比之下，在遵循社会规范的流动狩猎采集者中，没有斗争，也没有相当于男性首领的个体。

在某种意义上狩猎采集者部落中存在领导权，例如，在主动进行群体决策时，威望是重要的标准。人们的竞争影响力主要是通过提出好的论据、制订好的计划、成为最好的中介者、讲最好的故事或最令人信服地预见未来等获得的。在这些方面有能力的人可能会被认为是领袖或首领，但这个角色是通过智慧和说服力赢得的，而不是因为这个人过分自信、咄咄逼人或者是一名好的摔跤选手。虽然领袖会受到人们的钦佩和尊重，但他们不能强制执行自己的想法，也不能利用其地位从部落其他成员那里拿走任何东西。不能支配他人意味着在流动的狩猎采集者中不存在领袖地位。[29]

为什么狩猎采集者中没有首领？鉴于人们认为狩猎采集者是和善的、爱好和平的人，理论上他们有可能生来就如此。有几种灵长类动物可以证明心理状态确实可以进化到明显没有竞争意识。例如，不同的雄性绢毛猴可以共同与一只雌性绢毛猴繁殖，从不为争夺雌性绢毛猴而争吵。然而，人类很少会不介意这种共享。相反，游牧的狩猎采集者在心理上似乎和我们相似。婴儿无论出生在卡拉哈里还是纽约，都表现出以自我为中心的一意孤行和乐于助人这一矛盾个性。他们在任何地方都有同样的潜在竞争心理，而且，正如我们所见，有时男性狩猎采集者长大后确实会试图滥用权势以挑战社会规范。[30]

1982 年，人类学家詹姆斯·伍德伯恩是坦桑尼亚哈扎族狩猎采集者主要的民族志学者，他记述了哈扎族男性试图通过命令他人、夺走他人妻子或财产对其进行支配的案例。他还注意到带有致命武器的男性之间发生冲突所固有的危险。他写道，哈扎族人意识到"晚上在营地里睡觉有被射中的危险，或独自在丛林里打猎有被伏击的危险"。他认为，游牧的狩猎采集者中没有首领是由杀戮导致的："秘密杀害任何被视为威胁的人的手段直接充当了强大的平衡机制。在缺乏有效保护手段的情况下，财富、权力和威望的不平等对持有者来说可能很危险。"[31]

1993 年，克里斯托弗·博姆调查了几十个十分著名的狩猎采集者社会，以弄清伍德伯恩认为平等主义是通过杀死首领来实现的这一观点是否不仅仅适用于哈扎族。他发现，普遍的社会规范是男性不应当试图支配他人。然而，令人惊讶的是，博姆发现了许多自夸的男性试图恐吓或欺骗对方。他的结论支持了伍德伯恩的观点：尽管有社会规范，"潜在的恶霸似乎总是在等待时机"。虽然他们是出了名的平等主义者，但男性狩猎采集者可能求胜心切，这十分令人不快。[32]

博姆甚至发现偶尔有男性取得领袖地位的记录，至少在一段时间内。新组建的因纽特人群体由几个被驱逐出原部落的男性聚集在一起组成。其中一个特别好斗的男人抢走了另一个男人的妻子，宣布她是自己的，还嘲讽被打败的男人。后来，他又从第二个男人那里抢走了其妻子，并命令他永远不要再和他失去的妻子说话。[33]

问题是，为什么这位因纽特偷妻者所表现出来的专横行为并不常见？答案是，潜在的暴君会受到任何必要社会压力的制约。

社会控制的过程通常开始于非常低级的冲突，也许是由小小地显露了骄傲所引起的。人类学家理查德·李描述了自己被贬低的经历。当时他还是个年轻人，想给自己所研究的朱/霍安西人狩猎采集者部落送一份圣诞大礼，所以他买了一头大牛准备给他们个惊喜。朱/霍安西人没有钱，通常要打猎好几天才有可能得到一头大型动物。他们对这一华丽的肉食礼物的反应让李震惊。这些人侮辱了他。他们说这头牛身上没有肉，说它骨瘦如柴，他们只好吃牛角。

最后，托马索长老解释了其中的原因：礼物让李看起来很傲慢。"当一个年轻人杀了很多肉食动物时，"托马索说，"他就会认为自己是酋长或大人物，而把其他人当成他的仆人或下属。我们不接受。我们不希望有自夸的人，他的骄傲有一天会让他杀人。所以我们总是说他的肉没有价值。这样，我们就能让他的心冷静下来，让他变得温和。"[34]

对李的侮辱是典型的平衡机制。朱/霍安西人想要李的肉，但他们不想让李有优越感。同样的态度也解释了为什么用伍德伯恩的话说，"哈扎人射杀了大型动物后回到营地应当保持克制。他和其他人一起安静地坐下来，让箭杆上的血替他说话"[35]。通常寥寥数语就够了。每个人都知道自己应该如何表现。人类学家伊丽莎白·卡什丹记录了这种风气："大杀四方的昆族（朱/霍安西人）猎人恰当的做法是不以为然地顺便提一下，如果一个人不贬低或轻描淡写地提及自己的成就，他的朋友和亲戚会毫不犹豫地为他这样做。"[36]

"最轻微的手势或面部表情，"欧内斯特·伯奇在谈到因纽特人营地时写道，"足以传达复杂的思想或情感。"如果罪犯没有对微妙的反对产生任何反应，他的这种反抗的表现显然是故意的，然后这种反对变得更加明显，会出现羞辱、嘲笑和尖酸刻薄的话。当罪犯站在聚集的人群面前时，人们可能会当着他的面唱一首"嘲笑之歌"。[37]

如果需要更严厉的措施，回避或排斥往往是有效的，因为被回避和被排斥对大多数生活在小群体中的人来说都是非常痛苦的，而且通常会奏效。人类学家让·布里格斯与偏远的北极群体乌特库人一起生活时犯的一个错误，就是发脾气。融雪的冰从冰屋屋顶掉到她的打字机上。她把一把刀扔进了一堆鱼里，抱怨无休止的鱼类饮食。她的冰屋很快就被清空了，在随后几个星期里，布里格斯发现自己被单独留在帐篷里，再也没有人拜访她了。她发现这种经历非常痛苦，最终她找到了方法为自己辩解。[38]

在人类社区中，人们通过羞辱、嘲笑和排斥来控制彼此。这一概念最早由社会学家埃米尔·杜尔凯姆于1902年提出，自此一直是人类学的核心原则。伍德伯恩假设将这种控制延伸到狩猎采集者的死刑中，解释了男性首领的缺失，现在看来很有说服力。控制那些对语言和社会压力免疫的人需要终极裁决，这时除了死刑之外没有什么能够奏效的。死刑通过打倒最专横跋扈的人，成为平等主义等级制度这一独特人类现象的基础，在这种等级制度下，人们通常能成功抑制对统治地位的渴望。[39]

然而，如果罪犯无视社会上最强烈的反对意见，"人们就会根据自己的理念准备好立即处理这种威胁"[40]。这就是发生在格陵兰岛因纽特人身上的事情，他偷了同伴的妻子，嘲笑其丈夫，并命令他们接受他的所作所为。他最终被自己所触怒的两个人杀死了。[41]

死刑的实践可以减少社会的攻击性行为发生，其方法之一是鼓励人们遵守规定。惩罚在任何地方都很重要。20世纪60年代，泰国中部的乡村班章（Bang Chan）的主要居民是由佛教徒组成的水稻种植者，被誉为世界上最和平的社会之一，在那里几乎没有打架、家庭暴力和虐待儿童的现象。心理人类学家赫伯特·菲利普斯的研究揭露了班章人的温和，他清楚地知道他们的平静来自何处："在班章人中，更令人印象深刻的不是他们不具有攻击性，而是他们对攻击性进行控制的数量和种类。"[42]在流动的狩猎采集者中也有相似的力量，他们的社会与班章人类似，以温和、克制和十分恭敬的关系为特点，但其讨人喜欢的天性也主要归功于教养和社会控制。朱/霍安西人中的儿童和成年人经常被提醒不要太爱出风头。人类学家波利·威斯纳发现，在朱/霍安西人狩猎采集者的对话中，批评的频率是赞美的 8 倍。[43] 每一种文化似乎都学会了通过社会化来驯服下一代的技巧，而且多是通过社会控制而不是奖励的方法。对死刑的恐惧无疑有助于鼓励人们培养遵从和克制的精神。

然而，尽管死刑的威胁这种社会文化效应可能很重要，但这并不是死刑假说的重点，该假说关注的是长期遗传影响。死刑假说的观点适用于史前几千代人，死刑的受害者大多是那些反应性攻击倾向较高的人。杀戮或压制这些人的情况应当很频繁，因而我们这一物种进化出了更平静、攻击性更小的性格。不幸的是，要量化过去的死刑率或计算出更新世的选择压力，是不可能的。然而，驯化综合征起因于死刑的概念得到了男性平等主义这一人类系统的支持，因为人类社会中所缺少的灵长类动物式的雄性首领是典型的反应性攻击者。

在找到控制恶霸的方法之前的几千年里，与大多数社会性灵长类动物如黑猩猩、大猩猩和狒狒等相同，反应性攻击会控制人类的社会生活。在这些物种中，雄性首领通过在肉搏，通常是血腥战斗中轮流击败每个对手来获得其在群体统治阶层中的最高地位。这一过程可能需要经过数年时间。在恐吓每一个挑战者之后，首领可以成为宽容的统治者，但在他平静的外表下隐藏着潜在的暴力反应。如果另一只雄性动物未能发出适当的服从信号，首领就会进行爆炸式的反应性攻击以达到目的，如有必要，首领会野蛮地殴打对方。首领恃强凌弱的行为与其体内高浓度的睾丸雄激素密切相关，这似乎支持了他想要控制他人的动机。从这种行为在社会性灵长类动物中的普遍性来看，我们的祖先曾经遵循过同样的野蛮方式，而且考虑到智人祖先的粗大面孔，他们很可能继续一对一地进行肉搏，至少到更新世中期之前一直是这样的。人类的竞争性仍然具有灵长类动物系统中通过个人战斗来获得地位的要素。睾丸雄激素浓度高的男性除非受到挑战，否则不会特别具有攻击性，但当他们遇到挑战时，会比睾丸雄激素浓度低的男性更有可能做出反应性攻击。总而言之，灵长类动物雄性首领是反应性攻击倾向高的个体。处决雄性首领其实是选择了对抗反应性攻击。[44]

尽管死刑一直很普遍，但认为其频繁程度足以对攻击性产生进化影响的想法起初似乎十分令人惊讶。但考虑到时间跨度，以及这段时期内的代际数，自我驯化的进化速度似乎比较缓慢。正如我们所见，自我驯化的过程可能至少在30万年前就已经开始了。30万年大约相当于1.2万代，驯化综合征显然在后期被加强了。这个代际数比任何哺乳动物被驯化的代际数都要多得多，例如，狗从狼进化而来的时间大约是1.5万年。狼的平均世代长度在4～5年，这表明狗与狼分离还不到4000代。更快的是从野生水鼬进化到家养水鼬，只用了80年；在这种情况下，人类有意地选择每一代的温顺个体，大大加快了驯化的速度。因此，人类可能是在比较温和的社会压力下缓慢进行自我驯化的，偶尔淘汰那些表现出特别高反应性攻击倾向的个体只是影响人类进化的众多因素之一。问题是对反应性攻击倾向高的群体成员的杀害率是否足以成为重要的进化力量？[45]

群体内部杀戮的死亡率可能很高。小规模平等主义社会中所记录的最大概率不是在狩猎采集者中，而是在布鲁斯·科诺夫特研究的格布斯园艺种植者中。格布斯人群体内部的杀戮是为了解决冲突和维持社会凝聚力。据说受害者通常是充满"致命怒火"的人。[46]

科诺夫特收集了1940—1982年这40多年间394起死亡事件的数据。他发现，1/4的男性（24.4%）和约1/6的女性（15.4%）被杀是由于被控使用巫术。年轻（未婚）男性和已婚男性的死刑率没有区别。[47]

如此高的死刑率显然会迅速产生选择效应，但我并不是说格布斯人的杀戮率可以代表人类进化的情况。我们甚至不能假设人类是典型的格布斯人。自1982年以来，他们已经发生了变化，跳起了迪斯科，并开始信仰基督教。在科诺夫特分析的那些年里,死刑率高可能部分由于他们未能恰当地组织婚姻,这是来自其他格布斯氏族的人口压力作用的结果。他们异常高的杀戮率可能是在特定的文化、时间和地点下出现的特有现象。[48]

不过,这让我们认识到,群体内部的杀戮可能频繁到足以成为非常重要的选择力量。大约在同一时期,在巴布亚新几内亚高地,雷·凯利正在记录艾托罗人的巫术杀戮,受害者通常是以"典型的自私和对他人缺乏同情心"而闻名的人。凯利发现,在 55 起成年人死亡事件中,9% 被执行了死刑。谣言、恐惧、竞争和无知可以组合成惊人的致命混合物。[49]

然而,反应性攻击者成为死刑受害者的概率只是猜测,死刑施行的时间跨度同样是未知数。即使最古老的直接线索也是试探性的,而且在进化上也是很新的。大约在 8 500 年前,狩猎采集者在西班牙东部岩石上的画,有的被解读为处决场景。在其中一幅画中,10 个人排成一排,拉开他们的弓,似乎在看着躺在地上被 5 支箭射中的人。其他画展示了被箭射中的尸体。但这样的绘画是否意味着真的存在死刑,尚未可知。[50]尽管就死刑对人类产生驯化综合征的重要性而言存在这些不确定性,但相关证据似乎确实有足够的说服力,可以证明死刑可能始于某时的想法。在人类身上发现的所有特征,如语言或狩猎采集,通常被认为至少出现在 6 万 ~ 10 万年前,这时智人携带着这些"摇篮特征",从非洲迁移到世界其他地区。[51]人们认为死刑是这种"摇篮特征"中的一种。用奥特伯恩的话说,这一人类原始特征已经"成为所有人类思维的基础"[52]。

考虑到语言的演变,我们可以猜测出死刑在多大程度上得到了实行。正如我将在第 11 章中所讨论的那样,黑猩猩有时会杀死自己族群的成年黑猩猩,但没有证据表明它们可以有计划地这样做。语言对于有计划地杀害特定个体似乎十分必要。批评、嘲笑攻击者取决于流言蜚语的阴谋力量。当这些较温和的社会控制方法不起作用时，人们开始提出杀死罪犯的构想。为此，语言能力至关重要，并且需要大量技巧。用博姆的话说，"战术问题显而易见：谁先开口说话谁就可能有生命危险。这种危险可能涉及人身攻击，在有巫师的部落中可能也包含巫术"。我们可以看到，这也许就是科诺夫特所描述的格布斯人会如此谨慎地处理彼此之间的猜疑的原因。[53]

流言蜚语允许个体谨慎地测试他们的感觉、产生共同计划，解决了协调性问题。杀死尤利乌斯·恺撒的20多名长老在秘密小团体内讨论了数周，以获得彼此的信任。在个体充分试探彼此的意见后，达成了共识，如果闹事者没有做出恰当的反应，就可以通过协同决策将其杀死。即便如此，这对发起人来说也很危险。恺撒的第一个袭击者卡斯卡，在其同谋都参与行动之前，只能喊自己的兄弟来帮助他。[54]

虽然我们不能确定语言在6万年前形成的速度有多快、时间有多长，但我们可以设定一些范围。一种观点认为，语言在10万～6万年前发展到了现代的复杂水平，或者换句话说，不早于可以说明其成为当今人类的普遍能力的时间。更激进的思想家则认为现代语言的实际起源更早。与尼安德特人的比较是有用的"试金石"。回想尼安德特人在20万～4万年前居住在欧洲和西亚的记录，遗传学数据表明，尼安德特人在76.5万～27.5万年前与我们的世系分化开来，在尼安德特人的头骨和骨骼上，没有发现智人那种自我驯化的迹象。由于尼安德特人未达到与智人相同的文化复杂程度，特别是由于其符号文化更为有限，大多数专家认为其语言能力不及我们。也有一些不确定的生物学迹象支持这一说法。例如，智人中涉及语言功能（以及记忆和社会行为）的大脑颞叶比尼安德特人的更大。头骨和骨骼、文化复杂性和大脑的证据都表明尼安德特人没有我们所知的语言。在此基础上，我们可以得出结论，在76.5万～27.5万年前智人和尼安德特人世系分裂之前，我们中更新世祖先的语言明显没有今天这么复杂。[55] 这一切意味着，在76.5万年前之后，尽管我们无法直接评估其发展的速度，但语言在我们的直接祖先身上的作用变得越来越大。

因此，最可能的情况是，与所有其他人类相比，智人世系的语言能力有了大幅提升。随着这种能力的提升，群体中的个体得以形成联盟，排斥或驱逐群体中已成为专横攻击者的成员。这些联盟使得人类的选择不利于攻击性过强的人。其结果是人类向有着更美观的头颅、更幼稚的形态、更宽容的物种方向持续变化，或者说是自我驯化。

简言之，能够私下抱怨我们对其他人有多反感，并提出对其采取激烈的行动，肯定是人类遗产的一部分，至少几千代以来都是如此。如果良好的语言在50万年前就开始发展，其日益增长的社会意义将有助于解释我们的祖先如何开始控制男性首领，从而培育出新的人类。在这种自我驯化的模式中，语言作为智人的关键特征，使得许多社会控制工具成为可能，从流言到杀戮。

但是，语言并不是唯一被提议作为解开驯化综合征谜底的关键特征。许多学者把注意力集中在武器的使用上，以此来解释从灵长类动物的雄性首领系统向人类的平等主义和合作系统的转变。武器在由雄性首领组织和发起的行动中十分实用，因为投掷石头或长矛可以使主动进攻更势不可当、更容易安全实施。然而，在我看来，与语言的发展相比，有些观点似乎削弱了武器的重要性。

死刑不需要使用武器。狼、狮子和黑猩猩等动物通过合作而不是武器进行杀戮。人类也可以不用武器杀人。奥特伯恩在对世界范围内小规模人类社会的调查中，确实发现投石、用矛刺和射击是经常使用的死刑手段，但也记录了诸如绞刑、焚烧、溺杀、殴打等其他一些手段。另外，也有将受害者交给邻近敌对群体的复仇者来处理问题的情况，就像发生在澳大利亚的那种情况。[56]

武器也可能增加杀手的危险性，据说某次发生在雅诺马马狩猎耕种者中的死刑就说明了这一点。一些人多次被某个同胞的自大和欺凌所困扰，但他们从未鼓起勇气阻止他。有一天，他们这群人鼓励这个恶霸爬到树枝高处采蜜。恶霸在毫无戒备的情况下，放下了武器准备爬树。这群人发现，现在安全了，于是他们收起了恶霸的武器，只需等他下来就能轻松地杀死他。这段情节让人想起了一些有组织的犯罪可能发生的方式：计划了数周，直到受害者坐在副驾驶座位上，杀手在他身后准备动手。确保受害者在被攻击时处于无助状态的重要性，夸大了攻击者彼此分享其意图的重要性——通过语言制订计划。[57] 语言，无论是手势还是口语，都使意图的分享变得十分复杂，能够让那些害怕、沮丧和愤慨的人设计周密的计划来反对暴君。

留给十分高效的杀人武器发展的时间，也不足以解释自我驯化的出现。假设智人确实出现在 30 万年前，而且这代表了平衡机制开始转向平等主义的时间，平等主义使我们作为物种是独一无二的。即便是这个较早的时期，也是在智人物种能很好地使用武器来打猎或将狮子从猎物身边赶走很久以后，这很有可能要追溯到 200 万年前。说明语言起到关键作用的另一论据来自跨物种的比较。我们没有证据表明黑猩猩或任何其他非人类动物可以预先决定杀死自己社群成员的方式、时间和地点。没有语言，这项任务似乎不可能完成。因此，我推断，推动新的政治制度起源的重要人类新事物是策划。共同策划的能力，而非制造武器的能力，无疑决定了典型男性首领和服从者新联盟之间的势力均衡何时发生变化。

共同策划的能力是心理学家迈克尔·托马塞洛所说的"意图共享"的实例，即"参与者彼此分享心理状态的协作互动"[58]。人类擅长意图共享，这会在儿童 1 周岁左右出现，然而几乎没有任何证据显示黑猩猩会这样做。托马塞洛认为，人类独有的意图共享的发展解释了为什么我们可以做许多只有人类才能做的特殊事情，从使用数学、建造摩天大楼到演奏交响乐、组建政府。然而，如果不利于证明反应性攻击的选择引起驯化综合征这一假说是正确的，那么这些人类能力中没有一项如同让共谋者充分信任彼此、合作杀死恶霸那样特殊。如我将在第 10 章和第 11 章所说的，这种能力既可以驯化我们，又使多种人类合作成为可能。[59]

意图共享和语言都是这个故事的关键部分。认知能力方面的这些重要进展是如何开始的还只停留在猜测阶段。我们甚至不知道这是不是偶然产生的。理论上讲，语言和意图共享可能就像已经讨论过的其他认知特征那样，是任意进化的。例如，人类、类人猿、宽吻海豚、亚洲象和喜鹊这一鸟类所共享的，在镜中识别自身影像的能力。野外唯一的镜子只是偶尔出现的静水潭，所以对镜中倒影的自我识别没有任何说得通的适应性解释。相反，自我识别能力恰好是由于心智提高而产生的，而心智提高得益于其他原因。语言最初的出现很可能也是如此。[60]

即使语言起源的原因仍然很神秘，但其影响的重要程度表明，智人的起源是在语言能力向前迈了一大步的时候开始的。正如古人类学家伊恩·塔特索尔所说，语言的算法基础似乎相当简单，这表明其的诞生"差不多是瞬间完成的"。由于语言与象征性思维被联系在了一起，且对人类政治和社会行为十分重要的社会后果负有责任，语言很可能通过产生可见的效果来宣布其达到了复杂水平。在我们更新世祖先整整 200 万年的历史中，30 万年前开始发生在我们身上的神经和骨骼解剖学变化最为引人注目。[61]

因此，越来越熟练的语言能力的发展为人类驯化的最终解释提供了最佳依据。正如我们将在下一章所看到的，其结果远远不止反应性攻击倾向的降低。

第 9 章
驯化作用与攻击性降低和同性恋倾向

布鲁门巴哈最先开始寻找人类和平美德的起源。1811 年，这位和蔼可亲的人类学家依据人类的特殊温顺性，坚持认为我们是家养物种。现在有一种机制支持布鲁门巴哈的主张。我们把目前的平和归功于 30 万年来不利于反应性攻击倾向的选择，这种想法是一种新的很有效的思维方式。在本章，我想更深入地探讨关于自我驯化的论证，看看我们能在多大程度上将其与我们反应性攻击倾向降低的其他假说区分开来。有人提出了两个值得详细考虑的假设：一个是反应性攻击倾向降低是我们祖先在比 30 万年更久远的过去的特征；另一个是较低的反应性攻击倾向没有被直接选择，而是选择另一个特征的副产品，如自制力增强。

为了解释智人进化过程中的解剖学变化，传统学术智慧提出了不同于自我驯化的观点。正如我之前指出的，古人类学家在传统上把智人的特殊解剖学特征解释为一系列平行适应，而不是偶然的副产品。为了解释我们这一世系体形更轻盈、脸更短且更女性化的原因，他们援引了诸如气候变化、饮食改善或工具使用日益复杂等因素。如果像科学家经常做的那样，假设生物学特征总是在自然选择的直接作用下进化，那么这些提议就非常合理了。

假设传统主义者是对的，智人特有的解剖学构造不是我们自我驯化的标志，那么，有什么其他理论可以解释我们何以如此相对温和？

极端的答案可能说，我们的祖先全部都是温顺的，没有像黑猩猩或典型的猴子那样具有攻击性。如果我们的每一个动物祖先都特别温顺，那就太了不起了。自寒武纪"生命大爆发"以来，大约过去了5.42亿年，我们的暖水性海洋动物祖先首次成为两侧对称的动物。在过去的3.6亿年里，我们世系的祖先一直生活在陆地上，先是作为蝾螈类两栖动物，最终成为哺乳动物。从寒武纪至今，数百个物种在我们进化的道路上轮番登场，而高反应性攻击倾向从未受到青睐的概率显然很低。然而，可以理解的是，所有这些祖先可能都不具有攻击性。[1]

更有可能的是，降低的反应性攻击倾向至少进化了一次，但时间太长，无法查明。假设我们的相对缺乏攻击性始于9 000万～8 000万年前灵长类动物从鼩鼱类哺乳动物进化而来的时候，或者设想我们的温顺性可以追溯到大约2 500万年前类人猿的起源，对于生物学来说，重建我们必然起源于攻击性更强的直系祖先将是一项艰巨的任务。但这正是我们推断自我驯化所需要做的。[2]

事实上，反应性攻击倾向降低很可能发生在遥远的过去。例如，在前南方古猿的进化过程中，温顺性可能大幅提高，其标志是脸部缩短和类似武器的犬齿长度缩短。古人类学家欧文·洛夫乔伊长期以来一直主张这一观点，但很难找到有力的证据。正如我前面所说，犬齿缩短很可能出于满足咀嚼更有韧性的食物的需要，就像现存的哺乳动物一样；而攻击性发挥了很大的作用，有证据表明，雄性南方古猿比雌性体形大得多，脸也比雌性大，表明选择倾向于雄性的攻击性。两方面都有论据，但过去的情况很模糊。因此，中更新世自我驯化的另一种说法是，我们的祖先世系比智人更早地适应了温顺性，但由于时间太长，我们无法确切地重建这一过程。[3]

也有人提出了与卢梭主义的倾向完全不同的来源。如果温顺性是偶然的副产品，而不是适应性变化，那么可能是在没有经过积极选择的情况下进化而来的。进化人类学家布莱恩·海尔提出了这种可能性，他发现大脑较大的物种格外善于抑制自身的反应。因此，低反应性攻击倾向可能是更普遍的低情绪反应趋势的副产品。[4]

证据来自一项新的试验，该试验对几十个物种提出了相同的挑战。由海尔和比较心理学家埃文·麦克林领导的团队向 36 种鸟类和哺乳动物发起了两个相同的挑战，这些物种的体形从麻雀到大象不等。对于这两个挑战，解决方案要求抑制其最初的反应，允许第二个反应被替换表达。其目的是要找出抑制这一认知能力的物种差异是否与其他已知的物种差异有关。

用来测试行为抑制的挑战之一是获得放置在短透明塑料管内的食物。在麦克林和海尔的试验中，试验人员会给每只动物一根两端开口的透明塑料管，其宽度足以让动物很容易地探进去拿到奖励。

唯一稍显困难的是，装有食物的管子是透明的，很容易看到里面的食物。因此，尽管动物可以看到食物，但需要将注意力从食物本身转移到管子末端以拿到食物。有些动物十分专注于奖励，以至于从未离开过起点。它们挠或者啄透明塑料管的弧形壁，一直盯着食物不放。这些动物无法抑制自己的第一反应，直接去抓它们看到的食物，因此它们从未得到过奖励。但是另一些动物却成功了，这要归功于它们能够放弃直接获取食物的初始尝试，也就是抑制了自己的第一反应。这让它们能够表达第二反应，即能够让它们实现目标的反应。这些动物将注意力从食物上移开，来到管子的两个开口之一。在那里它们可以毫不费力地将嘴探进去拿奖励。

纵观 36 个物种，哪些特征与成功抑制第一反应有关？麦克林和海尔的团队发现，成功概率随大脑尺寸的变化而变化。大脑较大的物种表现得更好。[5]

大脑尺寸的变化成为抑制更成功或自控力更好的原因，很可能是因为更大的大脑包含更多的皮质神经元。皮质是意志力和情绪自控的来源。在大脑较大的物种中，大脑皮质占比较高，更多的皮质意味着更多的神经元。人类大脑皮质中的神经元比其他任何物种都多，约有160亿个。类人猿和大象紧随其后，仅有60亿个左右。皮质中更多的神经元——特别是位于大脑前部的前额皮质——能让动物更好地抑制自己的情绪反应。[6]

抑制试验提出了这样一种可能性，即我们的低反应性攻击倾向起因于我们的大型神经网络，这一神经网络让我们能够在行动之前进行思考。但实际上，这种解释似乎不太可能对我们的低反应性攻击倾向的研究做出很大贡献，因为我们的情绪反应往往过于迅速，无法完全由大脑皮质控制。不过，这个想法还是为更新世的自我驯化提供了另一种理论，即我们这一物种对反应性攻击倾向日益增强的控制力源于拥有较大的大脑，而不是源于不利于攻击倾向的选择。

因此，我们的情绪反应减少至少有两种其他解释。发生得太早，我们无法进行研究，或者是选择其他认知能力的附带结果。无论哪种情况，我们对自我驯化假说都是探究得越透彻越好。我们希望能有将最近的自我驯化假说与其他主张区分开来的测试。

现存的人类生物学研究在这方面是有帮助的。我在前面指出，动物在生理学和行为，以及我们所回顾的解剖学特征方面，都可以有驯化综合征。因此，根据自我驯化假说，人类不仅在解剖学上，而且在生理学和行为上也应该有驯化综合征。对人类温顺性的其他解释并没有做出这种预测。

检验这一观点的理想研究策略是将智人与我们中更新世智人祖先进行比较，如果不行，就与尼安德特人进行比较。但令人沮丧的是，他们早已不复存在，这让我们无从得知具体的情况。幸运的是，现代家养动物可以提供其他的同类思考。

当然，所有家养哺乳动物与其野生祖先相比，都表现出较低的反应性攻击倾向。这就是我们称其为家养动物的原因。

然而，攻击性只是驯化改变的多种行为之一。此外，驯化还导致了恐惧反应变强在年龄方面的变化，在玩耍、性行为、学习速度和效率方面的变化，在理解人类信号能力方面的变化，还有激素和神经递质分泌，以及大脑及其组成区域大小的生理变化。这些特征构成了生理学和行为上的驯化综合征。

乍一看，这些多方面的变化似乎没有共同点。但有一个原则将它们联合起来：以某种方式来看，它们都是幼稚形态，即幼年化的特征。为了确认某个特征为幼稚形态，该物种必须与其祖先进行比较。如果在其祖先物种的幼年时期出现了某个特征，且这一特征保留到了后代物种的后期阶段（即青春期或成年期），那么这个特征就是幼稚形态。

以狗和狼的解剖构造为例。许多成年狗都有讨喜的、耷拉着的耳朵，如拉布拉多犬和威玛猎犬等。成年狼没有下垂的耳朵，但幼年狼有。拉布拉多犬、威玛猎犬和其他耳朵下垂的狗将幼年狼耳朵下垂的特征延伸到了成年期。狗从狼进化而来，而成年狗保留了幼年狼耳朵下垂的特征，所以耷拉的耳朵是幼稚形态。[7]

狗的品种差异很大，从短脸的品种如京巴犬，到长脸的阿富汗猎犬或德国牧羊犬等。成年狗头部形状的这种变化似乎无法回答狗的头骨是否为幼稚形态的问题。然而，如果用十分复杂的方式分析头骨的形状，则证明该解释讲得通。

2017 年，古生物学家马德琳·盖革带领团队比较了狗和狼在生长过程中头骨形状的变化。当狗成年，甚至在幼年时，头骨形状在某种程度上特定于其品种。不同品种之间引起这种变化的进化机制有所不同。在某些情况下，品种特有的表征对狼来说是幼稚形态，如澳洲野犬的短脸。但在其他情况下，它们并不是幼稚形态。例如，阿富汗猎犬的长脸与幼稚形态相反。阿富汗猎犬的这一特征是新的，这意味着面部形状是通过新的生长模式形成的，在狼身上没有发现这种新模式。简言之，品种特有的表征是通过各种不同的机制演变而来的。它们并非始终是幼稚形态。选择性育种让狗的头骨朝不同的方向变化。[8]

但是，除了品种特有的表征外，在所有狗的头骨中还发现了一些物种范围内的相同特征。狗头骨形状的这些特征是狗之所以成为狗的原因。就这些"品种共有"的成分而言，狗和狼的头骨总是相似的，且这种相似性是幼稚形态。在每个年龄段，头骨与狗最相似的狼总是年龄比狗小的狼。尽管狗和狼妊娠期（约9周）相同，但从出生起情况就是如此。至少在生命早期阶段，从这些品种共有的头骨形状中可以发现幼稚形态，甚至在阿富汗猎犬这类品种中也是如此，尽管长脸让它们看起来根本不像狼的幼崽。

在许多家养动物骨骼特征的进化中，幼稚形态似乎起到了一定的作用，包括头骨的男性特征减少、脸部变短、大脑变小等。狐狸中幼稚形态的进化和狗一样，这一点证据确凿，人类已经观察到了这一过程。回顾50年来对银狐的研究，柳德米拉·特鲁特对家养品系中幼稚形态的大量解剖学特征的揭示令人印象深刻。她列举了变宽的头骨、缩短的鼻子、耷拉的耳朵和卷曲的尾巴，所有这些狗身上有但狼身上没有的特征。但在猪等物种中，家养动物的头骨变成了新的形状，如脸部短小但不是幼稚形态。随着研究的深入，我们将了解到，关于幼稚形态的发现在多大程度上适用于家养狐狸头骨和骨骼的其他方面，这十分吸引人。但我们已经知道，解剖学上的幼稚形态是驯化综合征的常规特征。[9]

幼稚形态可以通过各种名称奇特的机制进行演变，如幼态延续、后移位和初期发育等，但我们不关心这些差异。为达到目的，我们只需注意后代物种是否在某个方面变得幼年化足矣，不管这一点是如何发生的。[10]

＊＊＊

在驯化综合征的解剖学成分中发现的幼稚形态与行为特征得到了很好的互补。柳德米拉·特鲁特在回顾自己对银狐的研究时提到，"对人类积极回应的情感表达"是某些家养个体保留至成年的幼稚形态特征。她的言论预示了对家养动物中高频率幼稚形态特征的解释。这一观察预示着温顺基本上是幼年特征。选择顺从意味着选择幼年。[11]

用小鼠做的试验直接验证了这个观点。受别利亚耶夫的启发，发展心理学家让-路易斯·加里皮、丹尼尔·鲍尔和罗伯特·凯恩斯提出，不利于攻击性的选择是否会引起行为幼年化？他们研发了两个实验室小鼠品系，以反应性攻击倾向低和高来区分。研究人员通过记录小鼠对触摸的反应来评估其攻击性。他们培育了13代攻击性较低和较高的小鼠，并反复测量两种雄性行为——攻击和僵住。攻击是向对手猛冲、撕咬或攻击其身体的任何部位，僵住就是字面上看起来的样子——保持僵硬不动的状态。僵住消除了反应性攻击倾向。[12]

不出所料，被选择的反应性攻击倾向低和反应性攻击倾向高的小鼠很快就出现了分化。13代之后，反应性攻击倾向低的雄性小鼠攻击其他鼠的频率约为反应性攻击倾向高的雄性小鼠的1/10，即使真的发起攻击，它们等待出击的时间也要长5倍。它们僵住的速度更快，而且僵住的频率也更高。

这些变化都是幼稚形态。未被选育的幼年动物很少发起攻击，而且比成年动物等待更长时间才发起攻击。幼年动物经常僵住，且比成年动物僵住得更快。随着品系的分化，选择反应性攻击倾向低品系的成年雄性小鼠保留了未选育幼年小鼠的行为，一直到成年期，包括低攻击率、低攻击速度及高僵住率、高僵住速度。

值得注意的是，除了别利亚耶夫发起的对银狐、大鼠和水鼬的研究外，这项小鼠研究代表了仅有的少数试验性驯化项目。我们仍然处于了解驯化的早期阶段。[13]

然而，很容易理解为什么驯化通常会引起行为上的幼稚形态。在每种哺乳动物中，幼年动物往往很友好。与成年动物相比，它们明显无所畏惧，而且好奇心强。这就是为什么儿童可以近距离接触动物，而且宠物动物园里使用的动物不仅是驯化的而且是幼年的动物。

幼年动物友善进化的原因是，它们必须学会在长大和独立的时候应该信任谁。幼年是它们学习的最佳时机，母亲会保护它们不受错误的社交影响。只要它们是母亲的被监护人，幼年动物就可以相信母亲的判断，不需要害怕。它们可以放下戒备、开放地发展信任关系。

但随着年龄增长、活动能力增强，以及受母亲保护的可能性降低，在任何哺乳动物的生活中都会出现可预见的变化。动物变得更容易受到惊吓、反应更具攻击性。在因物种而异的年龄段，恐惧反应开始起作用。

未经选育的银狐在大约 45 天大（6.5 周）时开始变得害怕。从那时起，幼狐对不熟悉的个体，无论是其他狐狸还是人类，都表现出恐惧和攻击性。它们所谓的"社交窗口"已经关闭。它们在那时建立起来的关系可以延续一生，但幼年时的纯真已经消失。从此以后，它们将很难信任陌生个体。社交窗口关闭后，甚至连狗都很难训练。[14]

驯化延长了社交窗口。特鲁特及其同事发现，银狐的恐惧反应从未经选育品系的 45 天推迟到被选择的反应性攻击倾向低品系的 120 天。当然，社交窗口期延长一倍以上的结果是，选育品系的银狐有更多的机会毫无畏惧地与人类进行互动。正如特鲁特的研究小组所指出的，这种影响是幼稚形态：在选育的银狐中，幼年特征（低恐惧）比未选育的银狐更晚消失。[15]

社交窗口期延长只是家养动物多种幼稚形态的特征之一。一般原则是，家养成年动物采取野生动物幼年的生理和行为反应。

社交窗口关闭是由于生理应激系统达到成熟。这些系统之一是HPA 轴（下丘脑 – 垂体 – 肾上腺轴），它通过合成皮质醇调动身体对压力的反应。HPA 轴将下丘脑（在大脑中）与垂体（连接大脑和血液）和肾上腺皮质（肾上腺的一部分，位于肾脏顶端）联系起来。恐惧反应增加，部分是由于肾上腺分泌的类固醇激素皮质醇增加，最终归因于下丘脑的活动。

皮质醇在血液中很容易被测量，被选育的温顺银狐的皮质醇分泌水平明显低于未经选育的银狐。在对银狐进行的选择性繁殖的 12 代后，成年银狐血液中皮质醇的平均含量减少了超过一半。在 28 ~ 30 代后，又减少了一半。无压力的成年银狐合成皮质醇的基本含量明显减少是幼稚形态。被选育的成年银狐的皮质醇分泌量处于未被选育幼年银狐的较低水平。[16]

无论是被选育的银狐还是未被选育的银狐，皮质醇都会因情绪压力源而急剧增加，如可怕的陌生人靠近。但在被选育的温顺银狐身上，应激性激素含量变化明显少得多。被选育的成年银狐的应激系统更像未被选育的幼年银狐的应激系统，这还是幼稚形态。[17]

狗在驯化中的所有这些影响与银狐一样，与社交窗口期和 HPA 轴有关。狗的社交窗口期（8 ~ 12 周）比狼（6 周）要长。同样，狗形成的恐惧反应也没有狼那么剧烈。在社交窗口关闭时，狼的恐惧感急剧上升，而狗对新个体的恐惧感上升得更慢，到 3 个月大时才完全表现出来。同样，与狼相比，狗的应激反应减少，肾上腺也更小。[18]

第二个主要的应激系统，SAM 轴（交感神经 – 肾上腺 – 髓质轴）在家养动物中研究得较少。然而，对豚鼠的研究表明，这也是幼稚形态，其基本活动水平在野生成年动物中很高，而在野生幼年动物和家养动物中很低。血清素系统也符合同样的情况。正如前面简单讨论的那样，血清素是大脑中与抑制反应性攻击倾向有关的神经递质。在银狐中，血清素在幼年动物中的含量往往高于成年动物，因此，不出所料，在被选育的银狐中的含量高于未被选育的银狐。[19] 因此，保留或夸大幼年特征，即恐惧反应迟钝和反应性攻击倾向降低，似乎是哺乳动物驯化的典型影响。

除了应激反应系统外，第二个幼稚形态特征在家养动物中也很普遍：由于选择了体形较小的个体而保留了幼年形体。

在选择的初始阶段，家养物种往往比其野生祖先要小。如前所述，无论是年幼时还是稍大一些之后，在相同的年龄段，更高大、更强壮的雄性往往攻击性更强。一般的解释是，体形更大的个体比体形较小的个体更常赢得战斗。因此，针对攻击性的选择将有利于那些体形较小、生长速度相对较慢、更接近幼稚形态的雄性。[20]

在银狐、狗、小鼠、豚鼠和其他一些动物的案例中，祖先是已知的，可以与被驯化的后代进行比较，为研究驯化的影响提供了绝佳的机会。在反应性攻击倾向较低的野生动物中，祖先后代关系不太好理解，但这与驯化的证据相一致，普遍存在幼稚形态的特征。

回想倭黑猩猩最初是如何被发现的。作为成年动物，其头骨与幼年黑猩猩的头骨相似。倭黑猩猩的头骨看起来非常具有幼稚形态的特征。[21]

倭黑猩猩在生物学的其他方面也有同样的趋势。与黑猩猩相比，倭黑猩猩在几个方面发育迟缓，包括骨骼生长和体重增加、幼年宽容度降低、社会抑制增加，以及甲状腺激素分泌旺盛等。[22]

正如我在第 5 章中指出的那样，原产于岛屿的哺乳动物通常反应性攻击倾向较低，并经常显示出幼稚形态的特征。几年前，我去桑给巴尔岛，评估研究了桑给巴尔红疣猴保持幼稚形态的可能性。桑给巴尔红疣猴的面部有明显的幼稚形态特征，保留了粉红色的嘴唇，而在乌干达红疣猴中只有婴儿才有这种嘴唇。其头骨也是幼稚形态。我想知道我是否会看到幼稚形态行为的证据。

在国家公园入口处有关于桑给巴尔红疣猴信息的海报。上面说，这些猴子与其他灵长类动物不同，哺乳期会大大延长。据说，即便是成年雄性有时也会吮吸成年雌性的乳汁。还能有多少幼稚形态！灵长类动物学家托马斯·斯特鲁萨克后来给我看了青春期雄性动物表现出这种不寻常行为的视频。

桑给巴尔红疣猴的性别二态性减少，雄性的犬齿比大陆上的同类动物小。但它们是否表现出较弱的反应性攻击倾向还未可知。这说明有大量机会正在等待着调查者。

还有很多未知。然而，幼年化已经成为减少银狐、狗及可能包括所有家养动物的情绪反应的主要途径。对自我驯化假说的影响简单易懂。如果智人在过去30万年里的选择有利于较低的反应性攻击倾向，我们的物种就会在行为生物学上显示出幼稚形态的证据。

* * *

流行文化有时会接受一种误导性的人类幼稚形态概念。阿道司·赫胥黎在其1939年的小说《天鹅死在许多个夏天之后》（*After Many a Summer Dies the Swan*）中设想，如果人们能够大大延长自己的寿命将会发生什么。在赫胥黎的故事中，冈尼斯特伯爵五世吃了生鲤鱼的内脏，希望能推迟死亡时间。这位老人的冒险成功了，但事实证明这是浮士德式的契约。当他200岁时，变成了成年类人猿——胡言乱语、长满毛发、不受控制、无法理解语言。他和同龄管家一起被囚禁在地下墓穴中，会因为最无关紧要的刺激而掌掴管家，冲其大喊，穷追不舍。[23]

赫胥黎的幻想来自把人类看作幼年化的类人猿。他推测，如果人们活得足够久，他们就不会再被幼年化，因此，他们就不再是人类。这一假设源于科学研究。1926年，德国人类学家阿尔伯特·纳夫指出，成年人类比成年黑猩猩看起来更像婴儿。这种暗示十分吸引人。进化通过幼稚形态造就了我们。[24]

1976年，古生物学家斯蒂芬·杰·古尔德在纳夫观点的基础上，提出了人类进化中幼稚形态的重要作用。他提出，我们的大脑袋、大眼睛、小牙齿、稀疏的头发和直立的姿态都是由类人猿的幼稚形态进化而来的。2003年，动物学家克莱夫·布罗姆霍尔将这一观点推向了极致。在《永远的孩子：人类起源和行为的爆炸性新理论》(*The Eternal Child : An Explosive New Theory of Human Origins and Behaviour*)一书中，他提出，正如狗是狼的幼年化版本（正如我们所见，这是夸张的说法），人类是黑猩猩的幼年化版本。这些扩大的进化概念由近期比较人类和类人猿发展的开拓性工作进行了补充。结果往往支持这样的观点：人类大脑的发育比黑猩猩缓慢。[25]

例如，在前额皮质中起作用的某些基因在黑猩猩和人类中是相同的，但这些基因积极制造蛋白质和其他物质的时间（换句话说，基因表达的时间）在人类中比黑猩猩晚几年。遗传学家斯万特·帕博和菲利普·海托维奇领导的团队确定了两个物种之间基因表达上最突出的差异。最大的差异出现在帮助神经细胞之间形成连接点的基因上，称为"突触"。在黑猩猩中，这些形成突触的基因的表达峰值出现在小黑猩猩不到 1 岁的时候。相比之下，在人类中，表达峰值会延长到 5 岁。因此，人类大脑的发育大大延迟了。[26]

人类的神经髓鞘的形成时间同样推迟了。髓鞘的形成是通过给神经元涂上一层保护性的脂肪髓鞘（从而使其成为人们熟悉的大脑"白质"）加快神经冲动传播速度的过程。髓鞘形成的缺点是，有髓鞘的神经元会失去生长并形成新突触连接的能力。在黑猩猩中，髓鞘的形成在10 岁左右结束，而在人类中，髓鞘的形成会一直持续到 30 岁。[27]

尽管这些发现令人振奋，但将人类视为幼年化的类人猿这一观点是有缺陷的。幼稚形态是指特定的特征，而不是指整个生物体。与类人猿相比，人类的一些特征是幼稚形态，但其他特征（如大脑生长）是过型形成。而且，在本书中最重要的是，人类与类人猿的比较与更新世自我驯化的假说无关。[28]

我们需要的是将中更新世人和智人进行比较。在第 6 章中，我注意到克里斯托弗·佐里科夫的发现，与尼安德特人相比，智人的头骨形态在某种程度上是幼稚形态的。他的结论说明尼安德特人和智人的头骨在生长过程中会发生平行变化，但尼安德特人的头骨达到相当于智人的生长末期后还会继续生长。在生长末期，尼安德特人的脸比脑壳还大，而智人不会。[29]

尼安德特人的头骨与鲜为人知的中更新世人的头骨不完全相同，后者孕育了我们世系，但两者十分相似，可以为我们对祖先的研究提供有用的模型。[30]尼安德特人和智人之间的比较表明，智人的进化在一定程度上是通过脑壳和脸部的幼稚形态来实现的。尼安德特人的牙齿生长速度加快[31]、幼年生长期相对加速[32]也暗示了智人的幼稚形态。因此，与尼安德特人和我们的祖先智人相比，智人的行为应该也是幼稚形态。更笼统地说，人类行为应该朝着家养动物的方向改变。

在许多方面，这种预测看起来很有希望。一些遗传学证据支持了这一观点，而这正是我们所需要的比较——智人和尼安德特人之间的比较。帕博和海托维奇的研究团队发现了能够证明人类与黑猩猩相比，大脑发育延迟发生在智人与尼安德特人分化之后的证据。如果他们的结论得到证实，这将表明人类行为的发育在智人身上比在尼安德特人身上推迟得更晚。[33]

与野生祖先相比，在许多家养动物的行为中已经发现了发育延迟的现象，包括社会关系、游戏、学习、性行为和发声等。豚鼠说明了其对比野生南美祖先豚鼠的变化。

幼年时，相较野生豚鼠，豚鼠与父母接触的时间更长，且哺乳期也更长。虽然幼年时豚鼠和野生豚鼠玩耍的次数没有区别，但成年雄性豚鼠玩耍的次数更多。这表明，豚鼠比野生豚鼠学习新事物的速度更快，而且它们遵循家养动物中性行为增强的一般趋势，表现出更公开的求爱。最后，它们比野生豚鼠叫得更多。[34]

从野生豚鼠到豚鼠的这些变化都反映了人类与大多数物种相比不同寻常，表明人类也经历了类似驯化的过程。人类的幼年期特别长。狩猎采集者断奶比类人猿早 2 ~ 3 年，但在断奶后，儿童继续依赖父母供给食物的时间比其他动物都要长。人类在年轻的时候，甚至在晚年，都十分爱玩。当然，人类是根本的学习者，无论是作为儿童还是成年人。人类性行为频繁、持续时间长，而且明显从纯粹的生殖功能中被解放了出来。语言让智人在交流阐述方面完全成了异类。

这些行为都符合近期人类自我驯化的假设，但我们对尼安德特人知之甚少，无法确定人类的幼稚形态行为是何时进化的。这个试验仅仅是启示性的。

然而，在某个行为领域，考古资料表明尼安德特人和智人之间存在更多更有趣的区别，其中之一就是合作。

* * *

欧洲有很多经过充分研究的遗址，为我们研究尼安德特人在某些方面的行为提供了线索。这些遗址表明，尼安德特人和智人之间的重要区别可能是智人学习和合作能力更强。

尼安德特人在欧洲居住了大概 50 万年。大约 4.3 万年前在中东边缘地区徘徊了数千年之后，智人从南部和东部进入欧洲，主要沿河谷和海岸进入。其结果十分戏剧性。到大约 4 万年前，几乎所有的尼安德特人都消失了。在少数山区，他们坚持到了 3.5 万年前。他们与入侵者杂交，如今我们只在非洲以外的人的 DNA 中发现了他们1% ~ 4%的基因。[35]

人们围绕智人取代尼安德特人的原因展开了激烈的辩论。争论的焦点往往是智力问题。尼安德特人的第一块化石发现于 1856 年，人们大多认为尼安德特人十分野蛮、头脑简单，甚至可能是退化的智人。如今，争论的钟摆又摆了回来。一些考古学家认为，尼安德特人和智人之间在行为能力上没有区别，这样看来，尼安德特人失利的原因可能是运气不好。入侵者可能只是带来了新的疾病，就像欧洲人带来的天花和麻疹，甚至在第一个感恩节来临之前就肆虐了北美洲。

支持尼安德特人只是不走运这一观点的事实是，在大约 6 万年的时间里，他们在外来人员第一次入侵时并未被击败：在 10 万年前，来自非洲的智人种群已经开始与中东的尼安德特人发生冲突。[36] 此外，他们的物质文化与现在已知的智人文化非常相似。尼安德特人的生活显然很像近期的流动狩猎采集者。他们掌控了火，用捕获的动物的肉做饭，并采集植物性食物或收集贝类动物。他们的猎物从鸽子到披毛犀不等。他们有舒适的大本营，在那里他们睡在毛皮上，而且很可能用药草医治自己。[37] 他们有地位的标志，如鸟翼斗篷；他们有时会埋葬死者，据推测他们是在深洞中举行仪式活动的。30 万年前，他们用复杂的勒瓦娄哇技术制造石器。他们可以制作精细的刀片、颜料、装饰性珠子和雕刻艺术品。早在 20 万年前，他们就从桦树皮中提炼了沥青，"严格控制温度，通过多个步骤进行排出氧气的干馏"[38]。

然而，尽管在行为能力上有这些明确的相似之处，但也存在差异，这些差异一致认为智人创造了更为精巧的文化。尼安德特人的创造力低于智人。在 20 万年的丰富考古历史中，尼安德特人制作的装饰性珠子不到 10 个，而智人在迅速占领欧洲之前和之后制作的装饰性珠子有数千个。类似的比较也适用于石刀、风格化雕像、仪式化葬礼和雕刻符号等。在不同情况下，尼安德特人拥有这些技能，但他们比智人更少、更晚地使用它们。[39]

尼安德特人似乎根本不具备另外一些能力。他们似乎缺乏长期储藏食物的设备。尽管他们经历过严寒的冬天，但没有证据表明他们制作过雪橇。他们似乎也没有制作或使用过船只。大约 6 万年前，智人在澳大利亚开拓领地，这段旅程有多段海路，他们显然以某种方式越过了水路。南非的智人在 7.1 万年前就制作了弓箭（有箭头为证）、投矛器和细骨尖，但尚未证实尼安德特人也有这些重要工具。虽然尼安德特人使用火，但他们没有像南非智人那样用火来制作更好的石器，也没有用热岩石来加热水。[40]

对于这一切，通常的解释是他们没有智人聪明。[41] 然而，这种想法没有直接的证据支撑，也没有说服力，尼安德特人与智人大脑的大小大致相同，而且他们偶尔也会表现出强大的能力。尼安德特人有双大眼睛，而这双眼睛必然由相对较大的视觉皮质提供服务，因此有人推测，他们思考和处理问题的能力比智人略低。[42] 然而，人们广泛认为大约在20万年前他们的认知能力就大致等同于现代人。即使他们很少制造出能够显示高心智能力的物品，但他们有时也会制造类似物品。他们纯粹解决问题的能力可能与智人一样好。无论现存的差异是什么，都很细微。用古人类学家伊恩·塔特索尔的话说，"尼安德特人的记录最能说明的问题是，他们确实有可能非常聪明，但没有表现出现代人所具有的那种特殊智力，也没有因此做出奇怪的行为"[43]。

尼安德特人和智人之间的智力差异似乎并不足以解释进化成功的差异。另一种对智人文化更成功的解释似乎更有前景。基于智人进行了自我驯化而尼安德特人并没有进行自我驯化这一观点，智人可能更善于合作。

尽管人们还不能确切地重建群体规模，但许多证据表明尼安德特人生活在与智人相比规模较小的群体中。考古学家布莱恩·海登推断，尼安德特人的部落平均有12~24个人，生活在有性别分工的核心家庭中，他们与10~12个其他部落结成联盟，有时甚至可能会聚集成多达300人的强大团体，以应对越来越大的压力。[44] 然而，尼安德特人经常近亲繁殖的证据表明其社交网络很小。一位来自西伯利亚的尼安德特女性的基因组显示，其父母是近亲，如同父异母或同母异父的兄弟姐妹或叔叔侄女，类似的近亲交配在其最近的祖先中经常发生。[45] 在小规模人类社会中，当社会紧张局势爆发时，群体会分裂成更小的单位。群体规模如此之小，近亲交配经常发生，可能是由于尼安德特人倾向于对彼此做出过快的反应性攻击，因而分裂成越来越小的群体。

另一个区分尼安德特人和智人的特征是交流能力，也就是相互学习的能力。柯蒂斯·马里恩认为，智人创造的技术取决于专业知识的高保真传播，如制作小石箭头和弹射类武器系统的其他部件等，而尼安德特人无法做到这一点。[46] 马里恩引证的类似技能包括使用毒药、加热改造石头以便更好地进行敲击，以及制作胶水等。对于不善于相互学习的物种来说，建造食物仓库、雪橇和船只也很具有挑战性。布莱恩·海登进一步考量了这个观点，他认为尼安德特人在制作需要协调劳动的物品方面与智人不同。[47] 文化技能越精细，就越需要合作。因此，马里恩和海登的观点表明，尼安德特人文化水平较为贫乏的原因是其不太擅长社交，而不是智力上的问题。

智人的大脑更类似于球状，这表明他们的认知在某种程度上与尼安德特人不同，但不一定是智力问题方面的不同。从公认的有限证据来看，家养动物在解决问题方面并不总是比其野生祖先更好或更差，但当它们聚集时，攻击性互动较少。我们应当认为智人和尼安德特人之间存在类似的平衡。还有一个理由支持尼安德特人在合作方面效率不高的观点：家养动物在某些类型的合作上一直比其野生祖先表现得更好。

* * *

关于"合作交流"的研究表明，家养动物比其野生祖先更擅长合作，合作交流指理解有意分享的有用信息。对合作交流的有趣看法是，除了物种内的交流外，还要看物种间的交流，这要通过查明动物是否理解人类发出的有用信号来研究。这种有用的认知技能是纯粹的智力问题，还是可能与驯化有关？从 2002 年开始，布莱恩·海尔开始对几个物种进行测试。狗是最容易测试的对象。[48]

典型的测试，即所谓的物体选择测验，是让狗进入房间，试验者站在离地板上两个倒置的碗等距的地方。这两个碗是一样的，但其中一个下面藏有食物奖励。试验者指向其中一个倒置的碗。成功的狗会明白这个人在试图帮助它，并走向被指示的碗。海尔和研究团队的人员发现，大多数狗都通过了这项测试。对于爱狗人士来说，这并不意外。有趣的是，狼没有通过测试。

甚至连黑猩猩通常也不能通过物体选择测试。黑猩猩解决问题的能力一般来说比狗强，但它们未能解决这个问题。交流－合作能力是狗所特有的。

与黑猩猩相反，不仅成年狗通过了测试，甚至连只有几周大的小狗也通过了测试。这证明狗的交流－合作理解力是有遗传学基础的，并非习得的能力。

对于狗比狼和黑猩猩表现得更好有两种可能的解释，都取决于驯化的作用。

一种可能性是，在驯化过程中，狗因其理解人类社交提示的能力而被专门选择出来。这个推论很诱人，很容易让人联想到养狗者会偏爱那些最合作的狗。

另一种观点是，交流－合作能力没有被选择，而是改善了理解人类指示的能力，仅仅作为驯化过程中未经选择的副产品出现。既然这样，交流－合作能力就是驯化综合征的一部分。

别利亚耶夫对银狐的研究提供了检验这两种解释的方法。家养银狐品系因情绪反应减少而被选择，但从未因与人类交流的能力而被选择。如果家养银狐能理解人类的指示，但它们从未被选择这样做，那么交流－合作能力一定是驯化过程的副产品。[49]

2003 年，柳德米拉·特鲁特成为西伯利亚西南部新西伯利亚别利亚耶夫研究所的主任。在她的帮助下，布莱恩·海尔测试了别利亚耶夫和特鲁特通过试验驯化的银狐。海尔用未经选育的对照组狐狸品系进行了同样的测试，这些银狐是以与驯化品系相同的方式饲养和安置的。

结果很有趣。家养银狐表现得像狗，倾向于遵循人类的指示。甚至小动物（或小幼崽，确切地说是小银狐）也是如此。但未经选育的对照组银狐则表现得像狼。它们不会根据人类的提示来寻找食物。[50]

其含义很清楚：驯化确实可以导致物种的认知发生未经选择的变化。交流－合作能力可以作为驯化的副产品出现。[51]

海尔的工作表明，交流－合作能力的提高是驯化综合征的特征之一。不利于反应性攻击的选择可能有助于动物读懂人类的指示，原因之一是反应性攻击源于恐惧反应。不利于情绪反应的选择减少了恐惧，而恐惧减少通常让狗比狼能够更长时间、更仔细地观察人类。恐惧减少是幼稚形态的表现。

后续对狼的研究支持了这样的观点：恐惧减少才是动物能够理解人类指示的原因，而非智力。事实证明，那些因幼年时与人类生活在一起而被充分社会化的狼能够通过倒置的碗的测试。因此，社会理解能力提高是由于情感系统发生变化，而不是智力出众。[52]

来自骨骼的证据表明，在反应性攻击方面，智人和尼安德特人之间的差异，类似于狗和狼之间的差异。尼安德特人无疑是高度社会化的，就像狼一样。尼安德特人的居住地有多个壁炉，睡觉的地方离得很近，他们可以在夜里翻身并互相触碰。但狗与狼的比较表明，智人反应性攻击的减少会导致更少出现脾气暴躁的情况，人们以自我为中心的支配更少，相互的关注更多。更少的恐惧，更多的相互凝视，以及更强的合作能力，可能使尼安德特人有足够的耐心且能够相互容忍，能够造船、储存食物、制造更复杂的武器，并更好地协调战士从而开展活动。

换句话说，如果尼安德特人是更好的合作者，他们可能已经能够抵御智人入侵者了。他们，而不是我们，可能最终成为留在这个星球上的智人物种。事实是，攻击性减少、更宽容和更合作的幼稚形态能力似乎给我们的祖先带来了优势，使尼安德特人的遗产在我们的 DNA 中只剩下一些碎片。

* * *

在家养动物中，合作能力的提高是不利于反应性攻击倾向的选择带来的偶然结果。因此，自我驯化很可能加强了智人的合作。然而，假定合作能力开始提高是非适应性的结果，显然这很快就变得有利了。合作是智人"主宰"地球的关键。

相比之下，另一种可能是由驯化综合征引起的，特殊人类行为在人类中没有已知的适应性功能。同性恋是我们物种的特征之一，从进化的角度来看，这仍然是耐人寻味的未解之谜。因此，新的可能性似乎值得考虑。若同性恋行为不是适应性的，那么也许是在人类中作为不利于反应性攻击倾向的选择的幼稚形态的副产品演变而来的。

人类的同性恋行为是适应性的，也就是说在遗传上是有利的，这一假设并没有轻易遭到否决。同性恋行为在野生动物中十分常见，而普遍存在的特征很可能是适应性的。在动物中，同性恋行为往往是适应性的。因此，进化生物学家在开始研究人类的同性恋行为时，倾向于采纳适应主义者的观点，想办法解释同性偏好是如何被自然选择所青睐的。我们对动物中的同性恋行为提出了一些构想。

在灵长类动物中，至少有 33 个物种有成年动物之间的同性恋互动记录。在大多数灵长类动物中，互动发生在两种性别之间。在一些灵长类动物中，雌性间的互动更为频繁；在另一些灵长类动物中，雄性则更为频繁。这些互动倾向很好地融入了普通的社会生活。从单配的到有多个育种雄性的大群体，同性恋互动发生在所有类型的社会体系中。[53]

同性恋行为在脑部较大的物种中尤为突出，在这些物种中，性行为摆脱了激素的控制。在灵长类动物中，同性恋行为发生在类人猿和猴类中，但在脑部较小的狐猴和懒猴中却不存在。许多鲸和海豚中也存在这种现象。雄性灰鲸在明显处于性兴奋状态时一起玩耍。雄性海豚利用彼此的喷水孔进行性交。生物学家布鲁斯·巴格米尔在其《生物繁荣》（*Biological Exuberance*）一书中对动物同性恋的论述也有关于不同物种的类似描述。[54]

仔细研究发现，同性恋行为可以是适应性的。夏威夷的黑背信天翁需要有两个父母才能成功养育雏鸟。在没有足够的雄鸟时，雌鸟会结成一对，其性行为包括求偶和拟交配。同性配对的雌性由已经交配过的雄性受精，雄性不理会产下的卵和雏鸟，这对雌性在没有雄性的帮助下把雏鸟带大。雌性－雌性配对产下的雏鸟的存活率比雌性－雄性配对的更低，但比未配对的个体更高。因此，它们的配对比其他可用的策略都能更好地传播基因。在有同性恋关系的雌性中，那些成功繁殖的雌性很可能在随后几年中转变为与雄性交配。[55]

　　在那些选择性伴侣不是为了应对异性伴侣短缺的动物中，同性恋行为有时似乎是适应性的，促进了有用的社会关系。在日本猕猴中，即使能接触到雄性，雌性也会与其他雌性形成临时的同性交配伙伴关系（或配偶关系）。在草原狒狒中，雄性形成联盟，一起对抗其他个体。盟友之间相互抚摸对方的生殖器，显然是为了显示他们对这一关系的承诺。[56]

　　如前所述，同性恋互动在雌性倭黑猩猩中尤为普遍。当雌性倭黑猩猩进入青春期，达到可以开始性交的年龄，就会抛弃母亲，离开自己出生的社群。它会进入邻近的社群，每个个体对它来说都可能是陌生的。雄性动物欢迎它，但雌性动物最初表现得不太友好。几周后，它被邀请与一个倭黑猩猩母亲发生性关系。从那时起，它会与所有成年雌性定期发生性关系，从而加入它们的社交网络。雌性之间的性互动无排他性，与许多其他雌性共享，而不是与某个偏爱的伴侣建立特殊关系。雌性倭黑猩猩表现得十分享受这些接触，这似乎是倭黑猩猩社会生活非常重要的一个方面。若雌性与雄性发生冲突，一声尖叫就会让其他雌性迅速前来支援，将雄性赶走。这种援助一视同仁，所有雌性都会互相帮助。雌性还利用同性之间的互动来缓解它们之间的紧张关系。因此，对倭黑猩猩来说，同性恋倾向可能是在它们从类似黑猩猩的祖先进化的早期，作为自我驯化的副产品出现的，现已被选择并演变成有用的行为。[57]

研究人员一直在寻找证据，证明动物从同性的性互动中获得的那种生殖或社会利益在人类身上也可能找到。理论上，人类可能像信天翁一样，在异性成员短缺的情况下形成同性伙伴关系。当然，伴侣的可得性影响着我们。监狱、学校、修道院和船舶等单一性别机构中的女性和男性通常暂时性地将性行为转向同性。然而，也有不论异性的可得性，许多人感觉到同性成员具有排他性的吸引力的情况。估计的各种同性恋偏好发生的频率有所不同。在20世纪40年代的美国，性学家阿尔弗雷德·金赛估计，5%的女性和10%的男性是同性恋或双性恋。随后的研究发现，对同性具有主要或排他性倾向的发生概率较低，女性为1%～2%，男性为2%～5%。由于定义和隐私方面的困难，任何精确的数字都是有争议的，但排他性同性恋倾向显然是人类的常规特征之一。同性性取向在一生中往往是稳定的，而且有充分的证据表明具有部分遗传性。这些特点使人类的同性恋与大多数动物不同。人类的同性吸引在一小部分人中特别强烈，且主要不是为了弥补机会的限制。[58]

人们已经探索出了同性恋对人类来说是适应性的几种可能的解释。一种假设是，同性关系在社会竞争中具有优势。同性恋男子可能会更强烈地支持对方，如像雌性倭黑猩猩和斯巴达战士那样。尽管这样的社会纽带可能确实是有益的，但生殖方面的益处似乎太少，不足以解释排他性同性恋的发生。例如，2000年在美国的60万对同性伴侣中，有34%的女性伴侣和22%的男性伴侣在共同抚养孩子，而在1 600万对异性伴侣中，这一比例为39%。[59]

同性恋者往往很少有自己的孩子，若这让他们能够给予遗传亲属以特殊的帮助，则其性取向在理论上可能是适应性的。在一些文化中，如萨摩亚，同性恋男子确实在帮助兄弟姐妹方面表现出比一般人更强烈的兴趣。但即使在萨摩亚，亲属效应也十分弱，无法解释同性恋倾向的演变；在其他文化中，如日本，没有证据表明同性恋者相较异性恋者对亲属表现出更大的兴趣。这些设想不合情理。[60]

排他性同性恋者的家庭规模较小，再加上没有证据显示他们为亲属提供了大量益处，这表明人类的同性恋行为在生物学上是非适应性的。这留下了耐人寻味的问题：为什么同性恋的吸引力在我们这一物种中如此普遍且持久。

不幸的是，同性行为并非适应性这一结论有时与对同性恋的负面观点相联系，似乎只有当某种特征因其适应性而进化时才应被正面看待。然而，无论一种行为的进化是因为它被直接选择，还是因为它是另一种适应性特征的副产品，实际上，它都不应该影响我们的道德判断。许多我们认为在道德上应受谴责的倾向显然是进化而来的，包括多种性胁迫、致命暴力和社会霸权。同样地，许多在道德上令人愉快的倾向并没有得到进化，如对陌生人的仁慈和对动物的友善。我们决定喜欢或讨厌哪些行为绝不应归因于我们对其进化历史或适应性价值的理解。在探索某一特征的适应性或非适应性解释时，不存在潜在的道德偏见或价值判断。[61]

有证据显示，排他性同性恋偏好十分常见，但不是适应性的，这使得其成为进化副产品的主要候选。以下几个理由表明这与不利于反应性攻击倾向的选择有关。

首先，已知具有排他性同性恋偏好的唯一非人类动物是家养物种羊。将在雄性羊陪伴下饲养的雄性羊羔分为两组。这种划分方式是用来观察它们一旦成年，对交配时介绍给它们的母羊作何反应。一组是异性恋者，在遇到发情期的母羊时，这些公羊的睾丸雄激素会上升，并对母羊产生充分的性兴趣。另一组是同性恋者，它们在与发情期的母羊互动时，没有表现出任何睾丸雄激素增加或性兴趣的情况，它们更喜欢雄性。在单性别群体中长大的公羊约 8% 有这种同性恋倾向。[62]

人们尚未对家养公羊的同性恋倾向提出适应性的解释。在野生羊群中，占支配地位的公羊骑在从属的公羊身上，以显示其统治地位，但这种行为十分罕见（在雄性群体的所有社会互动行为中占4%）。这显然意味着，同性恋偏好是驯化的偶然结果。[63]

动物生理学家查尔斯·罗塞利发现，在出生前睾丸雄激素水平相对较低的家养公羊更有可能成为同性恋，这一发现支持了上述观点。这种影响是由大脑的某个部分传达的，该部分在胎儿期对雄性激素有反应。异性恋公羊在下丘脑视前区的羊性oSDN（双态核）比母羊要大。在雄性同性恋中，这一区域较小，大小与雌性的更相似。这些差异似乎很关键。通过试验，缩小成年公羊的oSDN，往往会使其对性伴侣的偏好从雌性转为雄性。[64]

因此，对羊的研究表明，在出生前接受低睾丸雄激素暴露的雄性更有可能出现同性恋偏好。由于睾丸雄激素减少是驯化的常见影响，这个物种的同性恋取向最终似乎可以解释为不利于反应性攻击倾向选择的偶然结果。

有趣的是，人类大脑中似乎也有与性行为相关的性双态部分（类似于oSDN），即INAH3（下丘脑前部第三间质核）。异性恋男性的INAH3比女性大，而同性恋男性的INAH3为中等大小。

与公羊一样，人类的证据显示，出生前睾丸雄激素的变化可能影响同性恋倾向。测定产前睾丸雄激素暴露的标准方法是测量无名指（第四指）的长度与食指（第二指）的长度：产前睾丸雄激素暴露增加往往与相对较长的无名指有关。在美国、中国和日本对同性恋人群进行的最大规模的调查发现，同性恋女性的无名指相对较长，而同性恋男性的无名指相对较短。与异性恋男性相比，同性恋男性的脸形也有些女性化，身材较矮、身形较轻，这很可能是由于其在子宫内接触的睾丸雄激素相对较少。结果并不总是一致的，这些结论仍然有不确定性，尤其是在样本数量少的情况下。然而，总的来说，这些结论支持这一观点：产前雄性激素水平，尤其是睾丸雄激素，可能会影响性取向。一般来说，接触比正常水平更高雄性激素的雌性和接触比正常水平更低雄性激素的雄性，似乎成为同性恋的可能性更高，这与同性恋偏好是自我驯化的结果，并通过接触类固醇激素的变化形成这一观点相符。[65]

不幸的是，一般来说，人们似乎没有开展家养动物是否比其野生祖先对同性的性互动表现出更大的兴趣方面的研究。布鲁斯·巴格米尔列举了 19 种已知有同性恋行为的家养哺乳动物和鸟类，然而其野生亲属中也有这种行为。[66]

探究同性恋行为是否与驯化有关的第二个途径是观察人类的类人猿亲属——黑猩猩和倭黑猩猩。同性恋行为在黑猩猩中非常罕见，没有人认为它有任何一致的社会功能。同性恋行为在倭黑猩猩两性中皆有，这显然符合不利于反应性攻击倾向的选择有利于同性恋行为这一假说。可能的解释是，在倭黑猩猩中，产前接触的睾丸雄激素相对较少。在倭黑猩猩和黑猩猩中，雄性无名指比食指多出的长度，相较雌性无名指比食指多出的长度更长，这表明，与人类一样，无名指相对长度显示了产前睾丸雄激素的暴露指数。正如驯化假说所言，倭黑猩猩无名指的相对长度比黑猩猩短。有趣的是，人类无名指相对长度与倭黑猩猩而非黑猩猩的比例更相似。[67]

然而，正如我之前提到的，类人猿并不是检验人类自我驯化的合适物种。在我们祖先是类人猿的 200 多万年里，或在我们的祖先是类似于黑猩猩的森林居民的 900 万 ~ 600 万年里，发生了太多的事情。理想的比较介于现代智人和中更新世人之间，或者，若非如此，则是尼安德特人或早期智人。从以色列名为"卡夫泽"的遗址中发现的 5 个尼安德特人个体，以及从有 10 万年历史的智人中发现的一些数据十分引人注目。个体数量太少，无法给人太多信心，但尼安德特人的无名指（相较食指）明显比现代人长，而 10 万年前卡夫泽智人的手指长度比例介于现存人类和 5 个尼安德特人的比例之间。这些发现表明，现存智人确实受到了比尼安德特人更低的产前睾丸雄激素水平的影响，这与自我驯化假说相符。

倭黑猩猩广泛的同性恋行为似乎是幼年特征，作为不利于反应性攻击倾向选择的偶然结果保留至成年。雄性灵长类动物幼年时经常会阴茎勃起，在性互动中很容易趴到任何可得的伴侣身上，就人类观察者看来，这些互动在很大程度上是在玩耍。在对恒河猴的研究中，心理学家金·沃伦指出，幼年雄性动物趴在雄性和雌性身上的可能性相同。雄性进入青春期后，趴在其他个体身上的概率提高了5倍，而且几乎更多的是趴在雌性身上，成年后，它们几乎只趴在雌性身上。对雌性伴侣的偏好转变似乎起因于青春期睾丸雄激素的增加，以及与雌性交配的良好经验。[68]

来自羊、非人灵长类动物和人类的证据表明，驯化通常可能引起同性恋行为增加的演变。当然，还有其他重要因素影响着人类的同性恋行为，而且还有一些我在此处未加考虑的话题。对人类来说，主要的复杂性之一是，在女性和男性中，个体可以承担相对女性或相对男性的角色。例如，似乎那些承担强硬的男性化角色的个体比那些承担更为女性化角色的个体，更不可能具有较低的产前接触睾丸雄激素的水平。如果同性恋是不具生物优势的自我驯化副产品，为什么选择没有消除同性恋，这个问题也很吸引人。可能的答案是，直到有史时期，自我驯化一直在持续，选择无法强有力地避免偶然结果。

对具有同性恋取向的生物和文化演变的详尽解释还有待研究。然而，自我驯化假说似乎为理解人类的特殊特征提供了有用的新内容。从理论上讲，进化保留更年轻的性生理和认知，可能导致智人更多倾向于同性交配。我们可以预测：尼安德特人的同性恋行为比我们少。但遗憾的是，这个预测可能永远无法得到验证。

* * *

本章旨在看我们是否能将中更新世自我驯化的观点与人类温顺性

的其他解释区分开来。近年来，不利于反应性攻击倾向选择的假说预测，人类表现出行为上的驯化综合征，且这种综合征在很大程度上应该是幼稚形态的。

科学家长期以来一直声称，人类表现出一系列幼稚形态行为。不幸的是，这种说法在传统上是将人类与类人猿进行比较得来的，而这并不是我们需要比较的。理想情况下，我们应该与我们的祖先，即中更新世人的行为进行比较，而我们对此知之甚少。鉴于几乎没有关于他们的信息，尼安德特人是合理的替身。他们的文化比我们祖先的文化更有限。根据本章的证据，一种有趣的可能性是，尼安德特人对紧张局势进行快速的、具有攻击性的回应，因而学习社交和合作的能力受限。智人和尼安德特人之间的差异可能更多归因于情感而不是智力。[69]

智人已经自我驯化了30万年的证据，以及发生的方式表明，我们是十分不寻常的灵长类动物。但是，在解释我们的温顺性和合作能力时，自我驯化假说只能到这种程度。如果说在行为上，智人之于中更新世人，就像狗之于狼，或豚鼠之于野生豚鼠，或倭黑猩猩之于黑猩猩一样，则完全低估了现代人类的成就。狗、豚鼠和倭黑猩猩是讨人喜欢的温顺物种，而人类不仅仅是温顺的。

智力更高、学习能力更强是人类比其他家养动物取得更大成就的两个为人熟悉的原因。另一个原因，类似于自我驯化，被认为来自死刑。除了反应性攻击倾向降低和合作能力提高之外，死刑似乎为我们提供了新的道德体系。

第 10 章

关于道德心理学的三大难题

19 世纪末，一个名叫库拉巴克的因纽特寡妇住在格陵兰岛西北海岸的一个传统社区。她的儿子是个单身汉，身材高大，态度傲慢，他的幽默感令人讨厌。他完全不在乎别人的看法，经常戏耍他人，如让人家来帮忙，又用臭鸡蛋砸他们。要是你只有一件换洗衣服，洗衣服简直是噩梦，生活空间太小，被臭鸡蛋打中一定特别令人不快。

　　更糟糕的是，他还威胁到了其他男人的自尊。在因纽特文化中，丈夫可以和另一个男人共享他的妻子，这是合法的。这个爱搞恶作剧的人就利用了这种性规范，对女人撒谎，说她的丈夫邀请自己和她做爱。女人不明真相，就同意了。欺骗行为的发生，让女人的丈夫很生气。

　　身材魁梧的罪犯不以为然，但库拉巴克觉得十分羞愧。她认为有必要挽救自家的声誉，于是做了一个海豹皮绳索。一天晚上，趁儿子睡着时，她用绳索套住了他的脖子，将其勒死。责任最好是由一位家庭成员来承担。

　　库拉巴克会因为杀人而受到批评和惩罚吗？完全没有。她残酷的行为为自己赢得了尊重。她再婚了，而且作为当地的知名人士生活了许多年，"她那巨大而洪亮的声音总是在宴会上很受欢迎"[1]。

许多西方人会谴责库拉巴克，她以牺牲儿子的生命来彰显自己的道德感。但是，不管人们怎么争论某一道德困境的解决方法，至少有一件事是我们都觉得理所当然的：无论是狩猎采集者还是教皇，我们都遵循道德这一生活指南。

超越狭隘的个人利益这一观点使我们与动物不同，也产生了一系列关于人类并不自私但愿意谴责他人的生物学难题。以前，人们纯粹用宗教来解释道德感，现在则需要用到进化论来解释。和我们看到的一样，达尔文发起了这场"狩猎"活动。在各种有趣的想法持续了一个半世纪之后，关于道德如何进化及为什么进化的问题人们已经达成了相当普遍的共识。

人们普遍认为，道德心理学由两个组成部分。一方面，如心理学家乔纳森·海特所说，它包括为"开明的自我利益"服务的强烈倾向。[2] 我们的直觉反应往往对自己有利。这些反应也很容易解释，自私的行为让进化得以成功。

另一方面，人类非常有群体意识。我们看重忠诚、正义、公平和英雄主义。我们有时甚至会经历社会学家埃米尔·杜尔凯姆所说的"集体沸腾"，这是一种共同的敬畏感，可以让我们失去个人意识，感觉自己似乎正在构成更大的集体。这种倾向对人类高度合作极为有利，能让我们的行动更像蜜蜂，而不是像自私的黑猩猩。海特说过，"人类由 90% 的黑猩猩和 10% 的蜜蜂构成"。人类道德行为中的群体性成分会让更大的群体受益。

人类的群体性带来了一个极具挑战性的问题。从遗传学的角度来看，自然选择应该有利于那些严格意义上的自私行为。因此，情感进化为什么会使更广泛的群体受益，甚至会以牺牲个人的短期利益为代价，仍是一个谜。这主要有两种解释方式。

一种方式表明，群体导向的道德反应会进化是因为对群体有好处。查尔斯·达尔文、乔纳森·海特、克里斯托弗·博姆、塞缪尔·鲍尔斯，还有灵长类动物学家弗兰斯·德·瓦尔等人都曾表示，这些道德行为可能使群体在战争中更胜一筹。

发展心理学家迈克尔·托马塞洛提出，道德可以让那些无法靠自己获得食物的人得以生存。进化心理学家约瑟夫·亨里奇认为，道德可以帮助群体使用文化，或者如哲学家埃利奥特·索伯和生物学家戴维·斯隆·威尔逊所认为的，无论具体环境如何，道德得以进化是因为它促进了合作。[3]

然而，群体利益并不是道德可能进化的唯一原因。即使是在道德行为以个人的明显损失为代价带来群体利益时，个人行为实际上也可能是在为自己的私利服务。这种想法有多种形式。哲学家尼古拉斯·博马尔及其他人提出的良性版本是，群体导向的道德反应能够让个人形成有用的合作联盟。而一种更黑暗的形式是，道德只关乎自我保护。我曾提出，死刑是随着中更新世的语言出现的。此后，挑战主流文化的人可能会面临致命的危险。对社会反对意见的敏感度会受到前所未有的关注。因此，每个人都可能表现得道德正确，以此来保证自己能够生存下来。群体利益则变得没那么重要了。

克里斯托弗·博姆在其 2012 年出版的《道德的起源》一书中提出，人类道德的进化在很大程度上是对与自我驯化相同的"权力游戏"的回应：我们进化到对群体中男人的杀伤力感到恐惧。这个想法解释了为什么群体导向的道德情感在人类身上的表现远比在其他物种中更强烈。[4]

* * *

《圣经》中好心人的寓言故事讲述了一个人是如何帮助另一个不同教派的陌生人的。这个故事说明了道德吸引人的一大特点：道德原则可以促进利他主义。根据这一想法，从查尔斯·达尔文开始的进化论者通常认为道德只关注利他主义和公平。然而，做一个有道德的人不仅可以包括仁慈的行为，也可以包括顺从和暴力的行为。[5]

做一个有道德的好人可能意味着要克制自己。按照某些社会惯例，如果你克制自己，不出现人们认为"错误"的个人行为，如自杀、手淫等，你就能成为一个好人。

更重要的是，人们是否觉得一种行为是好的取决于这一行为是对谁做的，以及为什么做。库拉巴克杀死了自己的儿子，但在因纽特人眼里，她的行为是好的，因为她儿子是坏人。一种行为是否被认为是好的，也取决于"我们"和"他们"的关键区别。罗伯特·格雷夫斯在其自传中回忆起自己的学生时代："我们认为欺骗老师、对老师撒谎并不可耻，而老师这样对待同学却被认为是不道德的。"[6]在第二次世界大战的集中营里也是如此。[7]从狱友那里偷窃是"偷窃"，从狱警那里偷窃是"有组织的活动"。

就像欺骗、撒谎、偷窃，对他们来说在道德上是被允许的，杀人也是如此。1929年，人类学家莫里斯·戴维列举了一系列世界各地的例子，其中一个是由澳大利亚原住民提供的：

> 澳大利亚人有两套习俗，一套是针对群体内成员、同志或朋友的，另一套是针对外来者或敌人的。"一个部落的男性之间总存在着强烈的兄弟情谊，因此……一个男人总是可以计算出在危险中可以得到本部落每个成员的多少帮助。"但对陌生人则有不共戴天的仇恨，对待这些人，任何手段都是合理的。在托雷斯海峡的当地人看来，"无论是在公平战斗中，还是以背叛的方式杀死外国人，都功德无量，其他岛屿居民在战斗中被杀后，把这些人的头骨带回家也是一种荣誉和荣耀"。[8]

在第二次世界大战中，以及在柬埔寨和卢旺达犯下种族灭绝罪行的凶手们，都生活在道德界限过于明确的社会里。然而，大多数人并不是虐待狂，也不是意识形态的狂热者。他们都是不起眼的人，用传统的道德方式爱着自己的家人和同胞。人类学家亚历山大·辛顿在调查 1975—1979 年的"红色高棉大屠杀"事件时，遇到了一个叫洛尔的人，洛尔承认自己杀了很多男人、女人和孩子。"我把洛尔想象成一个令人发指的人，从头到脚都散发着邪恶的气息，但在我面前的是一个 30 多岁的穷苦农民，用在柬埔寨经常看到的那种宽厚笑容和礼貌态度迎接着我。"[9] 恐怖通常都与平凡相伴。人类学家阿兰·费斯克和塔赫·拉伊说过："人们伤害或杀死某人时，通常会这样做，因为他们觉得在道德上，暴力是正确的，甚至是必需的。"[10] 费斯克和拉伊考虑了自己能想到的所有类型的暴力，包括种族灭绝、巫师杀人、私刑、轮奸、战争期间强奸、战争期间杀人、故意杀人、复仇、欺凌和自杀。他们得出的结论很明确：大多数暴力都是由道德情感驱动的。因此，我在这里要遵循的道德定义并不限于利他主义或合作。我认为道德行为是受是非感引导的行为。[11]

对人类行为极具影响的道德情感源于史前时代的死刑，为了探讨这一观点，我思考了三个关于人类进化道德行为方式的问题。

首先是"好撒玛利亚人"问题。为什么人类会进化到比其他哺乳动物更能善待彼此呢？我们已经知道为什么自己条件反射式的攻击性比祖先要小，但攻击性降低并不能解释为什么我们会如此积极地帮助他人。

其次是关于我们如何做出道德决定的问题。在我们的判断中，情感帮助我们确定什么是对的，什么是错的，以及是什么样的选择性压力让人的情感变成了道德指南。

最后是关于道德的干扰方面。为什么我们会进化到不仅要监督自己的行为，还要监督别人的行为？

这些问题的答案，有时是根据群体优势来确定的。正如死刑的威胁所表明的那样，在史前时代，持异议的人会面临生命危险，这种想法就导致了不同观点的产生。

　　"好撒玛利亚人"问题涉及利他主义、合作和公平，这些类别的帮助行为统称为"亲社会"。根据动物行为的标准理论，引起亲社会行为的情感已经得以进化，因为这些情感会引导个体促进其基因的传播。亲社会行为主要通过两种方式传播我们的基因：我们帮助与自己有相同遗传基因的亲属，他们会分享我们的基因；或作为回报，我们投资那些帮助我们的伙伴，或者是那些至少被期望这样做的伙伴。这些互补的想法分别被称为"亲属选择"和"互助主义"，这两种想法可以很好地解释大多数非人类亲社会行为的情况。诸如狒狒、狼和宽吻鼻海豚等物种，部分个体倾向于对其亲属采取善良的行为，并且以自利的方式与熟悉的非亲属相互合作。人类也有亲属选择和互助主义。

　　但人类还做了其他事：对于那些不能指望其带来回报的人，我们经常对其采取了道德上的行动。"偷窃是不对的"或"撒谎是不对的"这样的道德规则并不仅限于家人和朋友。从理论上讲，这些规则适用于所有互动，甚至是在我们独自外出散步时，并没人注意到我们看见了一个装满了钱的钱包。规则的普遍性就是问题的所在。当陌生人是接受者，而自身行为由良知指导时，普通的生物理论并不能解释为什么我们应该亲社会。

　　自我牺牲越大，困惑感就越强。道德期望可能会让人杀死自己的后代，就像库拉巴克一样。道德期望可能会让人们为了他人而献出自己的生命，就像1912年非常英勇的劳伦斯·奥茨船长所做的那样，当时他走入南极的暴风雪中，再也没人见过他。显然，他认为自己的死亡可能会给罗伯特·法尔肯·斯科特的南极探险队剩下的三名成员留下足够的食物，让他们活下去。

　　也许你在对自己说，人类的智慧已经解决了这个问题。从理论上讲，道德行为可能仅仅源于人类所发明的、世代相传的、对社会有用的规则。赞成这种想法的人自然能从他们的教养中得到很多道德指导。库拉巴克的做法在格陵兰岛上是有意义的，但对于普通的纽约人而言，却是一种耻辱。奥茨船长从小就把荣誉视为美德的最高形式。根据这个想法，道德行为可能完全是文化灌输的结果。弗兰斯·德·瓦尔将此命名为道德的"饰面理论"，认为人类道德是一个纯粹的规则约束系统，是为缺乏道德的古代动物衍生行为所做的粉饰，就像涂在木箱上的高级漆面。[12]

然而，"饰面理论"并不成立，因为部分道德行为是由进化的道德情感产生的。没有接受过教育的儿童也有亲社会的倾向，这不是亲属选择或互助主义能解释的。发展心理学家费利克斯·沃内肯表示，18个月大的学步儿童会帮助任意一个请求帮助的成年人。例如，婴儿会捡起不小心掉落的物品，或者打开门让大人把玩具放好。重要的是，试验表明，这些帮助行为并不能解释为婴儿只是想与人交流，或是受人恐吓，或是受到刺激。他们只是想帮忙，即使是以他们自己为代价。试验者的碗空了，婴儿会把自己的食物让给试验者，或者为了别人而牺牲自己的玩具。[13]

这并不局限于亲社会性。我们不需要教导儿童去理解简单的好与坏。婴儿的道德态度已经通过木偶戏进行了测试。8个月大的婴儿观看了一个将反社会的木偶对其他木偶实施了恶意行为，然后一个好木偶伤害了反社会的木偶的表演。令人惊讶的是，婴儿更喜欢看那个好木偶。在我们会说话或走路之前，就已经会识别违反规范的人了，也就是那些因自己的反社会行为而被归类为"坏"的人。[14]

当然，教育是很重要的。它可以发挥双向作用，既鼓励亲社会行为，又鼓励反社会行为。人们常常期望宗教信徒以亲社会的方式行事，但实际上，宗教信仰并不总是道德仁慈的预测因素。[15]一项针对4个大洲、6个国家的1 170名儿童的研究发现，那些在宗教家庭中长大的儿童比那些来自非宗教家庭的儿童更缺乏利他行为。[16]但这些影响不一定是因为宗教有任何特别之处。心理学家保罗·布卢姆发现，好坏行为的强大影响来自各种社会投入，例如那些与个人身份和群体关系有关的投入。[17]

社会影响着我们所关心的东西，但进化产生了我们会关心这一事实。在这种互动中，天性有时会战胜教养。先天的情感，如对痛苦的同情，会产生强烈的道德直觉，让孩子们有时会相信自己的感觉，而不相信所谓的权威指令，如父母或老师的指令。就算是一名3岁儿童，也不会服从那些有可能产生有害结果的命令。[18]

从表面上看，成年人似乎比靠直觉的婴儿更理性，更不依赖自己的感觉，因为成年人会有意识地思考道德问题。成年人当然更善于表达，他们在解释某种行为时，会说"我认为这样做是对的，因为……"然而，在做出道德选择时，我们往往先行动，后思考。正如乔纳森·海特所说，道德推理通常是"一个事后过程，在这一过程中，我们寻找证据来支持自己最初的直觉反应"。海特将这一过程比作一个为政府秘密工作的新闻秘书的行为，"不断为那些真正的起源和目标不为人知的政策找到最有说服力的论据"。同样，我们生理上的情感也对自己的道德决定产生了重要影响。[19]

自1982年起，"最后通牒"游戏为研究道德选择提供了一个标准化的背景。该游戏允许调查者研究人们是否选择与陌生人分享资源。传统的经济理论预测，这些决定将由自我利益决定。然而，在全球30多个国家进行的测试显示，无论是狩猎采集者还是哈佛商学院，成年人和儿童通常都会自发地比经济最大化理论所预期的更加慷慨。这一结果让人类与黑猩猩有很大的不同，与其他非人类相比也极为不同。[20]

"最后通牒"游戏有两种参与者，捐赠者和决策者，由研究人员指导规则。研究人员告诉捐赠者和决策者，如果他们玩得好，就能分享一笔钱，否则研究人员将收回这笔钱。捐赠者和决策者要做的是就如何分钱达成一致。假设锅里有10美元，游戏开始时，捐赠者可以向决策者提供任何金额，0～10美元都行。然后决策者选择是否接受这笔钱。如果决策者接受了钱，交易就搭成了，决策者会收到这笔钱，捐赠者则保留剩余金额。但是——这是关键——如果决策者拒绝捐赠者的钱，双方都无法得到一分钱，游戏就此结束。这个游戏只玩一次，两位玩家永远不会见面，也不会知道对方的身份。

自身利益理论预测，捐赠者会给最少的钱（如1美元）。那么，决策者的最佳选择就是接受这部分钱，因为无论决策者怎么做，都无法产生更大的回报。

然而，事实上，决策者几乎全都拒绝了小额捐赠，如1美元，事实上，只要低于全部金额的1/4，决策者都会拒绝。决策者很清楚，自己这样做的结果会使两人都一无所获。换句话说，决策者在知情的情况下付出代价，来惩罚捐赠者过于吝啬的行为。在事后的采访中，拒绝小额捐赠的决策者描述了自己在被捐赠者不公平对待时有多愤怒。他们的行为由一种意识指导，即在道德上什么是对的，什么是错的。

在实践中，捐赠者通常表现得仿佛自己能预料到决策者会拒绝低价一样。平均而言，他们会提供大约一半的资金。这足以让决策者接受，让捐赠者和决策者都满意。双方都得到了一些东西。

决策者拒绝小额捐赠，不让自我利益最大化，几乎是一种普遍现象。不管他们是否会遇到捐赠者，决策者的行动原则都与经济利益最大化不同。

黑猩猩玩"最后通牒"游戏的方式与人类不一样。研究人员对"最后通牒"游戏进行了巧妙的修改，用食物奖励代替金钱，以表明圈养黑猩猩的行为与想象中的"经济人"一样，在这个物种中，个人总是想让自己的经济利益最大化。决策者黑猩猩甚至会接受捐赠者黑猩猩提供的最小奖励，与人类不同，它们从不拒绝"不公平"的捐赠。这种截然不同的情况让人们注意到了人类道德感的独特之处。[21]

* * *

因此，关于人类进化的道德心理学中第一个大问题是，为什么当我们给予或接受时，我们的行为不像"经济人"或黑猩猩。这些想象物种和现实物种都是理性的最大化者，而我们不是。比起理论经济学家的预测，人类给予的比应该给予的要多，而且我们会拒绝那些自认为不公平的捐赠。为什么我们会进化出这种明显的自我牺牲倾向呢？

正如我在前面所指出的，一种流行的解决方案是群体选择。群体选择理论认为，如果个体的自我牺牲能给群体带来足够大的利益，那么这种牺牲在进化过程中就会受到青睐。群体通常是指一个社会繁殖单位，如一个狩猎采集者团体。然而，在很多时候，从个人慷慨中受益的群体并不是一个社会繁殖单位。罗伯特·格雷夫斯对自己学生时代的回忆提醒我们，受益者可能只是特定社会网络中的子群体。群体作为一个整体的道德行为可能会让一部分人受益，而牺牲另一部分人的利益。

狩猎采集者就是一个令人心寒的例子。如果男性和女性之间存在利益冲突，道德规则通常会有利于男性，而牺牲女性的利益。澳大利亚各地的男性狩猎采集者把自己的女人当作政治棋子，要求妻子在特殊仪式上与多个男人发生性关系，将其借给来访的男人，或者送给与他们有争执的男人，来抵销债务或实现和平。妇女可能会被派至险境执行性任务。看到潜在的攻击者接近某一群体时，男性的一种反应是派妇女作为使者出去迎接他们。如果这些陌生男子愿意放弃攻击，他们就会与女使者性交，来表明自己的意图。如果不愿意，他们就会把妇女送回去，然后发动攻击。两个部落之间要建立和平，最后阶段几乎总是涉及交换妻子。显然，妇女们并不喜欢这些胁迫性的接触。1938年，人类学家阿道弗斯·皮特·埃尔金报告称，澳大利亚原住民妇女都生活在恐惧之中，害怕自己会被在仪式上利用。在这些文化中，所有这些都是普通男人的道德行为。男人们在剥削自己妻子和女性亲属的同时，又对彼此表现出亲社会的行为。说明这些行为对群体有利，即说明"群体"的定义具有极大的局限性。这些行为旨在对制定规则的已婚男性群体有利，但对妇女不利。[22]

强迫性的做法和对自我牺牲的不平等的期望让人怀疑道德行为必然"对群体有益"这一观点。我们需要用其他方式来解释自我牺牲行为背后的道德情感是如何演化的。[23]

* * *

道德心理学的第二个主要问题是我们如何将某些行为归类为"正确"，而将另一些行为归类为"错误"。那些寻找道德规则应用一致性的学者一直以来都存在两种主要观点：功利主义原则和义务主义原则。这两个原则有时会起作用，但也不是一直被遵循，这就意味着它们不能作为普遍性来解释。[24]

功利主义原则指出，人们的行为应该最大限度地满足普遍利益。有时遇到道德问题的试验对象符合这个想法。对哲学家来说，一个普遍的困境就是想象一列火车在轨道上飞驰。一位观察者看到这一场景，如果她什么都不做，就有 5 个人会死。但她可以拉动操纵杆，让火车改道，这样只会杀死 1 个人。她应该拉动操纵杆吗？ 90% 的受访者都说应该。拉动操纵杆比不拉动操纵杆能拯救更多的生命，因此能让总体利益最大化。这就是功利主义原则。

相比之下，义务主义原则认为，正确和错误是绝对的。你不能对此进行争论。有时人们反而会遵循这一原则。在一个测试中，受试者被告知，一位医生有 5 个病人，如果不接受器官移植手术就会死亡。她还有 1 个病人的器官可以用来拯救这 5 个病人，那么她是否应该杀死这 1 个人来拯救另外 5 个人？ 98% 的人认为不应该。当问及原因时，他们只是说杀人是不对的。

这两个案例表明，人在不同的情况下遵循不同的原则。在火车问题上，大多数人都遵循功利主义原则，而不是义务主义原则，义务主义原则认为杀人总是错误的。在医生问题中，大多数人遵循的是义务主义原则，而不是功利主义原则，后者认为幸存者越多越好。在现实生活中，许多案例也是如此不一致。一些反对堕胎的人认为，虽然一般情况下杀人是不对的，但杀死堕胎者却是合法的。

人们并不遵循普遍的道德原则。相反，道德决定受到许多无意识的、无法解释的偏见的影响。有三种偏见被研究得尤为透彻。[25]

"不作为偏见"让我们什么都不做。假设你正在照顾一个身患绝症的病人，大多数人宁愿故意不进行延长生命的治疗，也不愿意给病人注射致命的药物。我们宁可选择不作为，也不愿意选择作恶的行为。

"副作用偏见"告诉我们，不要让我们的主要目标是制造伤害。想象一下，你在指挥一次轰炸行动，无论目标是什么，都会杀死一定数量的平民。当你必须选择轰炸目标时，你是想命令轰炸机杀死平民以摧毁敌人的意志，还是想攻击军事基地以削弱敌人的军事实力？假设两种方式造成的平民死亡人数相同，大多数人更倾向于轰炸军事目标，让平民死亡成为不可避免的偶然结果。副作用偏见就是反对制造故意伤害。

"非接触性偏见"涉及身体接触。在其他条件相同时，大多数人更愿意采取行动，让自己能避免接触正在受到伤害的人。

这些强烈的道德偏见得到了心理学家的认可，但理由却引发了争论。心理学家费尔瑞·库什曼和莱恩·杨认为，这些偏见源于与道德无关的一般认知偏见。[26]然而，针对这种想法，如果对行为极为重要的影响只是预先存在的偏见的偶然结果，而不是有其自身的适应性逻辑，那就太令人惊讶了。其他人，如莫什·霍夫曼、埃雷兹·尤利和卡洛斯·纳瓦雷特则解释道，这些偏见对个人有用。这种解释与自我驯化假说非常吻合。[27]

* * *

关于道德心理学的第三大难题是，人类作为一个物种，为什么会进化到对抽象的是非概念如此敏感，让我们互相监督对方的行为，有时甚至会干预或惩罚某个自己不赞成的行为。

我们目前还不能确定其他动物（即人类所经历的原始版本）是否也有是非观念。可以想象，黑猩猩可能有温和的社会规范，换句话说，是对其他黑猩猩行为的期望。在瑞士，研究人员向圈养黑猩猩播放了一段录像，录像中野生黑猩猩猎杀猴子、对成年人有攻击性，或对婴儿黑猩猩有攻击性，包括杀死一只婴儿黑猩猩。观看影片的黑猩猩对杀婴场景部分观看得最久，这向研究人员表明，黑猩猩对这种不寻常的行为特别着迷。有趣的是，黑猩猩在观看杀婴场面时并没有表现出兴奋，这说明它们除了经历了纯粹的情感厌恶外，还经历了其他的东西。研究人员推测，黑猩猩对不赞成杀婴的社会规范做出了反应。他们认为，黑猩猩可能"对不影响自己的行为是否合适很敏感"。[28]

黑猩猩有社会规范这种可能性确实很吸引人。但就算它们有，与人类相比，这种敏感性的意义也非常有限。想想黑猩猩对真实杀婴场面的反应，而不是对视频的反应。

1975 年 8 月，帕森和波姆母女生活在坦桑尼亚贡贝国家公园，是灵长类动物学家珍·古道尔研究的由 60 多只黑猩猩组成的凯瑟克拉族群的成员。帕森大约 24 岁，波姆是她唯一的女儿，10 岁，属于青少年，已经开始交配了，很快就会和自己的后代定居下来。波姆表现得就像这个年龄段的典型雌性一样。它去哪儿都跟着自己的母亲，并经常与它的小弟弟——4 岁的普洛夫一起玩耍。

十几位母亲中最年轻的是 15 岁的吉尔卡，它们共同生活在凯瑟克拉社群中。吉尔卡 9 岁就成了孤儿，它怀孕过两次，但后代都没幸存下来。吉尔卡度过了艰难的童年，在生下自己第一个女儿奥塔时，吉尔卡真的很开心。

三周后，喜悦变成了悲伤。帕森和波姆发现吉尔卡和奥塔单独坐在一起，没有任何明显的征兆，帕森突然冲向吉尔卡。吉尔卡把奥塔紧紧抱在怀里，尖叫着跑开了。在跑了 60 米之后，帕森抓住了它们并发动了攻击。波姆迅速加入。吉尔卡进行了有效的防御，但两个攻击者配合得太好了。帕森抓住了奥塔，还把吉尔卡赶走了。被绑架的奥塔紧紧抱住帕森，帕森故意咬住它的头骨，冷静地赶走吉尔卡。吉尔卡亲眼看着帕森、波姆和普洛夫吃掉了奥塔。

这次主动攻击被证明是一种模式。在接下来的三年里，帕森和波姆至少又攻击并杀死了三只婴儿黑猩猩，也可能有 6 个之多。此后，人们观察到其他雌性动物也进行过类似的攻击。令人不安的是，这些杀手和受害者经常在一起玩耍，没有一丝敌意，显然与任何可能的暴力无关。然而，婴儿黑猩猩很脆弱。竞争者怀中有一个特别无助的婴儿黑猩猩这件事似乎在雌性黑猩猩头脑中激起了一些黑暗的东西。用古道尔的话说，这就像打开了开关。不知怎的，看起来没有任何征兆，熟悉的伙伴就变成了敌人。

这种可怕的行为不仅仅是为了得到肉食。那些被帕森和波姆杀死的婴儿黑猩猩的母亲在大部分时间里都和折磨它们的同类待在同一地区，争夺接近最优质果树的机会。害怕遭到致命攻击可能会让竞争对手远离。在接下来几个月里，这些攻击可能会为凶手们带来额外的食物，这意味着杀婴行为是以牺牲除凶手家人以外的所有人的利益为代价的自私行为。它们所做出的并不是思想崩溃的新奇行为，而是一种适应性行为，其他个体可能会对此做出反应。[30]

然而，贡贝的生活依然如故。受害者的母亲倾向于避开这对凶手。有时，帕森和波姆发动攻击时，警觉的雄性会进行干预。雄性往往会保护较弱的雌性。雄性同样会支持新的雌性移民，反对长期居住者，显然是为了鼓励它们不要离开这个族群：雄性对雌性之间的冲突进行监督似乎是出于一种自私的目的。即时保护是它们做得最多的事。大多时候，帕森和波姆占上风。痛苦普遍存在：紧张局势的加剧，婴儿的死亡，母亲丧子，成年雄性失去后代。从长远来看，由于成员数量减少及母亲之间合作的减少，这个族群被削弱了。

如果成年雄性一致行动，当然可以阻止帕森和波姆，因为雄性的协作能力是很强的：它们可以杀死主要的成年雄性，却让自己毫发无损。但是，尽管雄性有办法惩罚或杀死帕森和波姆，它们却没有这种想法。

这与人类的对比极为明显。像帕森和波姆这样的人可能永远不会逃脱惩罚。人们会期待人类的杀婴凶手迅速遭受猛烈的舆论攻击、追捕、逮捕、审判、监禁或处决。

人类会比黑猩猩更严厉地惩罚违规者，而且人类会比黑猩猩更慷慨。1871 年，达尔文写道："一个有道德的人能够比较自己过去和未来的行为或动机，并能够支持或不支持它们。我们没有理由认为，任何低等动物也具备这种能力。"[31]

后来的证据支持了达尔文关于人类与其他动物之间存在差异的说法。即使是最令人印象深刻的亲社会灵长类动物，如黑猩猩和卷尾猴，也是如此。它们有同理心、能换位思考、具备关心和自我抑制等能力，这些都是人类在做出道德决定时会使用的。但这些能力只是起点。它们具备能够做出道德决定的心理基础，但不足以创造出有道德的人。用弗兰斯·德·瓦尔的话说，"我们有道德体系，而猿没有"[32]。

只有人类有群体标准，能够决定对与错的关键区别，因此，第三个问题不仅涉及理解为什么人类对于什么是对、什么是错很敏感，而且涉及理解为什么人类而非黑猩猩会惩罚那些做错事的人。

＊＊＊

我罗列的三个道德问题涉及为什么人类特别亲社会，为什么我们在决定对与错时受到引导，以及为什么我们如此上心地在看到错误行为时准备进行干预。克里斯托弗·博姆建议，解决这些问题的方法在于关注小群体的幽闭环境，在这种环境中，死刑是对麻烦制造者的一种现实威胁。

博姆在 2012 年写道："无论何时，人类群体会对平等主义变得激进。从逻辑上讲，对于一个群体的初始类型来说，非常小心地控制其统治倾向，使其变得具有高度适应性……随着时间的推移，猿类基于恐惧的遗传的自我控制会得到强化，因为出现了某种其他动物不可能进化出的原始意识。"[33]

让我们像博姆那样假设，在使用联盟式主动攻击的第一阶段，下属的力量无非是用于反支配行为，以控制专横的雄性。而雌性基本上不会受到影响。雄性会选择针对野心家或坏脾气的身体攻击者。只要能完成任务，下属如何轻易地加入联盟并不重要。正如我在第9章中所讨论的那样，反支配性联盟将产生针对高反应性攻击倾向的选择。慢慢地，雄性动物会生来就有温和的脾气，试图在生理上欺负其他动物的雄性数量会变得越来越少。自我驯化已经开始了。

在这个产生更平和的物种的初始阶段，道德情感不会受到什么影响。联盟新发现的目标只有那些好斗的雄性。

下一阶段对道德感的进化至关重要。在发展杀死身体强壮的首领的能力时，下属雄性发现了一种不可抗拒的联合的力量。它们现在可以联合起来杀死任何个体。因此，所有类型的麻烦制造者都处于危险之中。从理论上讲，任何与杀戮联盟利益不相符的行为都会引发恐吓性威胁。在男性长者的力量面前，妇女和年轻男子就像专横的恶霸一样容易受到伤害。

游牧的狩猎采集者就像生活在一般的小规模社会中，有抱负的首领并不是"表亲暴政"的唯一受害者。年轻男子可能会因招惹长者的妻子而被处决。妇女可能因打破了看似微不足道的文化规范而被处死，例如，看到"魔法号角"，或者发现男人的秘密，或者与错误的男人发生关系等。任何违反男人们所制定的规则的人都会被处决。

其结果就是产生这样一个社会：男性联盟掌握权力且使用权力。人类学家亚当森·霍贝尔记录了小规模社会的法律体系。他发现，信仰体系通常建立在宗教声明的基础上，如"人类从属于超自然力量与精神生物，它们在本质上是善意的"[34]。这种想法提到了人类无法控制的力量，从而让信仰体系合法化。接下来会有一系列的假设。对因纽特人来说，假设七是"妇女的社会地位不如男人，但其在经济生产和育儿方面必不可少"[35]。没有一个社会推断出相反的结论，即男性的社会地位可能不如女性。

人类学家莱斯·希亚特总结了这个澳大利亚原住民社会产生的影响。女性往往有强烈的独立传统与文化自主传统。在某些地方，她们有秘密社团。她们可以对女儿的结婚对象有最大的选择权。但是，尽管女性并不屈从于人，但两性之间并不平等。对发现男性秘密的女性的制裁包括强奸和处死。相反，对于闯入女性仪式的男子，却没有任何人身报复。男子可以与邻近的社群聚会，而女性则没有同等待遇。男性可以强制让女人为全部男性的秘密仪式提供食物，或为有需求的男性提供性服务。由男性控制的宗教知识证明了男性的统治地位。诸神对他们很仁慈。[36]

长者决定什么是反社会罪，这就解释了为什么在狩猎采集者中，被处死的不仅仅是那些过分好斗和暴力的人。在因纽特人看来："威胁和虐待可能导致同样的结局。讨厌的人首先遭到排斥，如果他继续做出令人厌恶的行为，就会被惩罚。"在整个因纽特人的土地上——从格陵兰到阿拉斯加，都有关于处决骗子的报道。每个地方都是如此。男性联盟按照他们制定的规则控制着生与死。[37]

当然，大多数冲突在升级到死刑之前就已经得到解决了。一旦男人通过控制死亡来主宰社会，他们的话就成了法律。每个人都知道顺从有多么重要。人们接受了不平等。男人得到了最好的食物，拥有了最大的自由，成为群体决定的仲裁者。

博姆将在游牧狩猎采集者中发现的男性关系的平等主义系统称为"反向统治等级"。这个术语承认，任何可能的首领都会受到男性联盟的支配。其他人更喜欢"反支配等级"这个词，因为被联盟打败的男性首领会成为联盟的一部分，而不是完全颠覆他的地位。[38]

在中更新世期间，第一次打倒首领霸主的革命赋予了新的领导者非凡的权力。以前处于从属地位的男性发现自己甚至可以控制最强壮的战士，也就发现了自己可以通过其他方式去实现目标。他们是否私自使用了自己的新力量？历史学家和政治家阿克顿勋爵那句熟悉的箴言肯定适用："权力导致腐败，绝对的权力导致绝对的腐败。"大约30万年前，男性发现了绝对的权力。在死刑出现之前，他们肯定已经对女性有了单独的支配权，就像黑猩猩一样。然而在那之后，男性对女性的支配采取了一种新形式。它形成了特殊意义上的父权制，即基于制度的男性统治。这个系统网络由成熟男性组成，并保护男性的共同利益。[39]

* * *

在由刽子手控制的社会里，死亡是一把悬在异类头上的"达摩克利斯之剑"。在这种情况下，选择会倾向那些将被视为社会弃儿的，风险已降到最低的人。这意味着，每个人都需要知道哪些行为是"正确的"，哪些是"错误的"，搞错了可能会致命。我们的祖先——那些成功地与这个危险世界谈判的人，是那些把事情做对的人。

从这个角度来看，我所引用的三个难题似乎可以解决。

第一个难题是，为什么我们比亲属选择和互助理论所预期的更亲社会，或更慷慨。在更新世，自私的个体会冒着被打的风险抢夺他人拥有的资源。好战的平等主义者联盟有能力打败他们。因此，选择将有利于那些拥有自发的慷慨性和非战斗性的人，通过最大限度地减少自私冲动，增加自己帮助他人的倾向，以使自己免于遭遇这种风险。

基于博姆对狩猎采集者的了解，这一过程有利于整个社会群体。他写道："之所以会惩罚异类，是因为人们感觉受到了社会掠夺者的威胁或剥夺，但从更大的意义上说，也是因为具有社会破坏性的不法分子明显削弱了一个群体通过合作获得财富的能力。"[40]

博姆在此的论点是，联盟可能会根据自己对群体利益的评估来做出集体决定。从当代狩猎采集者的情况看，能够决定死刑的人主要是已婚男子。如博姆所言，有时他们关于谁是"社会破坏者"的决定确实会对整个群体有利。压制偷窃、打架和反社会游戏往往对所有人都有好处。

然而，出于更自私的动机也有道理。男人可以执行父权制规范，允许自己交易女性，把女性作为性工具和政治棋子，甚至殴打女性。因此，尽管联盟通过惩罚异类来促进亲社会性，但不一定能促进整个群体的福利。

无论如何，群体中任何人都可能因反社会行为而受到谴责。因此，亲社会行为会得到极大的奖赏。

第二个难题是我们如何做出道德决定。是什么让人类将一些行为归为正确，而将另一些行为归为错误？为什么人类会被自己的内部偏见引导，而不是让一般规则来决定某一行为是否道德？

不作为偏见、副作用偏见和不接触性偏见导致了不同的结果，但每一种偏见都在拉开道德行为者和个体行为之间的差距——"我什么都没做""那不是我的目标""我从未接触过他们"。这些说法似乎是为了对不当行为的指控进行辩护。

在一个道德标准不确定、要为做出错误决定付出沉重代价的世界里，自我保护是有意义的。想象一下，一个人面临着一个决定，但不确定主导联盟将如何评判自己的行为。任何做了"错事"的人都有可能被视为不守规矩的人，甚至是异类。因此，可否认性成为做出最佳决定的重要标准。在这种自我利益的观点中，理想的道德行为保护个人免受"表亲暴政"的潜在谴责。

乔纳森·海特说过："在密集的网络流言中，生活的第一条规则就是警惕自己的所作所为。第二条规则是人们认为你做了什么比你真的做了什么更重要，所以你最好能够将自己的行为定格在积极的角度。你最好能成为一个好的'直觉政治家'。"[41]

因此，可以将这三种偏见看作为免遭批评而进行的自我帮助机制。每一种都有助于行为人否认自己所做过的、可能被认为是不受欢迎的事情。这些偏见会受到选择的青睐，因为它们保护个人不会因为无意中做了错事，也就是做了联盟不喜欢的事，而遭到排斥。我们保留了古人无意识的直觉。当我们在《心理学101》的道德测试中受试时，对少数人选择的惩罚其实是微不足道的，但返祖的本能会促使我们采取行动，好像后果依然很严重。本能鼓励我们避免做出不受欢迎的决定。

当我们有时间思考自己所做出的道德决定时，通常会求助于自己的良知。门肯称之为"内心的声音"，警告我们可能有人在看。他似乎说对了。根据心理学家皮特·德西奥利和罗伯特·库尔茨班的说法，良知是一种自我防御机制。"通过自然选择，"他们写道，"人类有了越来越复杂的道德良知，以避开道德暴民。这些认知机制会前瞻性地将个人的潜在行为与一系列道德错误进行比较，以避免可能引发的第三方同等谴责的行为。"良知保护我们的祖先不做出那种可能让自己被指控为异类的行为。自卫再一次解释了人类的道德动机。[42]

第三个难题是，为什么人类对正确与错误如此敏感，敏感到不仅自己努力做正确的事，还监督对方的行为，并惩罚那些被判断为做错事的人。答案似乎很清楚。个人需要保护自己不被认为是不守规矩的人。

我们已然明白麻烦制造者为什么会受到惩罚：共谋联盟的成员拥有绝对的权力，他们通过消除问题而获益。权力是绝对的，因为惩罚相对容易。简单的预测公式就是，通过执行协调计划，大联盟可以遣走一个孤独的社会弃儿，而自己受到身体伤害的风险极小。在组建联盟的过程中，或者在决定杀戮是适当的行为时，往往有许多复杂因素，但杀戮本身并没有风险。因此，处决会因各种罪行而发生，其中部分罪行对于没有浸淫于这种文化的人来说似乎是微不足道的。当然，一旦这个系统付诸实施，就意味着犯罪者要努力辩解，以避免受到最终的惩罚。因此，团体中高级成员的几句话就足以提醒人们，顺从有多么重要。人们对是非的敏感是可以理解的，这是对犯下极端危险错误的一种进化反应。

这种对道德价值的敏感性也在生物学上嵌入了新的情感反应。突出的人类情绪，包括羞愧、尴尬、内疚和被排斥的痛苦，并不会发生在动物身上，但这些都是发生在人类身上的普遍现象。这些情绪并非自愿且很痛苦，已被解释为在个人社会地位受到损害后对社会群体的承诺机制，而这确实是让人信服的。

在表达羞耻时，人们承认自己有某种缺陷，如作弊、身体虚弱、无能，甚至是有病。人们这样做是因为认识到自己的价值比以前想象的还要低。羞耻感是承认自己违反了社会规范，因此提供了一种讨好性道歉的恢复性力量。羞耻感似乎是为了保护人们免受可能导致社会性死亡或身体死亡的折磨。[43]

同样的论点也适用于尴尬，它同样承认了一种社会失误。在情感上，尴尬和耻辱都是痛苦的感觉。从行为上看，则由几个精心编排的表演来展示。在被冒犯（通常是无意的）后不到 1 秒钟，感到尴尬的人就开始发出持续 2 ~ 3 秒的信号。他向下看，转头（主要是向左），微笑，通过吸嘴唇或偷看来控制微笑，还经常性地摸脸。同时，脸红的时间更长，在信号开始后几秒达到顶峰。与羞耻感一样，尴尬的强度取决于个人对他人想法的感知。这种精心编排的反应证明了其在进化过程中的重要性。[44]

几十年前，社会学家欧文·戈夫曼提出了一个广受支持的解释，即尴尬是用来恢复已经出错的社会关系。那些在社交失误后没有表现出尴尬的人更有可能遭到否定，而那些容易脸红的人则会挽回自己的地位。执行假说就社会地位为何如此重要给出了解释。被积极地看待是值得的，被消极地看待却是潜在的灾难。某人不小心侮辱了自己的上司后还不道歉，有可能遭受被抛弃的可怕命运。[45]

内疚是另一种痛苦的情绪，有助于修补社会关系。内疚被定义为"一种因相信自己伤害了他人而产生的痛苦情绪"，涉及承认错误。人们认为，接受指责是为了抑制对他人的自我主张的攻击，而将其转移到自己身上。对悔恨的相关表达再一次为得到谅解做了铺垫。[46]

在一次事件后，社会心理学家吉卜林·威廉姆斯对受到忽视或遭受排斥的痛苦进行了调查。当时他正在公园里休息，有两个陌生人在附近扔飞盘。飞盘碰巧落在了他身边，于是他就把飞盘扔了回去。随后又进行了几轮投掷。但后来，这几个陌生人不再把飞盘扔给他。威廉姆斯感觉自己被排斥了。作为一个社会心理学家，他意识到自己经历的社会痛苦的强度与遭遇的重要性完全不成比例。他推断，被排斥的痛苦反映了古代人对更激烈的社会世界的适应。这让威廉姆斯利用自己发明的网络游戏进行了一系列研究，该游戏名为"网络球"。[47]

威廉姆斯和其他人的测试表明，仅仅与陌生人玩了两三分钟，然后被排除在外，就会引起悲伤、愤怒和一系列负面情绪，包括疏远感、抑郁、无助，甚至对生活的意义感降低，这些都是可预见的。这些影响并不取决于受试者的个性，也不取决于自身是否觉得与被排斥者相似。受试对象经历了部分大脑激活，即背侧前扣带皮质，身体疼痛也会被激活。简言之，被排斥会引起一系列迅速而强烈的神经编码反应，这些反应往往令人非常不快。在更新世，排挤行为可能更多涉及家庭成员而非陌生人。出于受到社会孤立的潜在危险，人们倾向于选择强烈的情绪反应。[48]

正如我们今天的情绪已经适应了一个需要人类在社会上走钢丝的早期世界，人类目前的思维方式也已适应了如何将我们从古老的、存在致命危险的假象中拯救出来。我们必须使用自己的思考能力，因为一种文化所确定的"正确"和"错误"可能不尽相同，正如我们在库拉巴克杀人事件中看到的那样：对道德问题的自动反应是不够的。我们的祖先必须了解某种文化认为什么行为是合适的。学习文化规范的进化系统名为"规范心理学"。

规范是"群体共享并执行的习得行为标准"，换句话说，规范是每个人都要遵守的规则。规范心理学是"一套处理规范的动机和倾向的认知机制"[49]。约瑟夫·亨里奇认为，人类的规范心理是为了保护自己不受社会陷阱的影响而进化出来的。[50]一旦人类意识到某项社会规则不利于私利，选择就会倾向于在精神上内化该规范，找到违规的人，并做出适当反应（如排斥违规者）。这就是为什么就算是三岁的小孩，在看到另一个孩子或木偶"错误"地使用了铅笔（与告知他的"正确"方式不同）时，也会指出对方的错误。

* * *

继克里斯托弗·博姆之后，本章的核心思想是，人类的道德心理是在一个被社会抛弃的人比今天大多数人更危险的时期形成的。所有学者都清楚，道德行为的本质是社会性的，而且人们普遍认为很多道德行为与避免责难和给予责难有关。然而，基于合作的好处来确定道德起源的其他方案，通常没有将社会无能的代价说得像执行假说那样高。当不守规矩的风险是遭到处决时，人们很容易想象到，出于道德敏感性的强烈的选择，你会成为群体中的一员。

想想库拉巴克的儿子，他冒的风险确实很大，而且他输了。过去，许多地方也是如此处理异类的。令人不安的是，这种有效的社会控制，让博姆的道德起源理论具有吸引力。

如果博姆是对的，人类理所当然为之感到自豪的新心态的起源比我们通常所想的更黑暗。让人类祖先产生良知和谴责的力量始于男性争夺新权力的革命。它以具有两种主要社会影响的"表亲暴政"结束。

一方面，用海特的话说，这种心态有束缚，也有建设。它约束社会遵循道德的原则，促进合作公平，保护人们免受伤害，给世界带来了一种新的美德。客观来说，每个人都可以从中受益。

另一方面，它也带来了一种新的支配地位，因为单个首领的有限权力变成了男性联盟的绝对权力。

第 11 章

联盟式主动攻击与阶级社会关系

1886 年，达尔文提出人类是猿类后裔的观点后，罗伯特·路易斯·史蒂文森发表了有史以来第一个关于人格分裂的故事。《化身博士》展示了做好人的诱惑与做坏人的诱惑之间的心理冲突。这个故事表明，人类倾向于表现良好是出于人性，而倾向于表现不好则是由于内心的"猿"。然而，还缺少一个关键特征。攻击性在海德身上表现得非常突出，但在杰科身上却受到压制，杰科的攻击性几乎都是被动的，很少看到主动攻击。

小说中的杰科是伦敦的一名医生，他优势众多，是富有的皇家学会会员，英俊、勤奋、有抱负、受人尊敬，而且是有道德的思想者。他是一个"非常有礼貌的人"[1]。

他的另一个自我，海德先生，"脸色苍白，身材矮小，是怯懦与大胆的凶残混合体"。海德很容易发脾气，他随意殴打儿童，还在愤怒中杀了一个老人。海德"就不是个人！要说的话，就是个土栖动物"[2]。他的手毛茸茸的，跳起来"像只猴子"[3]，攻击时"就像猿一样愤怒"[4]。

"这场辩论的条件，"用杰科的话说，"和人类一样古老而平凡。"[5]这个故事描绘了人都会与自己的黑暗面做斗争，而这个故事的道理鼓舞人心。最后，杰科打败了海德，善良获胜。道理似乎是，只要我们足够努力，就能达到人性的理想标准。难怪这部小说引起了广泛共鸣，出版后 6 个月就售出了 4 万册。维多利亚女王和时任首相都读过这本书，它还为奥斯卡·王尔德和阿瑟·柯南·道尔的心理剧提供了灵感。人们认为这本书是"深刻的寓言"和"对人性深处的奇妙探索"。[6]

善与恶的争论可能是"老生常谈"，但史蒂文森的故事为公众开辟了新天地。在这本书出版的 14 年前，即 1872 年，达尔文出版了《人与动物的情感表达》。而此时，史蒂文森正在接受达尔文进化论思想的挑战。《化身博士》暗示，人类良好行为的倾向是从过去更邪恶的非人类演变而来的。

当然，史蒂文森是对的。在当代，我们可以同意他的论点，承认几种方式，其中包括人类特有的善根植于生物学。人类的大脑允许我们对皮质下的情感刺激进行皮质控制。自我驯化解释了我们没有猿那么容易被激怒的原因。如果没有人类自我驯化的进化史，诱惑会更强，相应地，人们也更难抵制。此外，道德感官的进化增加了新的感觉来指导人类文明。如果人类只是比自我驯化的猿类更聪明，那么人类会变得更害怕冒犯他人，更愿意顺从，也更渴望帮助。

这些过程所产生的结果充斥着我们的生活，从篝火旁的轻声交谈到应对自然灾害时的全球主动帮助。人类的优点战胜了过去的野性，这种观点是合理的。我们已经进化成了非常善良、善于合作的物种，自私的冲动没有过去那么顽固。我们拥有比黑猩猩或中更新世人更好的抵抗诱惑的能力。我们已经拥有了很多美德。

然而，如果说史蒂文森的故事是一个关于善恶进化的寓言，那么存在一个问题：这个故事不完整。在降低反应性攻击倾向的同时，主动性攻击应该成为主角。《化身博士》中遗漏了主动性攻击行为，这可能有些让人失望，因为它限制了小说对人性的陈述，但又不像人类社会进化情景中所遗漏的那样令人遗憾。然而，一个类似的失败是，进化人类学家很少关注主动性攻击。我们已经看到两个例子，都说明死刑在驯化人类、赋予人类道德感方面的重要性。处决只是人类采取主动暴力的诸多做法之一，这些做法渗透到人类社会，让人类的社会生活与其他动物的社会生活有着本质区别。

我已经解释了主动性攻击行为似乎应对美德负责。在本章和下一章中，我考虑了其对比性后果，主动性攻击应该对让人类成为特别暴力、专制的物种负责。主动性攻击为我们提供了一把解决人性悖论的钥匙。

* * *

联盟式主动性攻击是一种特别重要的行为，也是本章中的一个常用语。这个短语听起来很简单，但其影响已大大超出了它的直观含义，因为它是一个更长、更笨拙的短语的缩写。

"联盟"表明在协作的暴力行为中有几股单独势力。"主动"也是根据其标准定义使用的，指的是一种"有计划、有意识的，而不是自发的，或与激动状态有关的"行为，并且"用于追求实现一个目标"。因此，在这个层面上，这一短语很容易理解：一群人联合起来发动蓄意的攻击。[7]

我提到的进一步含义又增加了另一层意思。有计划、有预谋的攻击行为只有在它有合理的机会取得成功时才有意义：没有人会计划失败。因此，通常情况下，联盟式的主动性攻击行为会带有这样的暗示：攻击者之所以主动出击，是因为他们知道自己能够获胜。因此，"联盟式主动性攻击"这一短语所包含的隐藏信息是，存在着有利于攻击者的巨大的权力不平衡。除非攻击者知道自己拥有绝对的权力，否则他们不会计划发起突袭。

因此，更准确、更详细的短语应该是这样的："联盟式的主动性攻击，权力严重失衡，对攻击者十分有利，他们确信自己会赢。"考虑到这样表述如此烦琐，我把它简称为"联盟式主动性攻击"。

战争暴力通常是以联盟式主动性攻击为主的。经典风格就是，一方突袭另一方，之后另一方也会同样出其不意地进行报复。单方互相侵略的事件继续发生。我会在下一章讨论战争的演变。

在政治系统内部，有效维护公民社会也取决于联盟式主动性攻击。国家用它来打击罪犯、恐怖分子、帮派或有权力的竞争对手。国家权力是社会的"基石"，没有它，国家很快就会陷入混乱之中。

* * *

主动性攻击在人类、黑猩猩、狼和部分物种的生活中具有极大的影响，但在许多物种中，很少发生或根本没有发生过主动性攻击。这让它与反应性攻击表现出明显的不同。

想象一下，你正在乌干达基巴莱国家公园的热带森林中散步，没有什么比停下脚步，闭上眼睛简单聆听更快乐的事了。几乎在一天中的任何时候，你都能听到莺和昆虫的颤音，布谷鸟不停地鸣叫，时不时还有犀鸟的叫声、疣猴的嘀咕声，甚至偶尔还有黑猩猩的吼叫声。入夜后，青蛙、蝙蝠和夜莺的叫声成了蝉、丛猴和猫头鹰的背景音乐。宁静似乎占了上风。"寂静柔和，夜色明媚，都是甜蜜和谐的点缀。"[8]

天真无邪的人啊。只有在我们的耳朵听不太清楚的时候，树林里的咿呀之声才会带来慰藉。抚慰的声音大多是由男性发出的，绝大多数讲述着典型的男性行为：炫耀、捍卫领土、威胁邻居、召唤盟友、吸引雌性。他们讲述着武器和侵略计划的准备情况。人类听众可能会感觉很轻松，但呼叫者却并不轻松。睾丸雄激素分泌旺盛，男性大声叫喊、咄咄逼人。甜美和谐证明了反应性攻击的普遍性。

然而，在这些旋律优美的物种中，几乎没有一个表现出主动性攻击倾向。

相对而言，主动性攻击如此罕见，除人类外似乎一度没有动物具有这种攻击性。1966 年，康拉德·劳伦兹在英文著作《论侵略》（*On Aggression*）中称，进化阻止了动物们的蓄意自相残杀。他指出，在战斗中被打败的狼会翻身，将自己脆弱的脖子暴露给胜利者。胜利者就会停止发动进一步攻击。劳伦兹认为，狼为暴力进化提供了一般教训。关于暴力进化的一般教训，他认为，自然选择让物种抑制杀害同一物种的成员。劳伦兹认为，人类之所以能够以相对容易的方式杀人，是因为武器让我们能够在远处杀人，所以武装起来的人类不会受到屈服的抑制信号的影响。劳伦兹的说法表明，人类蓄意杀戮是技术进步的不幸后果。[9]这种说法有一定的道理。毫无疑问，通过邮件寄出有毒的巧克力比亲手交给受害者更容易，扔炸弹比面对面射杀一个恳求放过的人更容易。

但后来人们开始密切关注野生哺乳动物。人们发现，与劳伦兹的想法相反，主动杀害同一物种成员的行为并不局限于人类。

在非人类哺乳动物中观察到的一种主动性攻击行为是杀婴，即成年动物故意杀死婴儿。雄性和雌性成年动物都会出现杀婴行为，但对两者会产生不同的生殖影响。劳伦兹的《论侵略》出版后不久，人们首次记录到灵长类动物中野生印度灰叶猴的杀婴行为。在野外很容易看见灰叶猴，因为它们的栖息地相对开放，群居，且很多时候都在地面。群体中有许多雌性，通常超过 10 只，但只有一只繁殖雄性。繁殖雄性并不固定，一只雄性打败了前一只雄性就能获得地位。雄猴与新的挑战者搏斗，保持其繁殖雄性的地位，直到最后被打败而离开群体。1969 年 7 月，灵长类动物学家莫农特在焦特布尔的一个近沙漠环境中研究一个群体。已经成为新首领的成年雄性移民正独自坐在离雌性动物约 10 米远的地方。一只雌性动物走近它，给它梳妆打扮，但这只雄性动物没有理会它，而是注意着其他地方：

大约上午 9 点 50 分，雄性动物突然跳过来，出现在雌性动物的中间。它从蒂（幼崽的母亲）的腿上抓起幼崽，紧紧抱在自己右臂内，用嘴叼住幼崽的左侧，快速跑开了。蒂和另外两只雌性动物冲向奔跑中的雄性。蒂两次阻挡了它的去路，但没能夺回自己的幼崽；另外两只母兽也没能夺回。在这期间，幼崽一直在尖叫……大约跑了七八十米后，这只雄性动物停了一下，接着用自己的犬齿迅速咬向幼崽的身体左侧（咬出了一个 6 厘米长的伤口，幼崽的部分肠从伤口处露了出来），雄性动物又把幼崽扔在地上，坐在流血的幼崽附近。当蒂走近时，雄性动物大声吠叫，甩着头，龇着牙，盯着它。这一切不到三分钟就结束了。[10]

　　这不是什么悲惨的事故，而是一场猎杀。

　　类似莫农特这样的观察越来越多，并引发了一场关于为什么会发生杀婴事件的讨论。这涉及一些关键问题。部分评论家确信，人类的暴力并非适应性的，因此也不愿意把任何特殊性暴力看作自然事件，即使是发生在猴子身上。这种思路表明，杀婴可能是少数不安个体的非适应性病态行为。另一些人则认为，如果杀婴确实是适应性的，那么好处一定归于整个群体，而非归于凶手。例如，杀死幼崽的雄性动物可能是为了群体利益，让群体数量减少，以便每只动物都有足够的食物。这种想法有一定的政治吸引力。对于 20 世纪 70 年代初那些希望有生物学理由的社会正义战士来说，这意味着人类行为可能是为了更大的群体利益而进化出来的。

　　主要的替代解释是，杀婴是一种自私行为，增加了雄性杀手成为另一幼崽父亲的机会。前一个雄性的幼崽死亡了，幼崽母亲会比幼崽活着时更早发情；杀害幼崽的雄性可能是雌性下一个后代的父亲。这个概念是 1977 年由莎拉·赫迪为灰叶猴提出的，名为"杀婴的性选择理论"，并在此后得到了大量支持。尽管如此，许多人还是觉得难以接受：人类判断为道德上令人憎恶的行为可能具有某种进化适应价值。[11]

即使在学术期刊的抽象世界中，讨论的气氛有时也会恶化。[12] 20世纪90年代，灵长类动物学家苏珊·佩里和约瑟夫·曼森因为想解释发生在哥斯达黎加卷尾猴中的三起明显的雄性杀婴事件，而遭到了鄙视。"所有五位裁判员，"他们报告说，"用辱骂性和蔑视性的语言，敦促期刊编辑拒绝我们的稿件。"[13] 一位评论员将广泛赞赏杀婴的性选择理论比作二战前人们对优生学的热情，但是佩里和曼森的数据没有任何问题。年轻的科学家发表了他们的研究结果，类似的数据在不断积累，他们的研究也逐渐成为经典。

争论很激烈，在20世纪七八十年代的一段时间里，特别是在美国，否认杀婴的观点成为伦理学家的眼中钉肉中刺。有时，那些支持适应性杀婴假说的人被指有右翼政治倾向。偏见指责大多数都不真实，但随着观察到的证据越来越多，泥沙俱下很快就变得不重要了。杀婴导致幼崽死亡的比例差异极大，在山地大猩猩种群中为37%，在查克马狒狒中为44%，在青长尾猴中为47%，而在红吼猴中则高达71%。[14] 2014年，行为生态学家迪特尔·卢卡斯和伊莉斯·赫查德调查了他们在野外研究的260种哺乳动物，并报告称，几乎在一半的哺乳动物中发现了杀婴行为。卢卡斯和赫查德观察到，杀婴行为最常发生在雄性动物能从杀戮中获益的物种中。这通常是一种自私的生殖策略，雄性用来让雌性尽快进入繁殖状态。关于灵长类动物，在89个野生物种中，卢卡斯和赫查德发现有60个物种（67%）存在杀婴行为，包括黑猩猩和大猩猩。[15]

在少数灵长类物种中（如黑猩猩），发生杀婴行为主要是出于性选择以外的原因。雄性黑猩猩如果遇到邻近群体的母亲，往往会攻击它们，并可能严重伤害或杀死它们的幼崽。在这种情况下，它们不太可能再次相遇，所以凶手成为母猩猩下一个幼崽父亲的机会不大。因此，传统的性选择理论并不适用。也许，杀手们通过恐吓雌性动物，让其离开该地区，可以为杀手群体留下更多食物，从而获益；或者杀手可能希望通过杀死雄性婴儿而获益，否则这些幼崽会在邻近群体长大，成为它们未来的对手。[16] 还需要进一步的观察来检验这种想法。

雌性灵长类动物也可能杀死婴儿。在狨猴和绢毛猴群体中最多有4只雌性。通常情况下，只有领头的雌性才能繁殖。如果低级别的雌性动物生育，其后代很可能被首领雌性动物杀死。这种杀戮对首领雌性来说是适应性的，因为额外的幼崽会争夺成年动物的照顾，从而危及它自己孩子的生存。[17]

关于性选择假说方面的杀婴数据很丰富，这些数据足以说明这种行为是彻底的战略性行为。在最著名的物种中，如灰叶猴和狮子，观察者已经清楚地确定，雄性只攻击不可能是它们后代的幼崽；受害者足够年轻，死亡会增加其母亲在性和生殖方面的时间；杀手只在成功率很高时才会发动攻击，然后与雌性交配。任何可能是受害幼崽父亲的雄性都会试图保护自己的幼崽。因此，诸如群体中可能的父亲数量以及母亲保护孩子的能力如何等变量，都会影响到杀婴行为发生的可能性。这些因素不仅在不同物种之间有所不同，而且随着时间的推移，一个物种内的不同种群之间也存在差异。杀婴率也相应地因种群的不同而变化。[18]

简言之，在众多灵长类动物中，出于各种原因，成年动物会利用自己的权力，故意杀死群体内的幼崽。大多数杀手都是成年雄性，但像在绢毛猴和狨猴中，或像在帕森和波姆等黑猩猩中，杀手有时也是成年雌性。自然选择倾向于故意以不同的方式攻击凶手自己种群的成员。杀婴行为强迫科学家面对一个事实：即使行为具有高度可塑性和环境依赖性，动物也会故意因为一己私利而进化。用进化生物学家乔治·威廉姆斯的话说，大自然也可能是个邪恶的老巫婆。[19]

* * *

过去半个世纪，适应性主动杀婴的发现首次表明，自然选择可以让哺乳动物故意杀死自己物种的成员，但这并未直指最令人不安的人类的做法。杀死无助婴儿的做法比成年人相互杀戮要简单得多，而且大多数动物做出的性选择杀婴行为在人类身上并不明显。因此，尽管杀婴的故事表明，有预谋的攻击行为可能受到自然选择的青睐，但几乎未能缩小动物行为和人类杀人行为之间的差距。[20]

第二项重大发现让人们认识到，动物适应良好的进化心理可能包括杀害成年动物的倾向。黑猩猩就是早期哺乳动物的例子，它们有时会对相邻群体的成年猩猩发动致命攻击。

我碰巧看到了黑猩猩故意杀死对方的第一个暗示。事情发生在1973年8月13日。亚西尼·塞莱马尼是一位研究助理，在坦桑尼亚贡贝国家公园为珍·古道尔工作。深夜时分，他正跟踪三只成年雄性黑猩猩穿过茂密的灌木丛，它们分别是戈迪、斯尼弗和查理。三只猩猩正朝着一片枝繁叶茂的树林走去，它们将把那里当作自己过夜的窝，但在途中，它们奇怪地迂回了一下，转变了目的地。原来它们遇到了一只老年雌性黑猩猩的尸体。尸体还很新鲜，大概只死了一两天。雄性黑猩猩简略地检查了它的尸体，然后又回到了路上。[21]

第二天，我和塞莱马尼一起跟踪这三只雄性黑猩猩。它们没再去看那只死去的雌性黑猩猩，天亮后不久，雄性黑猩猩在树上吃水果，塞莱马尼带我去看那只雌性黑猩猩。我们在干枯的藤蔓网下爬行了一段路之后，才到了扭曲的尸体边。它躺在陡峭的山坡上。灌木丛很厚，尸体不可能直接掉到它躺的地方。尸体左肩靠着一棵有弹性的树苗，姿势很不舒服，一定是它摔下去时把树苗压倒了。显然，它是在受到攻击时死亡的。它的左肢在最上面，死死地抓住灌木的茎，做着最后的挣扎，不让自己摔下山坡。手臂和身体直直地伸向下面，背上的刺伤似乎是黑猩猩的犬齿造成的。唯一合理的结论就是，它被一只或几只黑猩猩暴力袭击了。这一地区多年都没有豹子出没，并且它也没有被吃掉，因此最有可能的情况是，凶手包括戈迪、斯尼弗和查理，因为这些雄性黑猩猩知道它的尸体在哪里，并不太可能是前一天夜里偶然发现的。这一案件被"推断"为谋杀。

6个月后，谋杀倾向的线索得到了证实。这次的受害者是戈迪，是卡哈马族群的成员。1974年1月，它不幸单独被邻近的凯瑟克拉族群的6只成年雄性抓住。凯瑟克拉族群的一只青年雄性和一只无子女的雌性目击了此事，同一族群的雄性偷溜到戈迪身边，抓住它打了10分钟。它活着逃了出来，但情况很糟糕。再也没人见过它，它可能一两天内就死了。

接下来几年，类似的观察结果不断涌现。对于研究黑猩猩的学生来说，这些案例可以理解，且似乎很符合专门的群体间攻击行为。雄性黑猩猩会定期到其领地边界巡逻，通常列成纵队，静悄悄地，而且只会在有很多雄猩猩时才进行巡逻。比起强大的高级雄性，雌性和低级雄性更不可能去边界地区。在边界地区，巡逻队可能会爬上没有食物的树，花上20分钟向邻近族群的领地范围看。它们巡逻时会表现出恐惧的迹象，对意外的声音反应迅速。尽管如此，它们有时也会向邻近山脉推进1千米之远。它们悄无声息，朝着似乎发现落单陌生人的地方前进，但若它们听到了呼叫声，表明自己正在靠近大部队，它们就会冲回安全区域。

尽管这类行为让野生黑猩猩观察者有所准备，知道双方的互动充满敌意，但观察者在发现杀戮时仍然觉得很惊讶，因为除人类外，这种极端行为在其他灵长类动物中都是未知的。当然，这种行为仍具有适应性意义。每个受害者平均要面对8个攻击者，这足以解释为什么攻击者几乎没有受到伤害。几只雄性动物可以各自抓住受害者的手脚，让它很容易受到其他动物试图施加的伤害。受害者可能被当场杀死，也可能在几分钟的惩罚中被打伤、咬伤、撕裂，受很严重的伤，最终只能存活一会儿。

在我研究的族群，即乌干达基巴莱国家公园的坎亚瓦拉黑猩猩中，有一只陌生的雄性黑猩猩被 8 只雄性黑猩猩杀死，这揭示了权力极不平衡会产生的后果。[22] 深夜时分，坎亚瓦拉雄性黑猩猩在领地北部发现了这只陌生猩猩，不久后，它仰面躺在地上，四肢张开，身体正面有许多伤口，除了肘部周围，它的背侧没有受伤，攻击者似乎用牙齿咬住了其肘部皮肤，然后向后退，把皮肤撕裂了。它的胸腔也被撕裂了。一个睾丸躺在几米开外的地方，另一个则在它的背上。它正值壮年，体形巨大，强健有力，在为自己的生命而战斗时被杀死，而其他攻击者的身上并没有这么多伤痕。大卫·沃茨在基巴莱、比尔·瓦劳尔在坦桑尼亚贡贝国家公园拍摄的这种互动电视录像，如今已经能让观众亲眼看到，这些蓄意的杀戮有多么可怕、多么混乱，同时多么有效。[23]

不熟悉猿类的人类学家对这些情况毫不知情。同样，出于与杀婴行为相似的政治因素，这些实地数据再一次受到了强烈抵制。玛格丽特·鲍尔、罗伯特·苏斯曼和布莱恩·弗格森等作家认为，这些杀戮一定是受到了人类的干扰，例如，向黑猩猩提供额外的食物从而扰乱原始栖息地，这种做法曾在两项研究中发生过。理论上，伐木、狩猎及人类疾病的传入也可能让种群失去平衡，并致使新的奇怪的不适应行为出现。怀疑论者担心，如果证明黑猩猩的杀戮是一种自然行为，可能会对人们思考人类杀戮的方式产生连锁反应：将强化一种所谓的令人担忧的想法，即暴力与战争是进化行为。这种担忧似乎可以解释，为什么科学幼稚和政治偏见等的严厉指责会针对像我这样的报道黑猩猩的调查结果并认为这些代表适应性行为的人。[24] 怀疑论者的主要反对意见是，杀戮行为一定是人类扰乱群体间自然和平共存关系的非自然后果。

就像关于杀婴的辩论一样，这场辩论如今已经尘埃落定。联手杀害成年动物的现象并不常见，且这是黑猩猩的特征，与人类活动无关。2014 年，灵长类动物学家迈克尔·威尔逊汇编了野外研究时间最长的关于18个黑猩猩族群的调研报告。结果毫不含糊地证明了，黑猩猩种群在杀戮发生频率方面的巨大差异。犯下杀戮罪行更多的是有更多成年雄性、数量更密集的族群。统计数据表明，生活在从塞内加尔到尼日利亚西部地区的黑猩猩亚种，证明比其他亚种的攻击性要小。然而黑猩猩作为一个整体，倾向于暴力的联盟式主动性攻击，而且其频率变化与人类的干扰因素没有关系。[25]

相反，这种杀戮行为可以解释为一种生物适应，开始时它们往往并未受到挑衅，雄性动物走到边界地区，显然只是因为它们有时间和精力来做这件事。攻击者的成本很低，只要消灭了对手，就能给自己的族群带来好处。10年间，约翰·三谷和大卫·沃茨的团队记录了在基巴莱的努迦族群的雄性动物杀死或致命伤害了18个邻近族群成员的情况。随后，努迦族群将领地扩大到了大多数杀戮发生的地区。[26]在贡贝，安妮·普西和同事已经证明，族群领地面积增大时，族群成员会得到更好的食物，繁殖得更快，生存得更好。[27]杀死一些邻居，可以扩大领地，得到更多食物，生更多幼崽，同时也更安全，因为可能对你发起攻击的邻居更少了。

讽刺的是，狼也表现出了类似情况，也证明了联盟式主动性攻击的进化功能。劳伦兹提出狼在进化过程中会控制自己互相残杀，他大错特错了，因为事实证明，狼杀死其他成年狼的概率非常高。劳伦兹错就错在，他推测狼群内部的关系与狼群之间的关系相似。他观察到，通常在狼群内部，仪式化的顺从信号确实会抑制占主导地位的狼进行杀戮。但在狼群之间，情况就不一样了。[28]

美国人对被重新引入蒙大拿州和怀俄明州黄石国家公园的狼群进行了仔细的研究。持续12年的调查显示，在公园内发现的155具狼的尸体样本中，估计有37%是被其他狼杀死的。[29]据推测，狼群之间相互攻击是因为缺少领地，而非缺少食物。同样，在阿拉斯加的德纳利国家公园，研究人员主要用直升机监控野生狼群，在50只死亡的成年狼中，约有 40% 是被其他狼群的成年狼杀死的。[30] 我们不知道有多少杀戮是由主动性攻击，而不是失控的反应性攻击造成的，但通过直接观察狼群之间的战斗，可以看出，它们有时是主动的。2009 年 4 月，黄石公园卡顿伍德溪（Cottonwood Creek）的狼群的 5 名成员的行为就说明了这一点。[31] 这 5 只狼接近了另一个狼群的一只母狼，因为后者进入了自己的洞穴。当入侵者接近时，它们被这只母狼的配偶分散了注意力，它正在附近奔跑。闯入者追赶了母狼的配偶 4 次，每一次最远达 300 米，但每次都回到了母狼藏身的洞穴。最后一次，它们到达洞穴，向母狼发起了攻击，并杀死了它。它们还杀死了至少两只幼崽。母狼是被咬死的，头部、颈部、腹部和腹股沟都有咬伤；洞穴内的岩壁上还有血迹。袭击者在这一地区停留了 5 个小时，然后离开了。狼往往会从这种攻击中获益，以此来扩大自己的领地。

黑猩猩生活在大族群里，有多个繁殖者，在领地内分散睡觉，胡乱交配。狼生活在小族群中，睡在中心的洞穴里，而且是一夫一妻。尽管存在这些差异，但两个物种杀戮的逻辑相同：找到毫无防备的受害者，大队人马可以进行保守的杀戮，杀戮者可以得到额外的领地。

这种杀戮行为很有效，但在动物界却很罕见，这似乎令人惊讶。其实原因也很简单。在大多数物种中，攻击自己物种成员的成本太高，因为自己也可能会受伤。只有少数物种碰巧生活在由个体组成的联盟团体中，这些团体可以定期找到另一群体中脆弱又落单的个体进行殴打，并且自己受伤的风险很小。到目前为止，哺乳动物的这些联盟只出现在社会性肉食动物和灵长类动物中。[32]

＊ ＊ ＊

同一物种中，杀死其他群体的成年动物的联盟式主动性攻击很罕见，但在所有发生过的地方，这似乎都是一种自然的适应性行为，对凶手有利。这在狼、狮子、斑点鬣狗、黑猩猩、卷尾猴、各种蚂蚁和其他一些物种中都有发生。动物利用联盟式主动性攻击的方式与发生在人类身上的方式很相似，因此也出现了一个明显的问题。动物的群体间暴力和人类的群体间暴力是否可以用同样的原理来解释？流动的狩猎采集者成为证据的重要一环。他们表明，在突袭和伏击中，人类经常进行联盟式的主动性攻击，其风格与狼和黑猩猩的群体间暴力相似。

有些人认为狩猎采集者十分和平，联盟式的战斗几乎不可能成为他们生活的一部分。这种想法对于特定类型的狩猎采集者来说是正确的，也就是那些与农民或牧民（饲养牛、羊等流动动物的牧民）一起生活的人。经典的例子是坦桑尼亚的哈扎人和非洲南部的朱/霍安西人。他们与牧民生活在同一地区，也与牧民通婚，并且已经通婚了几百年。牧民在军事上优于狩猎采集者。虽然这两个民族之间有战争史，但近年来，两族人民都和平相处。如果这两族人员发生冲突（有时确实会发生），狩猎采集者会一如既往地惨败而归。近期的研究发现，这些地方很少发生群体战斗，原因似乎很明确：人们都很聪明，如果知道自己可能会输，那最好不要开战。[33]

为了评估在更新世期间，狩猎采集者在与他们的邻居更加势均力敌时，可能会怎么做，我们需要找到不同的狩猎采集者族群仍然并肩生活的现代案例，且附近没有农民或牧民。目前只有几个这样的地区：澳大利亚（包括塔斯马尼亚岛）、安达曼群岛、火地岛、阿拉斯加西部和北美五大湖区。每个地区都出现过同样的故事。相邻的群体之间往往和平相处，在民族语言社会尤其如此。然而，有时狩猎采集者也会相互争斗。他们在争斗时，通常以伏击、突袭和偷袭的形式发动暴力，主要技巧就是发动联盟式主动性攻击，目的是杀人。

在17世纪，澳大利亚人与欧洲人建立了联系，他们的传统生活遭到了破坏，在此之前，澳大利亚的所有人都是狩猎采集者。1940年的一项评估表明，澳大利亚有近600个不同的语言群体或社会。[34] 从北部和东南部郁郁葱葱的地区到中部严酷的沙漠，整个大陆每一个气候区都会发生群体间的冲突。[35] 人们偶尔可以直接观察到群体冲突。

1910 年，在一本关注社会关系的书中，人类学家惠勒总结了这种情况："这种战争中，常见的程序就是在夜深人静时悄悄潜入敌人的营地，在黎明时分将其包围。随着一声呼喊，大屠杀就开始了。"[36] 夜袭似乎是普遍现象。赫伯特·巴泽多详细介绍了这种逻辑："侵略者知道，要消灭敌人，最根本的方法就是让他们措手不及，并在报复行为出现前杀死他们。因此，最好是在清晨时分偷袭他们，或者埋伏在敌人肯定会出现的地方，伺机发动攻击。"[37]

类似的结论也出现在各个有狩猎采集者生活的地区，附近没有农民或牧民。[38] 在塔斯马尼亚，"战斗通常采取埋伏或个人战斗的形式"，而且"战争的完美之处在于埋伏和惊喜"。[39] 印度的安达曼群岛孤零零地在孟加拉海上，"战斗的全部艺术在于能出其不意地袭击敌人，杀死一两个然后撤退。他们不会冒险去攻击敌营，除非有把握能够出其不意地将他们全部拿下。要是遇上顽固抵抗，或失去一名成员，他们就会立即撤退。进攻方的目的是杀人。"[40] 在南美洲南端的火地岛，"攻击的第一个信号是敌方箭矢的嗖嗖声，第一个动作是跑去避险，直到可以确定攻击的强度和性质。"[41] 极北地区的因纽特人也喜欢搞突袭。"突袭有两种基本类型：伏击和夜袭。阿拉斯加西部所有地区都有关于这两种袭击的报道，突袭和战斗的目的就是尽可能多地杀死敌人。"[42] 生活在北美五大湖区的人也不例外。"他们的攻击都是运用计谋、突袭和伏击。"[43]

攻击由男人进行，通常队伍很小，大约 5 ~ 10 人，但偶尔也有报告说有多达几百名战士聚集在一起的情况。

狩猎采集者的群体间冲突发生的频率及其背景和死亡率，往往是被激烈争论的问题。一个学派认为，在农业社会之前，战斗和"真正的战争"都极为罕见。支持者认为，自古以来，游牧的狩猎采集者群体间暴力的发生率就很低，他们在遇到农民后，才不得不开始自卫的。这些学者倾向于认为，在农业革命之前，没有必要战斗：如果群体之间出现争端，一个群体总是可以转移到其他地方。支持这种观点的动机有时带有明确的政治性。例如，人类学家道格拉斯·弗莱写道："人类学对结束'战祸'的一个重要且普遍的贡献，就在于证明战争并非人性自然的、不可避免的一部分。"[44]

辩论的另一方则认为，我们可以发现，其他灵长类动物总是把自己的栖息地填满，这使得群体间发生冲突时基本没有选择的空间。当竞争群体找不到空地时，就会打起来。如果人类群体能够经常找到空旷且资源丰富的领地，或者人类能够维护和谐的邻里关系而不受侵犯，那么情况就会令人惊讶。因此，所谓在农业革命之前，狩猎采集者群体一般都能和平相处，并可以转移到未被占领且资源丰富的土地的说法并不可信。此外，许多学者指出，考古学有证据表明，农业革命以前经常发生战争，其形式包括设防的定居点、盔甲，以及骨骼和头骨中表现出的巨大暴力创伤。最后，虽然狩猎采集者群体间已知的战斗死亡率差异极大，但很少是零。在 12 个狩猎采集者社会的标准样本中发现，群体间冲突死亡率的中位数为每年每 10 万人中有 164 人死亡，而 20 个小规模农业社会的群体间冲突死亡率的中位数为每年每 10 万人中有 595 人死亡。相比之下，自 1960 年以来，世界范围内的战斗死亡率一直低于每年 10 人，而在第二次世界大战期间，则达到了每年略低于 200 人的最大值。2015 年，世界各国国内的冲突死亡率平均为每年每 10 万人中有 5.2 人死亡。因此，狩猎采集者社会似乎经历了群体间战斗带来的巨大的死亡风险。[45]

然而，关于战争频率的辩论与群体间的互动是否导致杀戮是不同的问题。2015 年，政治学家阿扎尔·盖特在一篇综合评论中指出，辩论双方都认为发生了杀戮。[46] 这场辩论之所以令人困惑，部分原因是"战争"一词有时只被限制在特定类型的杀戮中。道格拉斯·弗莱写道，澳大利亚的狩猎采集者"不喜欢战争"，尽管他承认他们的杀戮发生率很高。杀戮发生在"争斗"中，而非弗莱所说的"战争"中。[47]
人类学家雷蒙德·凯利写了一本关于狩猎采集者的书《无战争社会与战争起源》(Warless Societies and the Origins of War)。尽管标题有些暗示，但作者关于"无战争"社会的重点是安达曼岛民，凯利明确承认存在很多群体间的杀戮。事实上，他在关于安达曼岛民的报告中称，"和平在外部战争中无法实现"（即不同民族语言社会之间的武装冲突，其中安达曼群岛占了 11 个民族语言社会）。"外部战争无休无止，"凯利继续说，"并构成了一种生存条件，确定了双方群体占领的领地边界。"比起前人，凯利更仔细地研究了原始资料。他报告说，群体相遇时，"只要狩猎队拥有出其不意的优势，就能发动攻击"[48]。换句话说，凯利细致的工作清晰地表明，无论是否将安达曼岛民的民族语言社会之间的争斗称为"战争"，这些狩猎采集者都在利用联盟式主动性攻击的形式，以极似黑猩猩的方式相互残杀。

考古学家布莱恩·弗格森是"部落区"理论的创始人之一。该理论提出，在出现殖民国家之前，狩猎采集者一直是和平的。然而到了 1997 年，在关于过去的暴力和战争的著作稿件中，殖民化前的战争证据让弗格森写道："如果有人认为暴力和战争是在出现西方殖民主义、国家或农业后才存在的，那么这卷书会证明他们错了。"[49]简言之，无论群体间的杀戮在流动的狩猎采集者中是否像在农民和牧民群体中那样频繁，但确实发生了，证据确凿，而且经常会有杀戮，几乎可以肯定主要是通过联盟式主动性攻击的方式进行杀戮。

世界其他地方的证据也得出了相同的结论。美国西北海岸的夸扣特尔人[50]或巴布亚新几内亚的阿斯马特人[51]等复杂的狩猎采集者，都是利用船只进行掠夺性袭击，以获取头等战利品、摧毁村庄、捕获奴隶的。亚马孙河流域的孟杜鲁库族人[52]或委内瑞拉的雅诺马马人[53]等刀耕火种的农民会在自己的村庄里策划，然后步行数小时或数天，杀死一个或多个毫无戒心的受害者，然后逃跑，希望不必为自己的罪行进行辩护。从蒙古人到摩尔人,骑马的牧民会扫荡农田,随意强奸、杀人和掠夺。对抗性战斗肯定会在各个社会中发生,而且在那些有专门军队的社会中更为常见。然而,历史上突击队和军事指挥官的理想一直是以压倒性的力量进行突袭,打败、俘虏或杀死对手,而他们自己则毫发无伤,这正是联盟式主动性攻击的模式。

* * *

没有人确切地知道,联盟式主动性攻击是如何在人类行为中变得如此普遍的。但有两个原因表明,这起源于群体间的攻击行为。

群体间的攻击是动物中最常见的联盟式主动性攻击行为。相比之下,几乎没有证据表明群体内部存在这种行为。[54]

在黑猩猩群体中,有一些关于成年猩猩遭到谋杀的案例。迈克尔·威尔逊于 2014 年的汇编中记录了他观察到的 5 起群体内的成年猩猩被杀事件(另外还有 13 起事件被推断或怀疑是谋杀)。这些案件都是联合行动。其中有一起事件,从一开始就被明确记录为谋杀。然而,由于黑猩猩不会说话,因此它们不会像人类一样,在受害者不在场的情况下进行联盟式主动性攻击。[55]

灵长类动物学家斯特凡诺·卡布鲁、吉崎井上和尼古拉斯·牛顿 – 费雪详细描述了这次事件。

皮姆是坦桑尼亚马哈勒山国家公园 M 组中 23 岁的雄性首领。它做了一件让人惊讶又十分愚蠢的事,然后它的死期就到了:它突然咬了一只正在为自己梳理毛发的雄性的手,那是一只 20 岁的争夺其权力的对手,名叫普里默斯。这无缘无故的一咬,引发了一场一对一的战斗,这场战斗被记录在了视频中。至少有 35 秒,皮姆和普里默斯在森林中打滚,拳打脚踢,互相撕咬。最终,普里默斯挣脱了束缚,跑向大约 30 米以外的其他雄性动物队伍。它尖叫着,似乎在寻求支援,爬上树消失了。灵长类动物学家几乎有一个星期没有看到它。

随后,有 4 只雄性动物走近皮姆,另外两只也几乎立即加入了战斗。皮姆头上有个大伤口，手上也有个大伤口，已经在流血了。接下来的斗争很混乱。大多时候都是 4 只猩猩攻击皮姆，另外两只则通过威胁攻击者来保护皮姆，但这种尝试很有限。暴力冲突每次持续 10～15 秒，中间可能停顿超过 1 分钟。奇怪的是，最顽固的攻击者是一只年迈的前雄性首领——卡伦德，在此之前，它一直是皮姆最常见的伙伴，经常帮助它与其他雄性结盟。大约两个小时后，6 只雄性全部撤退，爬上了至少 10 米开外的树。皮姆失去了行动能力，血流不止，不到半小时就死掉了。[56]

这几只雄猩猩没有参与皮姆和普里默斯之间的战斗，它们攻击皮姆时，普里默斯已经走了。因此，它们的攻击行为并不是直接支持普里默斯。但攻击也并不被动，因为它们没有参与最初的战斗，而是过了很长时间才参与进来。这次攻击无疑是联盟性质的行动，而且似乎确有预谋。卡布鲁和他的同事认为，最好的解释是，这是对社会主导地位的挑战，起因就是皮姆受伤，突然变得脆弱了。

因此，就局限性来讲，当个体有攻击机会，花时间决定是否加入斗争时，黑猩猩群体内发生的联盟式的攻击行为可以是主动的。然而，目前还没有证据表明攻击可能是有预谋的，即联盟故意寻找特定受害者进行攻击。这一局限存在的明显原因就是黑猩猩没有办法讨论以谁为目标进行杀戮。

当然，无论群体内促使联盟式主动性攻击发生的原因是什么，这种行为在群体间要普遍得多。

认为联盟式主动性攻击行为主要是在群体间互动的情况下发生的第二个原因是，比起群体内表达相同的行为，这对认知的要求更少。

群体内的激烈暴力需要艰难抉择，因为行动者必须决定是否加入联盟，来对付一个受害者，而它在不同时期可能会是有用的盟友。这就是像杀害皮姆这样的袭击事件让人惊讶的原因之一：在与邻近群体进行的战斗中，保持人数优势的好处似乎通常超过了消灭对手的好处。

此外，还有计划问题。如何选中目标？怎么知道谁会加入联盟？黑猩猩似乎没办法事先分享自己想攻击某个特定个体的意图。只是碰巧杀害皮姆的猩猩遇到了机会，即便如此，有 4 只猩猩反对它，也有两只并不反对。人类用语言解决了协调问题。谋划者信心满满，对某人的该死之处说长道短，然而直到联盟式主动性攻击发动的时候，仍然有很多因素无法确定。杀手们互相验证对方的承诺，以防有人变成叛徒。

简言之，要让群体内的杀戮成为成功的适应性策略，需要经过复杂的计算和细致的沟通。相比之下，群体间的互动程序就要简单多了——和朋友站在一起对抗敌人。

联盟式主动性攻击明显的进化路线是，首先它是对其他群体成员表达的，就像在黑猩猩、狼和其他哺乳动物中那样。在 600 万 ~ 800 万年前，这可能就发生在我们的祖先当中，也就是人类与黑猩猩共享的最后一个祖先。但我们无法确定，这种行为可能出现得更早，或更近。后来，在智人属的更新世进化过程中，认知能力的提高，特别是足够的语言技能的发展，让群体可以更有选择地采用联盟式主动性攻击行为。在更早的进化时期，在联盟式的主动性攻击出现之前，攻击可能由个体单独发起，就像雄性灰叶猴那样。

因此，人类的联盟式主动性攻击可以被理解为对我们祖先情况最简单的表现。尽管这在人类这个物种中是独特的，但很可能源于群体间互动的初步认知背景。合理的设想是，在进化上，黑猩猩和人类对同族的杀戮与群体间的突袭有相同的起源。

神经生物学方面的发展最终可能有助于检验这一观点。早些时候，我们发现，在啮齿动物和猫里，反应性攻击与主动性攻击受大脑"攻击回路"中的不同路径控制。很明显，人类亦是如此，主动性攻击所受的约束与反应性攻击所受的约束并不相同。未来拥有未知的可能性。在 2015 年的一篇评论中，行为生理学家德·波尔及其同事提出了证据，证明进攻性（主动性）攻击是由对特定分子做出反应的专门类型神经元支持的。几年之内可能会发现，人类和黑猩猩的主动性攻击行为所依据的神经机制有多大程度的相似或不同。这些比较能为进一步理解此类罕见而激烈的行为的进化生物学意义提供极好的机会。[57]

* * *

在史前时期，联盟式主动性攻击不仅针对有过度攻击性的对手，也针对一切所谓的异类，并赋予善于使用它的人前所未有的社会权力。就像雄性灰叶猴可以把幼崽从其母亲那里抢过来，咬坏其而不担心后果，又或像一群黑猩猩可以撕开竞争对手的胸部而不受到伤害，所以，一群坚定的人类可以选定受害者然后发起攻击，同时保证个体不受到伤害和报复。人类主动性攻击的先进技能，使其拥有了其他灵长类动物所没有的专制形式。服从与主权就是有力的例证。

服从与命令是人类独有的一种关系。狗等动物能学会服从，但不会发号施令。服从体系由惩罚决定。在家庭或小团体中，惩罚机制可以是情感操纵或身体殴打，但在政治性大规模团体中，联盟提供了权力。给下属下达命令本质上是一种威胁，如果不服从命令，就要发动攻击行为。如果这种威胁仅仅取决于领导者的战斗能力，那就很少令人信服了。没有领导者会冒着反复斗争的风险，就算是一只黑猩猩首领也会尽可能避免战斗。而人类领袖不必亲自战斗，支持者联盟保证了领袖威胁的价值，而且对于支持者联盟而言，遭遇攻击可能带来的危险很低，因为他们可以将强大的力量施加到下属身上。知道这一点后，下属必须服从，否则就要承担后果。诸如中世纪的欧洲君主专制制度法庭、古代中国的皇帝、20 世纪的法西斯主义统治者、黑手党家族，领导者的一个信号就足以让不敬的成员被处决。朝臣、奴隶、囚犯或不情愿的士兵只能服从领导者的命令，这向我们展示了等级制度权力最原始的力量。那些想挑战权威、逃跑、不服或开小差的人都会被杀死。

在民主国家，这个系统运作得温和了许多，你可能会认为它的成功完全出于自愿合作。但政治哲学家米歇尔·福柯的观点令人信服，他指出，尽管民主国家的暴力程度比专制国家要低，但即使是良性的社会机构，如工厂、医院、学校，其成功最终仍取决于权力执行。破坏规则的人可以试着用谈判的方式来摆脱惩罚，但如果情况更糟，则会面临监禁——这是警察与其他监管机构联盟式主动性攻击的结果。即使是非暴力的国家，也要依靠绝对的武力来对付不法分子。[58]

对大量土地享有主权也是人类所特有的。对主权的一种看法是，统治者与被统治者同样有控制他们居住地的权力。然而，这种乐观的观点忽视了权力分配的现实。人类学家托马斯·汉森和费恩·斯特普塔特认为，实际上，真正的主权是"杀戮、惩罚与惩戒他人，而让自己免于受到惩罚的能力"[59]，当然，这种能力集中在强者身上。"主权权力，"[60] 他们写道，"根本前提是决定生死的能力和意愿，是对那些宣称是敌人或不受欢迎的人使用过度暴力的能力。"[61] 1954 年，亚当森·霍贝尔在调查法律功能时得出了大致相同的结论。"在任何社会——无论是原始社会还是文明社会——法律的基本必要条件是由社会授权的代理人合法使用人身强制的权力。"[62]

有时，潜在的暴力其实是故意表现出来的。东印度公司认为当地的王子对其做出的惩罚不恰当且无效，他们在整个印度殖民地建立了公共绞架并开设了新的监狱。君主制国家经常展示被处决罪犯的头颅或尸体。在许多没有法治的主权国家，暴力也显而易见，还可能包括海盗、土匪、罪犯、走私者、青年帮派、毒枭、军阀、黑手党、叛徒、恐怖分子。世界各地都有这种由边缘群体控制的黑社会，无论是四分五裂的后殖民地国家，还是最富有、最强大的国家。他们的领地通常很小，但和其他地方一样，"主权权力总是由其部署绝对武力的能力决定"[63]。

在流动的狩猎采集者中，并不存在服从和主权，其程度和定居的民族几乎毫不相同，甚至可以说根本不一样。考古学家布莱恩·海登认为，家庭之间的等级关系始于旧石器时代早期，即农业革命发生前的几千年，当时人类发现了一种方法来生产更多粮食。有多余粮食的人可以用这些粮食向需要粮食的人购买劳动力或商品，从而为生产尽可能多的粮食创造优势。其带来的成果之一似乎是忠诚。可以想象，富人用粮食购买忠诚，这样他就可以扩大以亲属为基础的联盟，创造长期的盟友忠诚。[64]

罗伯特·路易斯·史蒂文森暗示，人类从猿那里继承了暴力，但他的道德故事并未提及主动性攻击。联盟式主动性攻击产生了有罪不罚的现象，也带来了服从和主权的后果，这让成功的个人获得非人类灵长类动物无法想象的力量。对于无权无势的人来说，则带来了前所未有的苦难。关于杰科医生与海德先生，更符合进化论的版本是，杰科是一个富有、英俊、勤奋上进、善良又充满合作精神的思想家，但同时，在追求顺从和主权的世界里，他也是个有预谋的杀手。

联盟式主动性攻击要对处决、战争、屠杀、奴役、欺凌、祭祀、酷刑、私刑、帮派战争、政治清洗及类似的权力滥用负责。它让主权成为高于生命的权力，让一种姓氏成为随意的统治体系，允许警卫让囚犯自掘坟墓。它让懦夫变成国王，将人民置于忠诚之下，给人们带来长期的暴政。自更新世以来，它就一直折磨着人类。在进化的道路上，它给我们带来了巨大的善意，也带来了巨大的伤害。

令人欣慰的是，对理智的人而言，主动性攻击是高度选择性的行为，它与环境有着微妙的关系。雄性灰叶猴不会随意杀害其他同类，如果潜在受害者有足够的防御能力，它们根本不会杀死它们。黑猩猩把主动攻击留到自己具有压倒性力量的时候。与牧民一起生活的狩猎采集者也不会轻易陷入战争。主动性攻击不是在个人愤怒和酒精影响下产生的，也不是因睾丸雄激素造成大脑皮质控制失败而产生的。它是个人或联盟经过深思熟虑的行为，考虑到了可能付出的代价。在没有付出代价时，主动性攻击很有可能会消失。

进化心理学家斯蒂芬·平克证明了这一点。在《人性中的善良天使》一书中，平克详细记录了近几十个世纪、近几个世纪、近千年来暴力减少的多种方式。平克写道，几乎所有的不公正行为都源于联盟式主动性攻击。如果我们继续改善社会保护措施，受损程度会继续消退。但是，我们永远不该忘记，诉诸极端势力可能会带来的惊人潜力。人类尚未维持数千年和平，而在核武器世界，暴力发生的频率可能没有暴力的强度重要。[65]

第12章

攻击心理学对战争的影响

人们常说人类具有极强的部落性。的确如此，但如果"部落性"指的是与大的社会群体团结一致，那么大多数灵长类动物也是如此。部落主义并没有让人类与众不同，反应性攻击也没有。正是联盟式主动性攻击让人类这一物种和人类社会变得与众不同。人类祖先针对本社会群体成员的联盟式主动性攻击让自我驯化与道德感的进化成为可能。现在，它又让国家运行成为可能。但不幸的是，它也给人类带来了战争、种族歧视、对无助的成年人的屠杀，以及许多其他形式、不可抗拒的胁迫。

联盟式主动性攻击能够让这些专制行为成为可能的原因很简单。一个由积极主动的人类侵略者组成的联盟，可以选择何时及如何对受害者进行攻击，他们可以精心策划，用压倒性力量实现自己的目标，而不会危及自身安全。只要受害者无法进行防御，无动于衷地进行计划的能力就会给联盟带来非凡的力量。成功打败对手的结果是可预见的，也是廉价的。

从理论上讲，抵抗的途径显而易见。1770 年，英国议员埃德蒙·伯克写道："当坏人联合起来时，好人也必须联合起来，否则他们会一个接一个地倒下。"[1] 但是，"坏人"肯定会制造事端来阻止"好人"以任何有意义的方式进行"交往"。党卫军组织严密，他们会选择在受害者无助的时候进行逮捕。被押送到集中营的囚犯没有机会组织有利于己方的权力平衡。他们没有机会以任何能够获取优势的方式进行反击。协作计划能够让谋杀被冷静而高效地进行。

难怪"权力导致腐败，绝对的权力导致绝对的腐败"。阿克顿也写道："伟人几乎总是坏人。"联盟式主动性攻击的成本－收益动态让谋杀性暴力成为一种诱人的简单工具。"这里有最伟大的名字，也有最残酷的罪行。"阿克顿写道。伊丽莎白一世女王可以命令狱卒杀死苏格兰女王玛丽，威廉三世可以命令大臣灭掉一个苏格兰部族，阿道夫·希特勒可以命令士兵对犹太人进行屠杀。无论这些人类领袖的身体是否健壮，他们利用联盟来杀人倒是前所未有的轻松。[2]

鉴于联盟式主动性攻击具有普遍影响，其起源和影响是理解人类社会进化的核心问题。关于它从何而来，人类学界并未达成共识。极端观点认为，攻击与人类的进化生物学没有关系。人类学家奥古斯汀·富恩特斯的观点受到了不信任进化论思想学者的广泛认同："人类的攻击性，尤其是男性的攻击性，并不是一种进化适应性。"[3]这种说法往往与此想法有关：如果发现战争与相关暴力形式是重要的进化适应性，政治家与大众就会认为它们不可避免，悲观主义将占上风，改善政治的努力将受到阻碍。理查德·李认为："不断宣称人性中强调战争而非和平，强调竞争而非合作的一面占主导地位，现代世界秩序中的主导力量就会更合理地维持永久的战争经济，为跨国公司及其首席执行官的暴利进行辩护，确信人生赌局中的赢家和输家都无法改变。"[4]我稍后将对此做出解释，在我看来，这种担心很夸张，而且会适得其反。不过，这还是提醒我们，分析进化论充满了对情感和政治反应敏感的可能。在讨论暴力进化时，需要注意说明其影响的程度。

另一种观点认为，人类的主动性攻击行为是一种进化适应，是在

人性悖论：人类进化中的美德与暴力

细化其他动物的能力。人类虽然有一些不同特征，但仍只是一种哺乳动物。人类和其他物种之间在攻击性方面的异同为这一观点提供了支撑。

＊ ＊ ＊

1859 年，《物种起源》的出版引发了人们对战争进化的大量讨论。达尔文主义提出了一种可能性，即战争与其他行为一样，都是适应性的。对于如托马斯·亨利·赫胥黎这样的霍布斯主义思想家而言，这个想法是正确的，人类显然已经进化成了一种战斗动物。然而，对于如俄罗斯哲学家彼得·克鲁泡特金这样的卢梭主义者而言，原始人天生好战的想法本就是一种幻想，更不用说这在政治上有多危险了。[5]

如今，大多数进化论人类学家都同意赫胥黎的观点，即狩猎采集者参与了重要战争，而且战争的倾向受到更新世进化的心理适应性的强烈影响。对于这些人类学家来说，重要的问题已经从人类过去是否有暴力，转移到了人类心理如何适应暴力。然而，主动性攻击和反应性攻击之间的区别并未广泛应用于这一问题。因此，本章我将介绍一些对它的思考。[6]

在此之前，我首先要解决一个经典难题。部分卢梭主义者无法接受人类有战争进化史这一观点，无论这在理论上是否与我们有温顺的进化史相兼容。怀疑论者坚持认为，更新世不存在战争，就算存在，最多也只是罕见的活动，不会影响人类祖先的生物适应性。因此，他们说，我们当代的遗传倾向与战争行为无关。

卢梭派有许多关切都集中在生物学就是命运这种概念上，这种想法体现在"生物决定论"这个短语中。"生物决定论"是一个狡猾的概念，但其核心思想是，它将导致人类行为会在某种程度上变成机器人，会不假思索地顺从人类的 DNA 程序。卢梭派考古学家布莱恩·弗格森将这一观点描述为"人类的形象被嗜血扭曲，不可避免地走向杀戮"[7]。相较于卢梭派的担心，我认为，生物决定论的问题要少很多，其原因我会在后面解释。但是，生物决定论很重要，因为自达尔文以来，直到今天，它都给关于战争的过去、现在和未来的讨论蒙上了阴影。一个关键问题是，如果人类祖先在更新世适应了战争，如今，我们是否会在生物学层面上被驱使进行战争。正如我将解释的那样，我的答案是，虽然战争并非不可避免，但需要有意识地努力防止战争出现。

几乎所有人都希望未来没有战争。因此，数据显示，历史上和史前时期的战争死亡人数在下降，许多人（如我）对此满怀欣喜。我们似乎正朝着正确的方向前进。然而，并不是所有人都同意这个简单的想法。即使卢梭派希望世界和平，但许多人不喜欢非暴力趋势这一概念。他们指出，战争频率长期下降，意味着过去人们自相残杀的概率高于今天；而这种古代暴力的想法对积极思考而言是一种阻碍。道格拉斯·弗莱对这种担忧进行了解释。他担心，如果古时就有战争，那它一定是自然形成的。而"如果将战争看作自然而成，那么想要预防、减少或废止战争就没什么意义了"。弗莱认为，适应战争一定意味着战争不可避免，这是生物决定论的典型说法。[8]

所谓的冷漠，源于将战争视为自然，社会心理学家埃里希·弗洛姆同样用决定论对此进行了解释。他认为，厄运感是一种安慰。在《人类的破坏性剖析》一书中，他问道："对于害怕且感到无力改变走向毁灭进程这一结局的人而言，还有什么比这种理论更受欢迎呢？这种理论就是在向我们保证，暴力源于人类的动物本性，源于一种无法控制的攻击冲动。"[9]

这种感觉在卢梭派中普遍存在。他们似乎很奇怪。为什么战争是自然而成的这种想法就意味着"想要预防、减少或废止战争就没什么意义了"呢？我们并没有把这一公式应用到其他令人不愉快的自然事物上。尽管疾病本质上是生物性的，但我们还是想要阻断疾病。当男人骚扰女人、恶霸四处仗势欺人，或孩子们打架时，大家都想要进行干预。我们认为这种行为是进化而来的，但这并不妨碍我们想要减少其所产生的影响。

此外，我不知道有什么事实依据可以支撑古代存在战争会诱发宿命论这一说法。根据我的经验，这种说法大错特错。20世纪70年代，研究者在坦桑尼亚的贡贝国家公园首次观察到了黑猩猩的战争式暴力。三位资深科学家参与了这项研究。他们为这种表现大受震撼，但三人并没有被吓呆，反而积极地行动起来。这三个人都成为重要的宣传大使，以自己的方式努力避免战争带来的危险。

珍·古道尔对黑猩猩杀害婴儿、强奸和谋杀的真相倍感震惊，出版了一本极度乐观的书，名为《希望的理由》。她动情地写下那些令人不安的发现，并成为积极思维和可持续世界的不懈倡导者。[10]

行为生物学家罗伯特·欣德是珍·古道尔的研究生导师，后来也是我的导师。他在后来的职业生涯中，花费了大量时间致力于降低战争带来的风险，包括担任英国帕格沃什科学和世界事务会议主席期间，该组织因促进削减核武器的努力而获得了诺贝尔和平奖。欣德写了大量关于国际和平和道德改善的具有深刻内涵的文章，包括《战争不再有：消除核时代的冲突》（War No More : Eliminating Conflict in the Nuclear Age）[11] 及《结束战争的秘诀》（Ending War : A Recipe）等。[12]

大卫·汉伯格原是一位学术性精神病学家，写完关于黑猩猩致命攻击性的进化及其对人类暴力意义的理解的文章后，数十年来他一直致力于帮助降低全球威胁。[13] 作为卡内基公司总裁，1997年，他与美国前国务卿赛勒斯·万斯共同撰写了关于预防致命冲突的报告。[14] 汉伯格的灵感来自这样的观察：既然种族灭绝需要大量计划，那么就可以进行预测和预防。他的书《不再有杀戮场地》（No More Killing Fields）[15] 和《防范种族灭绝》（Preventing Genocide）[16]，利用现有的制度体系和想象中更好的制度体系，为战争预防机制和国际和平的建立提供了大量的实际解决方案。

古道尔、欣德、汉伯格和其他许多人都不认为，如果攻击是适应性的，那么战争一定不可避免。他们明白，暴力反映的是环境，而不是无法阻止的基因指令。他们认为，黑猩猩心理和人类心理包含一些相似的危险动机，因此，他们深受触动并采取了行动。

那么，为什么许多卢梭主义者推断悲观主义的主要反应是产生能够激发此类积极行动的相同想法？卢梭派的消极态度显然与他们的主张有关。他们宣称，如果战争倾向进化了，人类一定有种"无法控制的攻击动力"。他们认为，在进化过程中，把战争理解为适应性行为会迫使人们走向生物决定论。然而，在相信战争具有适应性基础的学者中，很少有学者认为战争无法避免。

将决定论思维毫无道理地归到那些认为人类暴力是适应性的学者身上，是卢梭派的一贯传统。科学史家保罗·克鲁克写了一部扣人心弦的史书，介绍了1859年（达尔文的《物种起源》出版时）至1919年人们是如何讨论进化和战争的关系的。生物决定论的说法比比皆是。卢梭派当时就采用了这些说法来指责反对者简单地认为侵略和战争不可避免，现在依然有人在这样做。然而，这些指责都是错误的。克鲁克审查了20位主要学者的观点，他们都将人类暴力部分归因于生物进化的影响。其中19人明确主张文化可以驯化生物学冲动，这与他们对手的说法截然相反，而这些可都是当时的大人物：奥古斯特·孔德、乔治·克里尔、查尔斯·达尔文、威廉·詹姆斯、弗农·凯洛格、雷·兰克斯特、亨利·马歇尔、威廉·麦克杜格尔、彼得·查尔姆斯·米歇尔、劳埃德·摩根、帕特里克、罗纳德·罗斯、查尔斯·谢林顿、赫伯特·斯宾塞、阿瑟·汤姆森、威尔弗雷德·特罗特、阿尔弗雷德·拉塞尔·华莱士、格雷厄姆·沃拉斯和莱斯特·沃德。唯一的强硬派"生物决定论者"是神经生物学家卡尔·皮尔逊，他也是个优生主义者。总的来说，这些指责几乎都不是真的。[17]

大量证据表明，暴力受社会影响，而且可以预防。毕竟，历史早已告诉我们，社会可以世代和平。行为倾向的进化并不意味着该行为必然不可避免、死板僵化，或以某种方式独立于人的意志。基因会影响不同脑区的大小和敏感度、生理压力系统的性质和活动、神经递质的产生和命运等。基因创造了系统，系统对环境做出反应。如果灵长类动物在睡觉、感到饥饿或离开有气味的尸体时，总是可预测地进行攻击，那么它很快就会在进化游戏中失败。攻击成功的秘诀是行为要适当的灵活。

不同形式的攻击在表现出的可预测度方面有所不同。对人类来说，就算反应性攻击会受到皮质抑制，它仍比主动性攻击更难控制。男性饮酒后更危险，原因就在于他们的一般控制区已经放松了。在没有饮酒的情况下，脾气更容易控制。换句话说，通常情况下抑制是活跃的。

正如我在上一章中所讲的，主体只有在估测出极有可能不付出代价就能取得成功时，才会进行主动性攻击。如果从未出现过这种情况，估计就不会出现主动性攻击。这就是为什么黑猩猩只是偶尔自相残杀，为什么人们可以长期生活在和平之中。

卢梭主义者相对适应了关于依恋、浪漫情感或合作倾向已经进化这种想法，这与他们对攻击的推理形成了鲜明对比。他们承认，人类与类人猿之间的认知和神经内分泌系统不同，造就了人类特有的移情和利他主义。于是，在处理人类行为的积极方面时，关于决定论的争论就被遗忘了。[18]

愿意承认遗传适应在积极行为中的作用表明，承认其在消极行为中的同等作用的问题并非因为不理解行为生物学的复杂性质。其他动机似乎也在起作用。还有什么可以解释为什么就连斯蒂芬·杰·古尔德这样杰出的进化论生物学家，也会用生物决定论来谴责适应性杀戮的概念？古尔德讽刺了人类已进化出适应群体间攻击的想法，他认为"人类基因受到诅咒，让我们成为黑夜中的生物"[19]。

简言之，部分卢梭派学者声称，要认同适应性暴力的进化史就必须让人们相信攻击和战争不可避免，但这种说法是错误的。有人认为如果人类在更新世就有战争，那人类现在必然"被嗜血扭曲，会不可避免地走向杀戮"，这种观点十分荒谬。[20] 人类并没有"不可控制的攻击冲动"。一些卢梭派学者似乎相信生物决定论，而另一些人则把它强加在攻击进化的情景中，这些理论应该被扔进垃圾箱。我们可以探讨战争的进化意义，而不必拘泥于无法抗拒的暴力冲动这一想法。

* * *

那么，如果人类是决策者，而不是机器人，基于主动性攻击与反应性攻击独立性质的进化理论会对解释战争有帮助吗？我们这个物种在群体间杀戮方面的潜力毫无问题。用理查德·李的话说："必须指出的是，历史上的游牧民族并不是非暴力的。他们会打架，有时也会杀人。"[21] 因此，按照所有人类都有相同的基本心理这一标准假设，[22] 我们必须同意腓特烈大帝的观点："每个人的内心都有一头野兽。"[23] 问题是人类在什么情况下会释放出这头野兽。

两种战争——简单的和复杂的，彼此之间有很大不同，需要分别进行考虑。复杂战争，包括军事组织、群体攻击和国家战争，都将在后文进行讨论。

与进化相关度更高的类型是发生在小规模自然社会中的简单战争，它更类似于某些动物的群体间攻击。小规模冲突十分短暂，相对而言，组织形式也是非军事化的，部分人类学家都不愿意用"战争"一词来形容这种暴力形式。这种形式主要由短暂的突袭构成。简单战争是这种社会中唯一的战争类型——男人（通常是成年已婚男人，或盖尔纳所说的"表亲"）关系平等，没有男人为他人工作，也没有男人拥有凌驾于他人的权力。除体弱者外，人人皆战士，没有军事等级制度。当与另一群体发生冲突时，战士们可以一起商讨计划，但没有人强迫他人参与。每个人都自己决定是参与攻击还是待在家里。这些模式在流动的狩猎采集者和一些种植者中都能见到，如巴西的孟杜鲁库人或委内瑞拉的雅诺马马人。

简单战争中的攻击模式主要是一队男性隐蔽地接近敌人，在打伤或杀死一名或多名受害者后，理想的情况是攻击者迅速离开，以便在还未卷入升级的遭遇战时就逃脱出去。搏斗非常罕见，对立的双方发现彼此对峙时，都倾向于散开。[24]

因此，尽管简单战争比黑猩猩的群体间攻击要复杂一些，但其适应性逻辑仍旧大致相同。攻击者组织突袭，以便将自己的受伤风险降到最低。通常主要目的是杀人。减少对手的数量以及拉大与他们的距离可能会带来好处，这些好处可能包括减少未来遭到攻击的风险，或者有更多机会获得邻近的资源。无论攻击者的动机是什么，如果邻近群体的力量被削弱，攻击者最终可能会过得更好。

虽然突袭最有可能完全取得成功，但由于只有在攻击者具有压倒性力量时才会进行突袭，所以总是存在失败的可能性。[25] 攻击者可能会被发现，受害者群体可能会意外地准备得很充分，或者可能有陷阱，如在敌人村庄周围的地上嵌上尖刺。因此，攻击者需要勇气，而且在很多情况下，也需要愿意忍受高强度的体力消耗。为了帮助战士们克服紧张情绪，他们经常在离家前就让自己进入兴奋状态，准备进攻前还可能会举行仪式。袭击可能会带来一些好处，如抓住妇女或取走对方的头颅，预期的回报可能是声望或商品。[26] 在部分社会，懦夫可能会受到惩罚。[27]

更难解释的行为是，杀戮行为本身就是一种奖励。在巴布亚新几内亚高地，一位恩加省的园艺师告诉人类学家波利·威斯纳，自己民族的人民对小规模战争中的杀戮的感受：

现在我要谈谈战争。这是我们祖先所说的：一个人被杀时，杀戮者部族会唱起勇敢和胜利的歌曲，他们高喊 Auu！（"万岁！"或"干得好！"）来宣布敌人的死亡。他们的土地像一座高山，这就是他们世代相传的方式。[28]

类似的说法比比皆是，在这些说法中，除了杀戮的快感，战士们并没得到其他好处。从进化的角度来看，我们可以像解释动物行为一样解释他们的行为。

他们为什么要杀人？令人不安的是，生物学上有意义的答案是他们喜欢杀人。进化让杀害陌生人成为一种乐趣，因为喜欢杀戮的人往往会得到适应性好处。

乍一看，这个想法似乎很荒唐。通常没有人会从杀死陌生人中找到乐趣。但我们所遇到的陌生人，与生活在无政府主义世界的小规模社会中的那些战士遇到的陌生人大有不同。战士们利用陌生人的武器、衣着和方言等线索，可以马上判断出这个陌生人是否为自己社会的成员。真正的陌生人——邻近的敌对社会成员，很可能会被视为非人类，很可能对战士们而言，双方对彼此来说一样危险。享受一次成功的攻击很有意义。在每个群体都依靠自身力量进行保护时，削弱邻居的力量就会带来回报。

不需要有意识地对这些回报进行预测，所需要的只是享受杀戮的过程。性繁殖也以一种类似的方式运作。不能指望黑猩猩、狼，或任何其他动物知道交配行为会生出幼崽。它们为什么要交配？它们只是享受交配的过程而已。进化让性成为一种乐趣，因为喜欢交配的个体往往会有后代。

人类进化到喜欢杀死未知的敌人的阶段，这一概念令人不快，与我们对人类的普通看法相抵触。我们可能希望杀戮与人类的未来越来越不相干，因为在很大程度上，人类已经被世界性的社会联系所统一：没有联系的敌人已经很少了。然而，在社会鸿沟极大的地方，偶尔出现的杀戮似乎仍然表现出一种深深的杀戮之乐。历史学家乔安娜·伯克写道，在第二次世界大战中，各方都有暴行。

复仇是战争和暴力的常见动机。[29] 实验发现，复仇带来的快感与大脑中一个特定部位——尾状核的神经活动增强有关。[30] 大鼠和猴子的尾状核参与了对预期奖励的处理，包括那些源于可卡因和尼古丁的奖励。而在人类中，那些尾状核被较高激活的人更愿意惩罚他人。激活尾状核是一种神经过程，可能已经进化到了有助于激发杀戮兴趣的阶段。

得到杀死仇人的满足感只是杀人的众多原因之一。在近期的战争中，这可能只起到了相对较小的作用。道德压力也解释了为什么普通人会变成杀人犯。对于二战中的许多人来说，乔安娜·伯克写道：

> 让人们参与杀戮的不是恐惧惩罚，而是群体压力，群体压力让抵制杀戮的人成为局外人，使他们的群体自尊心被极大地削弱。导致种族灭绝的施暴者与那些没有参与流血事件的人没什么不同，让他们不同的是他们所处的环境。这种解释很让人不安，它暗示我们，每个人都有能力实施特殊暴力。我们都是潜在的"恶人"。[31]

毫无疑问，在简单战争中也有类似的动力。

复仇动机和道德压力只是人类众多特征中的两个，它们影响了简单战争的实施。其他特征包括先进的武器装备、语言、社会规范、温顺心理、战士训练及共同制订计划的能力。但发动简单战争并不是出于这些原因，因为人类行为模式与部分其他物种的群体间攻击行为十分相似。人们发动简单战争，就像黑猩猩和狼一样，主动攻击是常态，目的是保证安全，而杀戮往往会给凶手带来长期利益。除这些要素外，人类战争所具有的特征不过是可有可无的装饰品，并非必要特征。在其他动物的群体间攻击中，它们一有机会就会杀死自己的邻居，实际上，人类间爆发的简单战争并没有更令人费解。[32]

因此，一小群无视国家法律的人很容易形成帮派，利用当地的权力不平衡进行杀戮，我们不应对此感到惊讶。黑猩猩和狩猎采集者中也出现了类似的行为，如自由战士、街头黑帮，或黑社会。选择会倾向于保守性杀戮，只要攻击者所面临的风险足够低，就有可能进行杀戮，有时其利益甚至并没有受到明显的威胁。在无政府主义世界，杀敌的满足感可以有它自己的回报。

联盟式主动性攻击的残酷计划，不仅可以处决选定的人，还可以蓄意杀害更大群体的成员。肯尼亚北部的纳塔鲁克考古遗址揭示了一万年前的一次战事。27具人骨中，有12具相对完整的骨骼，有证据表明其中10具是暴力致死，4名受害者的双手在被杀之前似乎被捆绑过。我们无法确定，在过去这么长的时间里究竟发生了什么，但历史和人种学告诉我们，有无数案例表明，似乎在纳塔鲁克，战败士兵和非战斗人员俘虏会被处决。

终极案例是，在第二次世界大战期间，联盟式主动性攻击会让集中营的士兵射杀或用毒气杀死数百万犹太人、罗马人、波兰人、同性恋者及其他人，而没有一个杀手在行动中受伤。[33] 我们倾向于把大屠杀这样冷酷无情的蓄意暴力称为"不人道"，但从系统发育的角度来看，那根本就是人性的黑暗处。没有一种哺乳动物会对本物种进行蓄意的大屠杀。

在人类漫长的简单战争进化史中，自然选择无疑磨炼了我们利用联盟式主动性攻击的能力。复杂战争的历史要短得多，它是否也影响了人类的进化心理，我们不得而知。复杂战争最早的有力证据源于伊拉克北部的克尔梅兹代雷，在那里，防御墙和与箭头、重棒有关的骨骼可以追溯到一万多年前。从那时起，复杂战争的证据就比较常见了。[34] 一万年的时间当然足以进行生物适应。牧民食用群居动物奶制品的时间不超过8 000年，在此期间，他们已经进化出更有效地消化乳糖的适应性基因。尽管我们还没有发现复杂战争的适应性心理，也无法排除它们，但在这里，我把它们视为不存在。[35]

复杂战争发生在有政治领导权的社会，涉及两个主要的行动阶层。指挥官独立决定要做什么，士兵则服从命令。指挥官和士兵相结合，让复杂战争的组织性大大增强，并被描述为真正的与发生简单战争的社会不同的军事系统，用人类学家哈里·霍尔伯特·特尼·海的话说，"在军事地平线之上"。[36]

与简单战争一样，复杂战争也可能涉及主动性攻击，其形式是突袭，在突袭中，小团体旨在实现目标并活着回来。命令一个排去消灭机枪窝点，或一个轰炸小组瞄准一个军事设施，在行动开始前，要尽力避免被发现。主动突袭有明显的军事优势，有时似乎与对热衷于简单战争中的攻击心理相同。[37]

然而，在有这些相似之处的同时，复杂战争也有与简单战争形成强烈对比的特点，尤其是在组织化战斗中。在复杂战争的战斗中，士兵无权选择是否参加战斗，他们可能完全没有热情参加战斗。有的士兵可能有情感创伤，而且当士兵被迫参与行动时，对个人而言往往是极为不适应的。在部分战斗中，士兵会被要求接近武装对手的队伍，在行动中故意暴露自己，受伤或死亡风险极高。问题是为什么他们要这样做。进化过程中形成的动机并不是答案。[38]

根据美国将军马歇尔对二战中战斗行为的研究，在战场上，所有人都感到害怕。[39] 军事学者阿尔当·迪·比克注意到士兵接到命令进入战场时的反应情况。[40] 有时整个军队转身就跑。用军事历史学家约翰·基根的话说，"这并不是因为士兵的身体受到了震动，而是因为整个军队的士气已经崩溃了"[41]。有时候，"懦夫"会几个人一群地悄悄溜走，等到双方交战时，几乎没剩下什么人了。或者双方的进攻者在进入对方的武器射程之前就停了下来，当然，这会让各自的指挥官十分愤怒。另一个结果是，双方军队靠近对方时都向左倾斜，最终毫无接触地滑过对方。由于士兵们如此恐惧战争，因此约翰·基根将军的主要任务可以总结为压制恐惧，而且部分是通过杀死逃兵来压制的。[42] 这就是腓特烈大帝公式。[43] 据说，他坚信普通士兵要畏惧敌人，更要畏惧长官。指挥官要把士兵带到前线的作战区，还必须让他们留在那里。

显然，在复杂的战争中，士兵的战斗行为与狩猎采集者战士攻击敌方营地的相对急切性没有什么关系。复杂战争中的士兵必须接受训练，以减少恐惧，用基根将军的话说，这样"才能感知到战斗的样子，就算不熟悉，当然也不友好，但在战争中，不需要证明自己完全被吓傻了"[44]。

在基根将军看来，指挥官往往认为士兵上战场是因为他们服从命令，但实际上，还有两个原因更为重要。一个是发现战斗真的能提高生存机会，在部分情况下，被抛弃可能才是最坏的结果。

另一个原因是为了避免受到亲密同伴的蔑视。军队组织有意培养士兵之间的密切联系。士兵们会被组织成小团体，通常是 5 ~ 7 个人。他们通过训练、预先行动、经常性的仪式性演习（如欺凌）、对长官的敌意以及大把的无聊时间，在彼此之间建立联系。士兵想要一直尊重彼此，有时其实是源于发展出了一种虚假的亲密关系。在我看来，这更有可能源于道德感，最终而言，这种道德感是为应对更新世的处决威胁进化而来的，我在第 10 章中已经进行了描述。根据这种观点，团结会提高团体效率，这是因为士兵们不想让自己的同伴失望，而对同伴的尊重则是由自我保护的道德反应进化而来的。尊重也源于受欺负，这种做法就是要向新兵表明，他要受制于团体成员的联合力量。如果士兵被揭发为懦夫，则可能会面临来自本部队的威胁。[45]

对亲密同伴的责任感会提高军事效率，而人类进化史上形成的其他情感则不会。

人们希望主动性攻击所依据的认知评估能阻止男人加入对抗性战斗。在受伤风险低时采取主动性攻击，就能成功。相比之下，对抗性

人性悖论：人类进化中的美德与暴力

战斗则需要承担较高的受伤或死亡风险。迪·比克和基根将军列出的那些士兵逃避与敌人对抗的方法不应该让我们感到吃惊。人类的心理并不适合当兵。这就是为什么最成功的军队是那些自利倾向完全磨灭了的军队，无论是通过纪律还是用激励磨灭的。拿破仑说，战争成败，"四分之三取决于个性和关系，人力和物资平衡只占剩下的四分之一"[46]。

当然，战斗会发生是因为最高指挥官坚持要打仗。在任何时候，指挥官的攻击动机都可能是主动性攻击或反应性攻击。指挥官冷静地计划突袭，心中有特定目标，这就是纯粹的主动性攻击。亚历山大大帝就是这些可能性存在的例证。公元前336—公元前323年，亚历山大大帝率领军队征服了中东大部分地区，包括波斯帝国和远至印度西部的一些王国。他进行了大量的军事行动，包括9次围攻，10次战斗，以及1次大型战役。亚历山大大帝从未战败过。他多次在前线作战，有时还亲自带队冲锋，以此激励自己的部队。但他偶尔也会受伤，亚历山大大帝32岁死在了自己位于巴比伦的床上，有可能就是在印度受伤造成的。但总的来说，亚历山大大帝的军事野心被高度精确地转换为他的联盟力量。[47]

政治学家多米尼克·约翰逊和数学家尼尔·麦凯表示，在战争史上，交战大都力量不对称，也就是说，就像亚历山大大帝的战斗一样，进攻方大大优于对手。发起攻击的指挥官都是在自己的部队比敌方部队强大得多的时候发动侵略。因此，那些发起战斗（或战争）的指挥官往往都会赢得战争。[48]

从主动性攻击的进化史来看，采取明智方案的指挥官会取得成功，这很容易理解，因为选择自然会倾向正确地判断取得胜利的机会这种能力。然而，进化不是唯一可以解释常规胜利的理论。指挥官的胜利同样可以归功于高智商。军事无能是一种更令人惊讶的现象，用进化理论对此进行解释有明显的价值。

"军事无能"是心理学家诺曼·迪克逊用来指主体在预期会赢的情况下也会输的情况。这种失败是力量相对均衡的战斗的一大特点（与不对称攻击相反），但意外失败也出现在近期的不对称战争中。政治科学家伊万·阿雷奎恩－托夫特根据一个对手是否比另一个对手"强大"来计算1800—1998年的战争胜利情况。要被判断为相对"强大"，一方必须拥有超出另一方至少10倍的物质力量。较强的一方获胜的概率从1850年之前的88%稳步下降到1950年之后的45%。由此看来，指挥官显然不再善于预测胜利了。根据约翰逊和麦凯的说法，与其他困难相比，反叛乱和游击战术使用的可能性越来越大了。[49]

军事机构当然希望消除决策中的失误。为了了解影响战斗获胜概率的因素，迪克逊获得了一个无与伦比的机会，那就是得到了自1853—1856年克里米亚战争开始一个世纪以来英国军队的文件。他发现导致战斗失败的4种主要症状：过度自信、低估敌人、忽视情报和浪费人力。[50]

迪克逊发现，群体思维会让问题变得更严重，因为它会导致另外6种症状出现：认为己方无懈可击的共同错觉、全体想要维持不稳定但受珍视的假设、对团体固有道德的无条件信任、将敌人定型得过于邪恶而无法谈判（或过于弱小而不构成威胁）、同意多数人观点的集体错觉（这是出于错误地假定沉默就意味着同意），以及认为自己是审查员，让团体无法接收到可能会削弱决心的信息（如间谍的报告）。

最终的结果就是，交战双方力量相当时，无论是个人做决定或是团体做决定，都是基于攻击者的预估，而攻击者通常会高估自己的军事力量，低估对手的实力。大约有半数的结果是灾难性的。

以"猪湾事件"为例。1961年4月17日，美国中央情报局领导的一支由1 400名古巴流亡者组成的大队奉总统约翰·肯尼迪之命入侵古巴猪湾。三天内，他们就被巨大的优势力量击败。现在回想起来，入侵的决定似乎很特别。有很多关于古巴武装部队实力的证据，但没有任何证据表明他们所吹嘘的说法是正确的：三万名有组织的抵抗者将"穿过卡斯特罗的军队，蹚过沼泽地，向解放者集结"[51]。"我那时怎么就那么蠢，要让他们进攻呢？"[52]后来，肯尼迪总统反复问自己。他的团队中大部分人对自己的评估失败同样感到困惑不已。

彼得·怀登1979年出版的关于这一主题的书至今仍然是经典之作，他表示，答案很清楚，那就是傲慢，"自大到眼睛、耳朵可以把所有不想看、不想听的东西拒之门外"[53]。肯尼迪是最后的决定者，他极力想避免被人称为"胆小鬼"，对自己的运气有无限信心，而且周围的人都赞同他的看法。小阿瑟·施莱辛格写道："身边每个人都认为他能点石成金，永远不会输。"[54]怀登说，推动入侵行动的是中央情报局计划部副主任理查德·比塞尔，他就是这样一个雄心勃勃、自信满满的冒险家，在有越来越多的证据表明行动存在风险的情况下，他还是无法放弃自己的"超人"任务。就算惨败，比塞尔依旧坚持自己的观点，认为他们做的是正确的事。1998年，中情局发表了关于这一事件的秘密内部报告，"描绘了一个极其自欺欺人的机构形象"[55]。

这种类型的妄想在战争中非常常见，甚至成为军事失败理论的支柱。

迪克逊列出的前两种错觉，即过度自信和低估敌人，都源于积极错觉。[56]第三点是忽视情报，它让这些错觉得以维持。[57]第四点是浪费人力，客观地说，这是很可怕的结果。军队为自己的效率感到自豪，因此这可能能够预测他们会有确保准确评估敌方实力的系统，但情况恰恰相反：与我们可能具有的常识性直觉相反，系统出现了，然而被确保的事却不准确。核心问题在于出现了积极错觉，而人们高估了它。

积极错觉的倾向不仅发生在军事互动中，也发生在政府间关系中。历史学家芭芭拉·塔奇曼得出的结论是，无论在什么地方、什么时期，政府通常会推行与自己物质利益相悖的政策，就算这些政策是由团体决定的，就算有可行的替代方案并进行过公开讨论。她发现，

3 000年来，这种倾向仍普遍存在，与历史、政治制度、国家类型或阶级类型无关。这些倾向反映了人们在"野心、焦虑、寻求地位、保全面子、幻想、自我妄想、固定偏见"面前"拒绝理性"的想法。[58]

只要有群体竞争，就算没有争斗，基于积极错觉的判断同样会出现。马克·吐温说得很对：

国家不思考，它们只是感觉……每个国家都认为自己拥有唯一正宗的宗教和唯一理智的政府体系，每个国家都鄙视其他国家，每个国家都是蠢货，却对此毫不怀疑，每个国家都为自己假定的至高无上倍感自豪，每个国家都相信自己是上帝的宠儿，每个国家都坚信自己战时能召唤上帝进行指挥，每个国家发现上帝帮助敌人时都很惊讶，但出于习惯，又会原谅上帝，仍旧恭维上帝。总之，整个人类都很满足，总是很满足，坚持不懈地满足，无坚不摧地满足，快乐、感恩、骄傲，不管国家宗教是什么，也不管国家的主人是老虎还是家猫。[59]

这种自信感甚至延伸到了普通大众。国际关系理论家汉斯·摩根索写道："英雄是公众舆论的偶像，而不是马夫"[60]，公众过于自信，有时会在冲突来临之际推动政策。一战宣告开始，"在所有参战国首都，人们都欢欣鼓舞，热情洋溢"[61]，尽管政治家有不祥的预感。1914年，英国诗人威廉·霍奇森写道，"我的孩子们，我听到你们为战争号角兴奋不已"[62]，表达了人们普遍的情绪。

现实改变了人们的看法。战争结束时，鲁德亚德·吉卜林在他的儿子死后，写道："如果有人问我们为什么会死，告诉他们，因为我们的父亲撒了谎。"[63]肯尼迪意识到他对自己撒了谎，但是对原因很是困惑。在冷战时期，战胜卡斯特罗很重要，可以巩固自己的荣耀。但是，企图损害苏联盟友的利益则是一场疯狂的赌博，因为他误解了古巴的精神和能力。此战的失败宣告肯尼迪的兴奋熄灭了，也结束了比塞尔的职业生涯，这让美国这一世界领袖的可信度大大降低，而且，据切·格瓦拉说，这对古巴而言是巨大的政治胜利，让它从一个受委屈的小国变成了地位与其他国家更平等的国家。

显然，将美国带入自己选择的战争的积极错觉是一场灾难。但这些都是典型思维方式，是倾向于形成战争升级的方法，并产生了一个与进化相关的问题：我们为什么会有这些错觉？

反应性攻击心理学给出了答案。跟非对称性遭遇不同，与实力相当的对手作战是由敌方指挥官决定的，他们每个人都预测会遭遇坚决的抵抗。在这种情况下，信心很重要，越是自信，战斗人员就越有可能获胜。这一原则适用于动物，也适用于人类。有两个原因很突出：专注和虚张声势。

第一个原因是，自信带来的专注会让人完全相信自己能获胜。勇气和"坚决不放弃的决心"[64]，每次都能战胜谨慎。哈姆雷特说过："决心的炽热的光彩，被审慎的思维盖上了一层灰色……伟大的事业在这种考虑之下，也会逆流而退，失去了行动的意义。"[65]在势均力敌的比拼中，像哈姆雷特那样思考的理性对手能够准确地判断自己有50%的概率会失败。因此，他可能会考虑在失败时保护自己，无论是制订逃跑计划以避免损失，还是试图重新评估对手的实力。如此关注失败的可能性会产生焦虑（焦虑很可能会导致失败），而且更普遍的是，会导致注意力分散。在同等条件下，100%的努力胜过90%的努力，因此，傲慢的盲目自信反而有可能取得胜利。"冠军思维"是非理性的、无意义的，有一半的时间都在妄想，但在势均力敌的比拼中，这种思维会为战斗带来更多的心理资源，增加获胜的机会。

对不信这一套的人而言，自信可能就是明显不理性的信念。在婆罗洲，本地的达雅克人和移民的马都拉人之间长期关系紧张，他们最终在1997年爆发了冲突。达雅克人相信，他们的魔法能让自己不受子弹伤害。这让他们无所畏惧，因此特别有效。这种自欺欺人的做法在战争中很常见。20 世纪 90 年代，在刚果东部，迈迈族的战士相信，子弹打在自己身上会变成水。20 世纪 80 年代，在乌干达，艾丽丝·拉奎娜反叛组织的战士都十分勇猛，因为他们认为子弹伤不了自己。相信自己有魔法的保护就不会受伤是一种美妙的错觉，可以激发人们对敌人的无限攻击。这对不在战斗前线的指挥官来说尤其有效。

自信的第二个好处是，可以让敌人产生恐惧。要达到此目的，往往虚张声势就足够了。达雅克人用各种方式激发对手的恐惧，吃人、断头游行的故事能传达"他们被附身了，行为不正常"的信息，敌人也会因此而有些害怕。[66]

专注并虚张声势，积极的错觉就会帮助人们获胜。虚假的自信也能带来附加的好处，如激发可能动摇的盟友的信心，但其关键的适应性特征是推动胜利。

在生活大计中，选择胜利的能力却造成了评估的失败，并由此产生了"人力浪费"，这是自然界的一大讽刺。伟大的诗人和词典编纂家塞缪尔·约翰逊明白，对抗双方都相信自己会赢，这是多荒谬的事。"的确，在交战之前，每个国家都对胜利充满信心，而双方都充满信心会造成肆意流血，这种流血常常会让世界变得荒芜。但显然，这两种观点相互矛盾，其中肯定有一个是错的。"约翰逊表达自己的观点，是为了说服英国不要与西班牙开战。直到今天在发生冲突时，这个提醒仍然有用。遗憾的是，提醒对手容易自欺欺人，欺骗自己胜利易如反掌，战争发起者通常会选择性地忽视这些建议。[67]

在战斗中，自信发挥的作用在动物与人类中大致相同。在相对势均力敌的比赛中，双方必须都致力于夺取胜利。因此，失败者付出的成本要高于理性分析的预测。在军事层面上，人类在战争中过度自信的问题在于，对那些被迫参战的士兵而言，领导者过度自信，所产生的影响是灾难性的。

总而言之，进化心理学经常告诉士兵们，不要参与那些由受进化心理学指导的指挥官组织的战斗，他们会投入大量资源，使用联盟式主动性攻击磨炼出来的胁迫性战术，但在复杂战争中总会有这样的士兵参与战斗。其结果就是，流血事件超出了互利系统能够预测的范围。不幸的是，自然选择倾向于通往胜利的机制，而这些机制就包括加剧战争浪费的积极错觉。

复杂战争并不取决于埃里希·弗洛姆所说的"不可控侵略动力"，也不取决于杀戮的乐趣或外部的邪恶来源，而是利用主动性攻击和反应性攻击倾向的相互作用产生的复杂结果。很多时候，士兵们不愿意战斗，但不得不战斗。最重要的是，复杂战争是由我们的联盟式主动性攻击的完善能力促成的，有助于服从等级制度。复杂战争也有一部分是自我驱动的，而且随着危机逼近，参与者的理性评估能力越来越差，而这是在反应性攻击的进化中形成的。

这种理解只是对进化心理学和军事行动之间一些简单关系的初步勾勒。其目的在于想象战争心理学的观点如何用行为生物学的简单模型进行解释，并强调在军事层面上，人类进化的适应性攻击为何会反常地减少而不是增加战争的获胜机会，此时精确评估才真正重要。

* * *

本书的目的一直是让人们更好地理解进化如何在将人类塑造为最好物种的同时也是最坏的物种，而不是说故事如何结束。

然而，我们至少可以控制悲观情绪。正如我之前所强调的，在更新世描述攻击性如何适应，并不会得出战争将在人类的发展中继续的结论。

大量证据表明，暴力致死的比例在长期下降。除其他原因外，社会随着时间的推移变得越来越大，而在更大的社会中，直接参与战争的人口比例较低。这种下降是可以理解的。人类努力让自己生活得更加安全。[68]

这种下降会持续多久，持续多彻底，是一个开放性问题。在更新世末期，也就是农业革命开始之前，智人占据了世界的大部分地区，要么是流动的狩猎采集者，要么是定居的狩猎采集者。当时，可能有几万个不同的社会，也许大约有 3.6 万个[69]，每个社会都对自己的居住区域拥有主权。由于所有人都是猎人和潜在的战斗人员，在社会间互动时出现暴力死亡的概率也就非常大。当今有近 200 个国家，每个国家都有控制暴力的责任。随着独立社会的数量减少，战争发生的频率也在下降。不幸的是，近期的数据表明，和平的时间越长，战争最终爆发造成的伤亡数字往往越大。[70]尽管如此，在其他条件相同时，如果国家的平均规模继续增加，死于暴力的概率应该会继续下降。在遥远的未来，人类可能会变成一个国家：从过去的趋势推断，世界国家的建立时间应该在公元 2300—3500 年。[71]尽管暴政的可能性会让其他类型的杀人行为变得越来越多，但世界各国仍有望将无政府暴力的死亡率降到最低。

另外，只要国家的数量保持稳定或增加，就需要继续做出巨大的努力来规范国际关系。这一挑战极为艰难。1928 年，62 个国家的领导人承诺不将战争作为政策工具。他们签署的《白里安－凯洛格公约》并不完美，没能阻止 1931 年日本对中国进行的军事扩张，也没能阻止德国和意大利的侵略性民族主义，以及第二次世界大战。10 年内，除爱尔兰外，每个签署国都处于战争状态。然而，尽管存在这些失败，并且面对诸多怀疑，但法学学者乌娜·海瑟薇和斯科特·夏皮罗认为，该公约实际上是成功的，因为它改变了战争规则。1816—1928 年，大多数战争都是为了争夺领土。根据《白里安－凯洛格公约》，这种征服战争是不合法的。因此，吞并领土的情况变得更少了，各国更多地转向了贸易。[72]

前路会有颠簸，但如果足够坚定、足够巧妙地推行国际法，那它至少有可能避免灾难的发生。对我们人类而言，更具挑战性的困难是，资源分配不断变化，预计会不断形成新的联盟挑战现有的主权。

所有的人类社会都是由相互竞争的子群体组成的。部分子群体会无视现有法律，试图从以前的国家中划分出自己的领土，就像2014年宗教极端组织在伊拉克所做的那样。以非暴力方式处理这些企图肯定是个永恒的挑战。全球对宗教极端组织的反应表明，当新的意识形态违背现有的道德规范时，很容易出现激烈的暴力行为。

因此，盲目乐观地认为战争爆发的频率会下降，与冷漠的悲观主义一样愚蠢。人类在渴望和平与权力的诱惑之间摇摆不定，并面临着"虽然死于暴力的风险已经下降，但核灾难的风险却在上升"这样的矛盾。从非暴力哲学的角度来看，主动性攻击的最大优点在于，适应性强的动物如果预测自己会受伤，就不会发动攻击。[73] 好的防御应该是好的威慑，当然，前提是它不能诱惑其拥有者在攻击对手的同时毫发无损。[74]

战争已经进化了，甚至在今天看来，战争是由人类心理学的适应性特征促成的，这种观点并不意味着战争不可避免。然而，这确实说明人类是一个危险的物种。人类倾向于对战争的好处抱有积极错觉，对此，我们永远需要强大的机构，警惕交战，以抑制军国主义哲学兴起、过度乐观的和平主义蔓延，以及权力滥用。

第 13 章

人性悖论：为何美德和暴力在人类生活中都如此显著

卢梭派认为，人类是受社会腐蚀但天性和平的物种，而霍布斯主义者则认为人类是被社会文明化的天性暴力的物种。这两种观点都有道理。但说人类既"天性和平"，又"天性暴力"，我认为这是矛盾的。这种组合所造成的不匹配，就展示了本书的核心悖论。

如果我们意识到人性就是妄想，那么这个悖论就可以得到解决。在古典神话中，奇美拉这种生物生着羊身，长着狮头。它既不是山羊，也不是狮子——它两者都是。本书的论点是，就攻击倾向而言，人类既是山羊也是狮子。人类的反应性攻击倾向较低，主动性攻击倾向较高。这个解决方案让卢梭主义者和霍布斯主义者的观点都有一部分是正确的，并产生了我讨论过的两个问题：为什么会演变出这种不寻常的组合，以及这个答案是如何有助于理解人类自己的？[1]

* * *

第一个问题，是什么进化将人类的攻击性推向了两个截然不同的方向，即减少反应性攻击，增加主动性攻击？

从为数不多的相关物种来看，联盟式主动性攻击倾向较高，通常与反应性攻击倾向也很高相关。黑猩猩是最常利用主动性攻击杀死其他成年黑猩猩的灵长类物种，它们在群体内也有很高的反应性攻击倾向。在肉食动物中，狼对本物种成员的主动性攻击通常以其致命性而著称。和黑猩猩一样，狼群内部通常是良性合作关系，但它们并不像狗那样平静。狮子和斑鬣狗在这些方面也与狼类似。在这些物种中，主动性攻击和反应性攻击的发生概率大致相同，且频率比较高。[2]

在人类中情况就有所不同。反应性攻击受到抑制，而主动性攻击仍保持较高水平。根据本书中的证据，人类的反应性攻击倾向下降是出于自我驯化过程，这个过程肯定在 20 万年前就开始了，也可能是在 30 万年前最初出现智人时就已经开始了。以语言为基础的合谋是关键，因为这让窃窃私语的低等男性有能力联合起来，杀死欺凌他人的男性首领。如同当今在小规模社会中所发生的那样，语言让劣势者通过计划达成一致，让原本极危险的对抗变成可预测的安全谋杀。针对反应性攻击倾向的遗传选择是消除潜在暴君的一个不可预见的结果。针对阿尔法人格的选择让男性头一次变得平等。大约经过 1.2 万代，人们生活的主旋律变得越来越平静。尽管人类这个物种不像理想中那样和平，但我们当前表现得比以往任何时候都更像卢梭派。

布鲁门巴哈称人类是"驯化得最完全的动物"，但我们没有理由认为人类的驯化已经完成。如果我们再被驯化 1.2 万代，我们还能变得多温和呢？这是个开放性的问题。如果对被动攻击者有足够的制裁，再过 30 万年，理论上人类可能会变得像宠物农场里的大耳兔一样，很难发怒，就算它们被几十个热情的孩子反复抚摸，仍然表现得很温和。然而，同样地，如果潜在暴君逃脱了制裁，这个过程可能会发生逆转。反应性攻击倾向和成功繁殖之间的关系将继续由权力决定，但权力将如何分配，以及权力分配将对繁殖产生什么影响，则由太多未知因素共同决定，我们无法预测人类的情绪将如何演变。[3]

执行死刑的能力带来了自我驯化，也创造了道德感。过去，一个不守规矩的人，违背群体规则，或名声卑劣，都是极其危险的；从某种程度上来讲，今天仍然如此。破坏规则的人威胁到长者的利益，他们有可能因被当作外来者、巫师或女巫而受到排挤，随后可能会被处决。因此，选择会有利于情感反应的进化，让个人感觉到并展示出群体的团结。顺从对于每个人来说都至关重要。

因此，个人的道德感演化为自我保护，其演化转变的程度是其他灵长类动物所没有的。新趋势产生的强烈顺应行为提供了安全的生活通道，此外，还产生了另一个效果——减少竞争，促进尊重他人利益，个人的顺从给道德执行者及其支持者群体带来了好处。这个过程似乎可以解释，为什么人类对自己群体的福利都表现出意想不到的高度关注。人们普遍引用群体选择，来解释我们这个物种对非亲属的兴趣，以及偶尔愿意为群体利益牺牲个人利益。[4] 然而，群体选择理论从未能够完全解释群体利益是如何超越个人利益的。[5] 道德感的进化是为了保护个人不受社会强者的伤害，这一理论表明，群体选择可能完全没有必要解释为什么人类是这样一个群体导向的物种。我们尊重群体内部的联合力量，这降低了竞争强度，让群体能够蓬勃发展。

至于主动性攻击，根据前面几章的重构，至少在 30 万年前，我们的智人祖先就有了预谋暴力的倾向。至于它的出现时间有多早，尚未发现类似驯化综合征这样的具体标志。然而，根据对祖先行为的推断，高度的联盟式主动性攻击倾向可能至少在更新世的 250 万年里一直存在，而且可能出现得更早。

这种说法的原因在于狩猎的古老性。直立人是智人的第一个祖先，像我们一样，他们大约在 200 万年前开始进化，致力于直立地生活在地面上。直立人在有肉的骨头上留下了切割痕迹，这表明他们屠杀了与大型羚羊一样大小的动物。到了 100 万年前，有证据表明伏击狩猎出现了（人类反复利用旧石器时代的肯尼亚奥洛戈赛利叶遗址，在那里，猎物被困在窄路上，很容易就能被杀死），这也暗示着存在合作。更有力的证据来源于距今约 80 万年前的格舍尔·贝诺·亚科夫，人们都是在一个住宅营地狩猎大型鹿和牛群的。然而，在过去的几十万年里，我们只在智人和尼安德特人中发现了足够的证据，表明智人的狩猎行为显然已经变得有所预谋：他们使用弹射点，明目张胆地设置陷阱来捕捉小动物，从高处捕猎。因此，保守的解释是，主动狩猎可能会被限制在更新世中期，但对于解释智人如何在200万年前就能获得大部分动物作为食物，伏击狩猎仍然是个合理的说法。[6]

在人类祖先成为优秀的猎人之后，他们可以杀死陌生人，而狩猎是一种可转移的技能。狩猎和简单战争都需要搜索和安全调度，都得益于长途行进和良好协调。狼、狮子和斑鬣狗利用联盟式主动性攻击，不仅为了获得食物，也为了杀死其他群体的对手。黑猩猩是社会性猎手，也是自己物种的杀手。相比之下，倭黑猩猩并不以社会性猎手著称（尽管它们喜欢吃肉），而且到目前为止，还没有明确证据表明它们会发起有计划的攻击。人类学家基思·奥特伯恩发现，生活在小规模社会中的人类与社会性肉食动物之间存在类似的联系，更加依赖狩猎的社会往往战争更频繁。在大鼠和小鼠的攻击性神经通路中，也发现了猎食和杀死竞争者之间存在相同关联。出于这些原因，200万年来，人类狩猎似乎很可能与杀死相邻群体对手的能力有关。就像黑猩猩和狼会寻找机会攻击陌生动物一样，一旦人类祖先获得了保守性杀戮的能力，也可能会出现杀戮的动机。似乎没有理由能够让人类祖先和其他哺乳动物脱离狩猎与暴力之间的联系。[7]

我和戴尔·彼得森都认为，杀害陌生动物可能可以追溯到人类与黑猩猩和倭黑猩猩的共同血统，当时人类的中非猿类祖先很可能是个类似黑猩猩的猎人或杀手。[8]由于没有化石来证实最后一个共同祖先的性质，这些证据无疑只是推断。250万～700万年前是人类祖先作为南猿的漫长时代，杀戮陌生人的倾向何时演化而来，变得越来越不确定。[9]我们没有什么依据来重建南猿祖先在那个时期的社会行为或组织。

不管什么时候开始对陌生人进行联盟式主动性攻击，在人类发展出语言之前，这种杀戮在群体中的影响还是有限的。人们能够彼此分享想法之后，情况就发生了很大的变化。然后，人们可以根据自己表达的共同利益形成联盟。在形成有计划的、全体成员都支持的决定后，男性首领的欺凌就变成了更微妙的暴政。新的男性联盟有了权力，成了统治社会的人物——这种制度很大程度地被延续到了今天，尽管更多的是法律、威胁和监禁，而不是处决。

因此，我们的"天使"和"恶魔"倾向都依赖于复杂共同意愿的进化，这是语言所带来的，毫无疑问，这种能力也促成了许多亲社会行为的出现。至少在 700 万年前，一种黑猩猩式的共同意愿形式让这一进程得以开始。在 30 万～50 万年前的某个时候，语言天赋的神秘曙光才将我们带入了一个新世界。语言创造了人类的混合型人格，高杀伤力与低情绪反应并存。独特的交流能力让人类的侵略心理变得特别矛盾。

＊ ＊ ＊

将人类好的一面和坏的一面都归结于生物学，所引发的第二个问题涉及人类的自我意识：解决了人性悖论，对人类了解自己的本性有什么作用呢？

人类本来就是混合体，这一论点极具挑战性，因为我们很难同时在脑海中持有两个表面上相互矛盾的观点。和霍布斯主义者、卢梭主义者的错误认识一样，我们很容易觉得，在人类这个物种分裂的人格中，只有一面根植于人类生物学中，如果是这样的话，许多人很容易情绪化地想象，只有我们"好"的一面，即低反应性攻击，才是进化而来的产物。然而，我们"坏"的一面，即经常造成邪恶行为的高主动性攻击的出现，也需要归因于人类的进化史。要理解这对思考人类未来有什么意义，我相信记住关于进化的两件事会大有帮助。

第一，我已经强调过，进化史是对过去的描述；它并非预测性的，不会告诉我们未来是什么样的。它不是政治纲领，不是道德立场的理由，也不建议我们回到想象中愉快的过去。进化史并不会改变已知的关于人类适应能力的事实。这只是个故事。

我说它"只是个故事"，并非要削弱它作为宇宙学叙述的力量。几乎没有进化故事比这更吸引人了。令人震惊的是，人类最初源于简单的化学物质，约 40 亿年前排列成复杂的分子模式，首先产生了细胞，然后是动物→哺乳动物→灵长类动物→猿→人类，最终是智人。进化生物学的科学仍然有差距，仍然具有不确定性，但它每 10 年都会变得更加强大，更让人兴奋。实质不会改变，我们是从非生命中走出来的生命！从本能中产生了意识，从唯物主义的大脑中产生了灵性、欢声笑语，以及对生命意义的理解。从黑暗中走出来的物种，看清了自己的本质，在巨大的、几乎没有生命力的宇宙中闪烁着精神的光芒。

因此，当我说它"只是个故事"时，我丝毫没有贬低进化论观点的宏伟性这层意思。我只是说这个故事并没有固定的模板，对未来的限制也很少。我们今天所见的社会系统，多与几百年前存在的社会系统大有不同。社会变革的力量显而易见。国家体系从 1648 年《威斯特伐利亚和约》开始就一直存在，我们可能感觉它是永久性的，但其实它已经开始改变了，未来一切皆有可能。要提醒人类的是，历史比进化论重要得多，因为变化的历史证据生动得多。我们知道，随着时间的推移，社会有时进步，有时衰退。我们无从得知人类后代将走向何方。

第二，尽管未来是开放的，但进化给我们留下了偏见，这些偏见影响着我们的行为，影响的方式可以预测，有时会令人不安，但我们最好是承认这些偏见的存在。

最纯粹的卢梭式愿景有一个最大的问题，就是人们很容易将其解释为暗示无政府状态将很和平。它们似乎在暗示，除去资本主义、父权制、殖民主义、种族主义、性别主义和其他现代世界的罪恶，就会出现一个充满爱与和谐的理想社会。认为人类在进化过程中只有卢梭式的宽容，而没有霍布斯式的自私，这种想法大有问题，因为它鼓励人们放松警惕。

考虑一下男人和女人之间的关系。我之前就讨论过，在小规模社会中，平等主义主要描述的是男人之间的关系，尤其是已婚男人之间的关系。和全世界每个社会所发生的一样，在公共领域，男人支配着女人。这一观察并未说明私人领域的情况。在婚姻中，妻子往往支配着自己的丈夫。性格是最大的影响因素，但在相当多的婚姻中，女人也用身体力量来欺负男人。然而，在公共领域，强制性的联盟制定着社会规则，男人和女人之间发生利益冲突，最终结果总是对男人有利。就这种意义而言，目前父权制是人类的普遍现象。[10]

然而，没有任何进化规则表明，社会必须保持这种方式。最近，卢旺达和斯堪的纳维亚半岛的政治变革表明，立法机构在人数上由男性主导的传统是可以被推翻的。类似的变化在社会的各个层面皆有可能。

然而，改变不会轻易发生。它需要积极行动和精心组织，以确保此类改变真的发生。如果我们只是创造无政府状态，换句话说，只创造一个没有规则的社会，改变就不会发生。可预见的是仅是破坏旧机制而不加以取代，就会出现暴力。男人会迅速利用联盟争夺统治权：将出现大量的民兵组织，四处战斗。我们可以自信地预测，男性群体会利用自己的身体力量进行联盟式主动性攻击，以在公共领域占据主导地位。历史和进化人类学讲述了相同的悲剧。

理解人类发展轨迹，可以得到更普遍的进化经验，即群体和个人永远都对争夺权力感兴趣。他们不一定非得去打仗。父权制、校园霸凌、性骚扰、街头犯罪，或者高层人士为了得到经济利益而滥用权力的现象不一定会一直存在。完全有可能实现平等、无暴力的社会，甚至在未来，社会可能比冰岛或目前其他相对平等、和平的国家更加平等无暴力。

而进化分析所能提供的保证就是，更公平、更和平的社会并不会轻易出现，需要工作、规划与合作。以前的流动的狩猎采集者都有保护自己、对抗异类和欺凌的系统。每个社会必须找到自己的保护系统。为了避免发生暴力事件，我们要不断提醒自己，复杂的社会组织有多容易衰败，有多难构建起来。

2017 年 7 月，一个阳光明媚的日子，我在穿着休闲夏装、吃饱喝足的人群中，绕着奥斯威辛集中营走了一圈。我可以感受到奇美拉最好和最坏的状态。

空气中弥漫着合作与亲社会的气息。我是和一小群游客一起来的，那天早上我在克拉科夫遇到了他们。营地里人满为患，有时我们还得等几分钟，才能被领到下一个地方。每个人都很有耐心，安静地交谈着。

我们看到一个营地管弦乐队在那里演奏。音乐能帮助囚犯保持步调一致，方便计数。我们看到了这个在 1943—1944 年，关押数百名妇女进行绝育实验的地方。我们看到了 10 号监区和 11 号监区之间的院子，在那里，成千上万的人因为秘密活动而遭枪决，还有一些人顺从地脱掉衣服后惨遭鞭打或被绞死。我们挤进狭窄的密室，这里每次有多达 2 000 名赤身裸体的受害者被齐克隆 B 毒气毒死。我们看到奥斯威辛第一任指挥官鲁道夫·赫斯和他的妻儿住的房子，离囚犯区仅有几米远，房子周围的花园树木茂盛。在停车场，商贩微笑着兜售手工制作的奥斯威辛 – 比克瑙大门的原始模型。

我们有时认为，合作总是为了有价值的目标。但是，与道德一样，合作可好可坏。

人类的重要追求不应该是促进合作。这个目标相对简单，而且坚定地建立在人类的自我驯化和道德感之上。更具挑战的是降低人类有组织地实施暴力的能力。

我们已经开始了这一过程，但仍有很长的路要走。

后 记

　　人类行为的复杂性与我们对死刑采取的道德态度类似。死刑在美国（我居住的地方）是热点问题。一些人热衷于支持死刑，更多的人则对此持反对态度。前文介绍的理论表明，我们祖先在无意中创造了更平和的自己，部分原因是他们杀死了最具攻击性的男性。这意味着，死刑是自然行为，产生了具有道德吸引力的结果。这是否暗示着什么社会建议？这是否意味着我们应该将死刑作为改善社会的方式？

　　我的答案是坚决反对。无论死刑曾经做出过何等贡献，都与在今天使用死刑的合理性问题无关。国家权力机构执行死刑与在小社区中执行死刑有很大不同。人们不再需要达成共识，也不再像以前那样，由近亲执行死刑。情况已经发生了变化：监狱提供了我们祖先所没有的其他的社会控制形式。我认为，司法处决是过时的刑罚，不应再在这个世界上占有一席之地。人们普遍认为死刑是无效的，因为它不会降低犯罪发生的概率。对社会来说，它比监禁更昂贵。在一些国家，如美国，死刑非常不公正，因为其针对的是穷人和弱势群体，而且它还会出错，经常使无辜的人被处死。我们可以了解我们的过去，但在这方面我们不应该赞美它。有证据显示，死刑有漫长且富有创造性的史前史，但这与当代社会问题无关。

世界上越来越多的人同意死刑属于过去的观点。2007年12月，联合国104个会员国投票通过了"使用死刑有损人类尊严"的原则，并呼吁"所有仍然保留死刑的国家暂停执行死刑，以期废除死刑"。这项国际决议于2008年、2010年、2012年和2014年进行了多次表决。每一次，支持的票数都在增加。2014年12月，有117票赞成，38票反对，34票弃权，4票缺席。但在2016年12月，以上数字是相似的，并没有改善，实在令人失望，即有117票赞成，40票反对，31票弃权，5票缺席。[1]

我希望每个国家都能尽快废除死刑，就像大多数国家已经宣布食人、奴隶制和婚内强奸等我们的祖先认可的行为是非法的。某种事物是否自然，并不能说明我们是否应在今天的生活中给予其一席之地。在1951年的电影《非洲女王号》中，凯瑟琳·赫本扮演的角色就亨弗莱·鲍嘉扮演的不成熟的查尔斯·奥尔特耐的粗鲁行为训斥其时说得很对："奥尔特耐先生，自然是我们在这个世界上要超越的东西。"

尽管如此，我们依然可以感激死刑做出的贡献。直到最近，它一直由于错误的原因得到赞扬。社会认可杀戮的后果太过隐蔽，因此其吸引力仅限于暴民和暴君的基本天性。但是，如果我们退一步，回想粗鲁的过去，我们会感谢残暴的祖先使我们成为现代人。讽刺的是，刽子手似乎把我们带到了智慧的起点。

致　谢

首先，特别幸运的是我在职业生涯中得到了大卫·汉伯格和已故的罗伯特·欣德的指导，他们对暴力的演变有着同样明智的见解。他们将学术见解与人道的、实用的观点相结合的能力，使其成为我们永恒的榜样。

关于自我驯化，本书描述的许多想法始于本人于20世纪90年代末与布莱恩·海尔有关类人猿的交谈，其出色的试验和打破常规的想法至今仍是我灵感的源泉。大卫·皮尔比姆会教我如何在古人类学中把握全局。维多利亚·沃伯是一名出色的学生，其经不懈努力取得的研究成果推动了我们对驯化影响的了解。娜塔莉·伊格纳西奥对在新西伯利亚工作的挑战做出了出色的回应。亚当·威尔金斯和特库姆塞·菲奇是探索神经嵴细胞迁移作用方面极好的同事。克里斯托弗·博姆继续领导着有关男性之间关系的进化和控制方面的思考，并非常慷慨地与我分享了他的想法和发现。

在攻击性方面，我很幸运与卢克·格洛瓦茨基、马丁·穆勒和迈克尔·威尔逊合作，将黑猩猩与人类进行比较；乔伊斯·本纳森通过分享自己对人类攻击性的心理学实验，将我带入了丰富的新世界。所有这些朋友敏锐的学术成就，常常使我的见解更加深刻。能与他们一起工作是我的荣幸。

珍·古道尔最先给予我研究黑猩猩行为的机会，并不断带给我启发。丹尼尔·利伯曼是关于人类进化的信息、构想和告诫之宝库。我感谢他们，也感谢特里·卡佩里尼、雷切尔·卡莫迪、彼得·埃里森、乔·亨里奇、玛丽莲·鲁沃洛和诺琳·图罗斯提供的多种生物学建议。

安内·麦奎尔在我完成本书方面给予了最大的帮助。除详细审阅每一章的内容外，安内还不断从总体上对本书进行深入思考。我对她的非凡贡献和支持感激不尽。

非常感谢乔伊斯·本纳森、汤米·弗林特、切特·卡明、丹尼尔·利伯曼、马丁·穆勒、大卫·皮尔比姆、曼维尔·辛格和亚当·威尔金斯对初稿的评论。他们的努力大大改善了本书的内容。我只希望我能够对他们的所有意见做出回应。我还要感谢奥弗·巴尔－约瑟夫、克里斯托弗·博姆、菲尔利·库什曼、马德琳·盖革、马克·豪泽、卡尔·海德、罗丝·麦克德莫特、戴尔·彼得森、马特·里德利、凯特·罗斯、约翰·谢伊、芭芭拉·斯穆茨、伊恩·兰厄姆和克里斯托弗·佐里科夫审阅本书每个章节或每个部分的内容。

感谢约翰·范德登嫩、保罗·克鲁克、西尔维娅·凯泽、斯蒂芬·平克和阿德里安·雷恩给出的具体建议。感谢凯瑟琳·赫伯特、尼科尔·西蒙斯、马丁·苏贝克和迈克尔·威尔逊与我分享其未发表的数据。

除上述已经提到的这些人外，多年来与许多其他朋友、家人和同事的交谈与通信也对我帮助极大。我想感谢的人包括布里奇特·亚历克斯、亚当·阿卡迪、罗伯特·贝利、伊泽贝尔·贝恩克、亚历克斯·伯恩、雷切尔·卡莫迪、拿破仑·查格农、理查德·康纳、梅格·克罗福特、李·杜盖金、梅丽莎·埃默里·汤普森、李·甘斯、谢尔盖·加夫列莱斯、亚历山大·乔治耶夫、伊恩·吉尔比、托尼·高柏、约书亚·戈德斯坦、斯蒂芬·格林布拉特、斯图尔特·霍尔珀林、亨利·哈里森、金·希尔、卡罗尔·霍芬、已故的加布里埃尔·霍恩、尼克·亨弗莱、凯文·亨特、卡丽·亨特、多米尼克·约翰逊、詹姆斯·霍兰德·琼斯、杰罗姆·卡根、艾娃·拉杰-布尔莎、凯文·兰格格拉伯、史蒂芬·勒布朗、理查德·李、扎林·马坎达、柯蒂斯·马里恩、凯瑟琳·麦考利夫、约翰·三谷、马克·莫菲特、迈克尔·莫兰、伦道夫·内瑟、格雷厄姆·诺布利特、凯特·诺瓦克、纳丁·皮科克、安妮·普西、弗农·雷诺兹、尼尔·罗奇、拉尔斯·罗德塞斯、戴安·罗森菲尔德、伊丽莎白·罗斯、格雷厄姆·罗斯、皮特·德西奥利、柳德米拉·特鲁特、卡雷尔·范·谢克、迈克尔·托马塞洛、罗伯特·特里弗斯、维韦克·文卡特拉曼、伊恩·华莱士、费利克斯·沃内肯、大卫·沃茨、波利·威斯纳、吉卜林·威廉姆斯、戴维·斯隆·威尔逊、卡罗尔·沃斯曼、大卫·兰厄姆、罗斯·兰厄姆、布拉泽·德·萨尔多恩多和比尔·齐默曼。

在乌干达的基巴莱国家公园和坦桑尼亚的贡贝国家公园对黑猩猩的观察，丰富了我对人类进化的理解。感谢马丁·穆勒、梅丽莎·埃默里·汤普森和扎林·马坎达共同指导基巴莱黑猩猩项目。感谢国家科学基金会、国立卫生研究院、利基基金会、国家地理学会、艾伦·麦克阿瑟基金会和盖蒂基金会提供的财政支持，使基巴莱研究成为可能。

很高兴能够在此感谢杰里米·布洛克瑟姆在哈佛大学提供的支持，感谢卡廷卡·美森和约翰·布罗克曼的出色代理，感谢安德鲁·富兰克林在侧影书局的帮助和支持，感谢埃罗尔·麦克唐纳、尼可拉斯·汤普森和特里·扎洛夫-埃文斯在万神殿书局指导本书的撰写直至完成。

最重要的是，感谢伊丽莎白与我分享这段旅程，也感谢她在发现这本书的写作时间比预想时间长了三倍时依然保持着好状态。

注　释

引言　人类进化中的美德与暴力

1. Diary entry, May 1, 1958, in Payn and Morley, eds., 1982.

2. 尽管卢梭已经成为人性天生非暴力这一观点的代表人物，但实际上他自己并不这么认为。见第 1 章。

3. Dobzhansky 1973, p. 125.

4. Huxley 1863, p. 151.

5. Barash 2003, p. 513.

6. Kelly 1995, p. 337.

7. Darwin 1872, p. 1266.

8. Fitzgerald 1936, pp. 69, 70.

第 1 章　物种的攻击性差异是如何进化的

1. Bailey 1991; Grinker 1994.

2. 海德由小团队陪同（Heider 1972）。罗伯特·加德纳是资深电影制片人，在此待了 5 个月。他拍摄的纪录片《死鸟》也许是有史以来对原始战争描述得最全面的视觉影像，是人类学课堂上非常受欢迎的经典作品。迈克尔·洛克菲勒是一名录音师，于 1961 年 11 月在巴布亚新几内亚南部海岸的阿斯马特地区逝世，他显然是被部落成员杀害的（Hoffman 2014）。见第 8 章。

3. 20 世纪 1 亿人死亡的数字包括由饥荒和疾病造成的死亡，是统计结果较高的数字之一。Keeley 1996, p. 93，推断为 20 亿。

4. Heider 1997.

5. Barth 1975, p. 175.

6. Glasse 1968, p. 23.

7. Chagnon 1997.

8. Shermer 2004, p. 89.

9. Hess et al. 2010.

10. Lescarbot 1609, p. 264, cited by Ellingson 2001, p. 29. 据埃林森说，卢梭并未将任何自然的道德善意归因于现存原住民。卢梭认为，即使在更早的时代，据推测是在人类尚未以社会群体生活的时候，人们也是"野蛮的……特质并不明显，这些特质将会随着文明的进步而出现"（Ellingson 2001, p. 82）。卢梭不接受人性本善的观点，还指责其同时代人自欺欺人地认为人类曾经生活在和平的黄金时代，更讽刺的是，其同时代的"卢梭主义者"也受到了他的批判。埃林森提到的"高贵的野蛮人"这一短语是勒斯卡伯于 1609 年提出的，他写道："野蛮人是真正高贵的。"勒斯卡伯的意思是，每个男性狩猎采集者都会打猎，而在欧洲，打猎是贵族的活动，所以"野蛮人"可以被称为高贵的。将人性本善与卢梭联系起来，似乎是伦敦民族学协会主席约翰·克劳福德于 1861 年提出的。人类学家爱德华·伯内特·泰勒和弗朗兹·博厄斯采纳了克劳福德的错误说法。例如，1904 年，博厄斯提到，卢梭"对我们应该努力恢复的理想自然状态的天真假设"。从那时起，卢梭就成了"相信古老的人性本善，后来遭到腐蚀"这一信念的错误代表。在本书中，我用"卢梭主义者"一词指代卢梭思想的流行观点（即狩猎采集者生活在和平的黄金时代），而不是指卢梭本人对人性的实际构想。

11. Chinard 1931, p. 71, cited by Ellingson 2001, p. 65.

12. Davie 1929, p. 18.

13. Orwell 1938, chap. 14.

14. Pinker 2011; Goldstein 2012; Oka et al. 2017. 有力的证据显示暴力致死率已经下降，但这并不能说明未来的情况。现代武器的威力、偶然使用核弹的风险，以及更长和平时期后出现更多暴力战争的趋势，都提醒着我们不能将任何事情视为理所当然（Falk and Hildebolt 2017）。

15. Wrangham et al. 2006.

16. Surbeck et al. 2012.

17. Shostak 1981. 玛乔丽·肖斯塔克是专业的人类学家，为昆族女性尼萨发声，并将尼萨的生活经历置于昆族社会的大背景中。肖斯塔克没有提供定量数据，但尼萨的叙述清楚地表明，昆族女性遭受身体虐待的程度是西方民主社会中的女性所不能容忍的。

18. García-Moreno et al. 2005. 值得注意的是，大多数接受调查的妇女认为，男性对女性伴侣施暴往往有正当理由，例如，女性没有告知男性就外出而忽视了孩子，或者没有为他做饭。认为男性对她们施暴这一行为有时合理的女性的比例从74%（泰国）到94%（埃塞俄比亚）不等。即使在北美，虽然只有1.5%~3.0%的女性称在过去一年中遭受过一次或多次暴力行为，但是亲密伴侣间发生暴力行为的频率也很高。相同指数在较贫穷、较边缘化和其他弱势群体中往往要高得多：在泰国、坦桑尼亚、秘鲁和埃塞俄比亚的农村地区，这一比例在22%~54%。世界卫生组织随后的一项研究调查了孟加拉国、巴西、埃塞俄比亚、日本、纳米比亚、秘鲁、萨摩亚、塞尔维亚和黑山、坦桑尼亚和泰国等地（Pallitto and García-Moreno 2013）。

19. 美国的数据来自 Black et al. 2011，基于 2010 年在全美范围内进行的 9 086 次访谈。

20. Pallitto and García-Moreno 2013, p. 2.

21. García-Moreno et al. 2013.

22. Goodall 1986.

23. Surbeck et al. 2012, 2013, 2015, and Surbeck, personal communication.

24. Herdt 1987.

25. Chagnon 1997.

26. Malone 2014.

27. Stearns 2011.

28. Keeley 1996.

29. 李（2014）质疑基利的数据的意义。

第 2 章 两种性质的攻击：反应性与主动性

1. Mashour et al. 2005, p. 412.

2. Wrangham 2018; Babcock et al. 2014; Teten Tharp et al. 2011.

3. Carré, et al. *Psychoneuroendocrinology* 36：935–44.

4.See，https：//www.theguardian.com/uk-news/2016/mar/07/bailey-gwynne-trial-boy-16-guilty-culpable-homicide.

5. Wolfgang 1958. Polk 1995 为一个澳大利亚的例子。

6. Craig and Halton 2009; Siegel and Victoroff 2009.

7. Byers 1997.

8. Clutton-Brock et al. 1982. Xu et al.（2016）记录了 2013 年美国死亡率的统计数据。美国男性全年死亡人数为 1 306 034 人，其中

12 726 人死于凶杀案（表 12, p. 52），即死亡率为 0.97%，（或每 10 万名男性中有 8.2 人死于凶杀案；见表 14）。这些凶杀案多数是由"性格之争"以外的互动引起的，包括有预谋的杀人、配偶暴力和杀害婴儿等。但是，即使我们推测"性格之争"占男性凶杀案的一半（很可能估值过高），比如每年有 0.5% 的死亡事件来自这种形式的反应性攻击，是马鹿和叉角羚中因雄性之争造成 10% 甚至更高死亡率的 1/20。

9. 见 ews.bbc.co.uk/1/hi/england/nottinghamshire/8034687.stm。

10. Hrdy（2009），pp. 3–4. Peterson 2011, p. 113，评论道："在每一次商业航空飞机起飞前，乘客都要经过将个人信息正式录入计算机、识别、讯问、编号、检查、X 光扫描、金属检测、搜查、二次检查、组织、三次检查等步骤，然后在指定的座位上坐好，系好安全带，并被告知在飞行的关键时刻不要移动。"

11. Craig and Halton 2009; Siegel and Victoroff 2009; Weinshenker and Siegel 2002.

12. Brookman 2015.

13. Wolfgang and Ferracuti（1967），p. 189.

14. 未分类的凶杀案：Wolfgang（1958）。

15. 复仇杀人：Brookman（2003）。

16. 美国未侦破谋杀案的比例超过 35%：Brookman（2015），脚注 2，数据来自美国联邦调查局。

17. "争吵似乎……"引用：van der Dennen（2006），p. 332，引用 Mulvihill et al.（1969），p. 230。约翰·范德登嫩（2006）回顾了推断大多数谋杀案都是反应性的（严格来说，是冲动性的）5 项研究。

18. "发脾气……"引用：van der Dennen（2006），p. 332，引用 Mulvihill et al.（1969），p. 230。青少年的非致命性攻击似乎与成年人谋杀案的模式相同。在儿童中，发生频率相对较高的非致命性身体攻击是反应性的。主动性攻击更多具有间接的、非身体攻击等特征（例如，流言蜚语）（Frey et al. 2014, pp. 287–288）。

19. Wilson and Daly（1985）.

20. 在底层阶级中，为荣誉大打出手的情况更加频繁：Polk（1995），Brookman（2003）。收入不平等和反应性攻击：Daly and Wilson（2010）。

21. 尼斯贝特和科恩（1996）通过实验表明，来自美国南部的年轻男性对标准化的实验性侮辱的反应比来自美国其他地区的男性更具攻击性。他们提出，南方人的高情绪反应是源于他们是从欧洲部分地区移民过来的人口，在那里荣誉感尤其受到重视。戴利和威尔逊（2010）认可南方荣誉文化的原则，但表示这同样可以解释为是由收入高度不平等造成的。

22. Keedy 1949, p. 760.

23. Ibid., p. 762.

24. Shimamura 2002.

25. LaFave and Scott 1986, p. 654, cited by Bushman and Anderson 2001, p. 274.

26. Bushman and Anderson 2001, p. 274.

27. Berkowitz 1993.

28. Dodge and Coie 1987. 在分类系统中仍有一些变种。美国国家心理健康研究中心在 2008 年启动了一项了解行为下的生物机制的战略计划，旨在将临床研究与神经心理学结合起来，创建反映大脑和身体工作方式的行为类别。他们把攻击行为分为三类。主动性（或进攻性）和反应性（或防御性）攻击是其中两种，还包含挫折性无奖励攻击，这是指人们在无法得到想要的东西时做出的攻击行为。第三种类型可能被恰当地视为"反应性攻击"的子类。见 Veroude et al. 2015; Sanislow et al. 2010; https：//www.nimh.nih.gov/research-priorities/rdoc/units/index.shtml。

29. Crick and Dodge 1996; Weinshenker and Siegel 2002; Raine 2013; Schlesinger 2007; Declercq and Audenaert 2011; Meloy 2006.

30. Raine 2013.

31. Raine et al. 1998a.

32. Cornell et al. 1996.

33. Neumann et al. 2015.

34. Coid et al. 2009.

35. Kruska 2014. 所有被研究的 8 种家养物种边缘系统的大小都比野生动物缩小了：猪（缩小了 44%）、狗（贵宾犬）（缩小了 42%）、羊（缩小了 41%）、豚鼠（缩小了 25%）、水貂（缩小了 17%）、大鼠（缩小了 12%）、美洲驼（缩小了 3%）和沙鼠（缩小了 1%）。

36. Umbach et al. 2015.

37. Dambacher et al. 2015.

38. 血清素的作用：Davidson et al. 2000; Siever 2008; Almeida et al. 2015。尽管低血清素活力与冲动、冒险和攻击性行为之间的关系已被充分证实，但其有个复杂的特点，即在某些情况下，过度的攻击性与高浓度而非低浓度的血清素有关（de Almeida et al. 2015）。

39. Weinshenker and Siegel 2002, 关于主动性攻击。

40. Almeida et al. 2015.

41. Flynn 1967; Meloy 2006.

42. Tulogdi et al. 2010; Tulogdi et al. 2015.

43. Shimamura 2002; Manjila et al. 2015. 迈布里奇的脑损伤，包括前额皮质的损伤，与 1848 年铁路工人菲尼亚斯·盖奇的损伤相似，当时一根金属棒射穿了他的前脑。盖奇在事故发生后活了近 12 年，发生了一系列与迈布里奇的经历类似的个性变化。他的案例使人们在理解前额皮质的功能方面取得了重要进展（Damasio 1995）。

44. Segal 2012.

45. Veroude et al. 2015.

46. 使用的两种主要问卷：Raine 设计的反应性和主动性问卷（Reactive and Proactive Questionnaire, RPQ），以及 Buss 和 Perry 设计的攻击性问卷（Buss-Perry Aggression Questionnaire, BPAQ）（Tuvblad et al. 2009; Tuvblad and Baker 2011）。Tuvblad 和 Baker 于 2011 年给出了问题的例子。

47. 反应性攻击与主动性攻击的最新双胞胎研究：Paquin et al. 2014。先前的研究发现主动性攻击的遗传可能性更高：在加州 9～10 岁的男孩中，主动性攻击的占比为 32%～50%，反应性攻击的占比为 20%～38%，Baker et al. 2008；在加州 11～14 岁的男孩中，主动性攻击的占比为 48%，反应性攻击的占比为 43%，Tuvblad et al. 2011。心理变态的遗传可能性：Ficks and Waldman 2014。

48. Plomin 2014.

49. Ficks and Waldman 2014; McDermott et al. 2009.

50. Raine quote was cited by Adams 2013.

51. Nikulina 1991.

第3章　人类是如何被驯化的

1. Coppinger and Coppinger 2000, p. 44.

2. Hearne 1986.

3. Kagan 1994, p. 96.

4. Zammito 2006; Bhopal 2007. Painter 2010 和 Gould 1996（引自 p. 405）描述了一种讽刺现象：布鲁门巴哈在对人类多样性的态度上是罕见的平等主义者，但他所认为的高加索人是原始人类的观点成了后来种族主义思想的来源。

5. Blumenbach 1795, p. 205; 1806, p. 294; 1811, p. 340.

6. 据我所知，布鲁门巴哈从未列出能够说服人们相信人类是被驯化的证据。然而，他把非人类动物的驯化定性为"变得温顺"的过程；他认为在所有物种中，人类经历了最完全的驯化。他的观点体现在以下关于 1811 年的完整引用中（Blumenbach 1811, p. 340）："人是一种被驯化的动物。而其他动物因为在人身边成为家养动物，其个体首先从野生状态中脱离出来，并住在荫蔽之下，变得温顺；而人则相反，生来就被大自然指定为被最完全驯化的动物。其他家养动物是通过人首先达到这种完美状态才得以驯化的。人是唯一一个使自身达到完美状态的物种。"

7. Singh and Zingg 1942.

8. Blumenbach 1865; Candland 1993. 蒙博杜引自 Singh and Zingg 1942, p. 191。

9. 如今，彼得被认为患有皮特 - 霍普金斯综合征，这种疾病是由 18 号染色体突变引起的。

10. Blumenbach 1811, p. 340.

11. Ibid. 1806, p. 294.

12. Ibid., p. 903.

13. Brüne 2007.

14. Hutchinson 1898; Nelson 1970.

15. Hutchinson 1898, p. 115. 哈钦森（p. 116）讲述了一个有趣的骗局。国王在离开宫殿时遇到一个高个子女孩，他交给她一张给司令官的纸条。纸条上写着："马上把送信人交给大个子爱尔兰人麦克杜尔，不要听别人的反对意见。"女孩猜到发生了什么事，就把纸条交给了一个老妇人。这个老妇人立刻与这个讨厌的爱尔兰人结了婚。国王后来宣布这桩婚姻无效。

16. Darwin 1871, p. 842.

17. Darwin 1845, p. 242.

18. Bagehot 1872, p. 38.

19. Crook 1994.

20. Brüne 2007.

21. Lorenz 1940，原文是德文。Kalikow 在 1983 年研究了劳伦兹担忧人类文明衰落的来源。她发现，这些担忧更多是来自长期以来的德国传统，而不是纳粹政治。劳伦兹似乎受到了生物学家恩斯特·海克尔（1834—1919）的强烈影响。

22. Lorenz 1943, p. 302.

23. Nisbett 1976, p. 83.

24. 霍尔丹 1956 年的作品和尼斯贝特 1976 年的作品是批判劳伦兹关于人类驯化和种族纯洁性观点的几部作品中的两部。霍尔丹这样做的部分原因是要挑战人类是被驯化的这一观点。他指出，与人类不同的是，家养动物往往交流能力较差，在体格上比较特殊。他还认为，家养动物是通过人工选择产生的，而人类不可能也如此。

25. Mead 1954, p. 477.

26. Boas 1938, p. 76.

27. Leach 2003; Boehm 2012; Frost and Harpending 2015; Cieri et al. 2014;；Gehlen 1944 cited by Brüne 2007; Nesse 2007; Phillips et al. 2014; Lorenz 1940; Dobzhansky 1962; Clark 2007; Gintis et al. 2015.

28. Dobzhansky 1962, p. 196.

29. Leach 2003.

30. Ruff et al. 1993.

31. Brace et al. 1987; Leach 2003; Lieberman et al. 2002.

32. Frayer 1980.

33. Cieri et al. 2014.

34. Henneberg 1998; Bednarik 2014. 人类脑部大小变化的意义存在争议，因为这种变化与体重变化相吻合，一些人认为，较小的大脑与较小的身体之间的关联毫无意义（Ruff et al. 1997）。

35. Kruska 2014; Kaiser et al. 2015; Lewejohann et al. 2010.

第 4 章　驯化综合征

1. Darwin 1868; Hemmer 1990; Price 1999.

2. 从 30 万年前开始，文化复杂性开始不断增加：McBrearty and Brooks 2000, Brooks et al. 2018。

3. Oftedal 2012; Gould and Lewontin 1979; Gould 1997.

4. Gould 1987; Herrera et al. 2015; Alcock 1987 指出，即使阴蒂是作为进化的副产品出现的，其随后也可以具有适应性功能。

5. Dugatkin and Trut 2017.

6. Wrinch 1951.

7. Adam Wilkins，个人通信。

8. Shumny 1987; Trut 1999; Bidau 2009. 1959—1985 年，别利亚耶夫领导着该研究所，该研究所成为苏联最大的遗传学研究中心。

9. Statham et al. 2011.

10. Trut et al. 2009; Dugatkin and Trut 2017.

11. Trut et al. 2009.

12. Ibid.; Dugatkin and Trut 2017.

13. Trut 1999.

14. Belyaev et al.（1981）p. 267.

15. Ibid., p. 268.

16. Trut 1999, p. 164.

17. Ibid., p. 167.

18. Darwin 1868.

19. MacHugh et al. 2017.

20. Kruska and Sidorovich 2003.

21. Sidorovich and Macdonald 2001.

22. Kruska and Sidorovich 2003; Kruska 1988; Groves 1989.

23. Lord et al. 2013. See also Hughes and Macdonald 2013.

24. Dugatkin and Trut 2017.

25. Kruska 2014; Kruska and Steffen 2013.

26. Künzl et al. 2003.

27. Plyusnina et al. 2011; Price 1999; Malmkvist and Hansen 2002; Bonanni et al. 2017. Range et al. 2015 认为狗比狼更有等级观念，但 Bonanni et al. 2017 指出以上结论有问题。见 Mech et al. 1998。

28. Simões-Costa and Bronner 2015.

29. Trut et al. 2009.

30. Wilkins et al. 2014.

31. Trut et al. 2009; Simões-Costa and Bronner 2015.

32. Wilkins et al. 2014, p. 801.

33. Crockford 2002.

34. 来自不同地理区域（从西班牙到印度）的家鼠至少有 4 个亚种被独立地与人类联系起来。这些"共生动物"带有一些驯化综合征的特征，包括毛发颜色变化、脸部和臼齿排缩短，以及体形可能缩小（Leach 2003）。家鼠从晚更新世时开始与智人生活在一起，至少在 1.5 万年前，比农业发展还要早几千年，显然是被第一次生活在长期定居点的狩猎采集者的房屋和他们储存的谷物吸引了（Weissbrod et al. 2017）。

35. Kruska 1988; Trut et al. 1991（article in Russian）. 请注意，银狐在 20 世纪 20 年代从加拿大引进后一直被圈养在西伯利亚，因此在 1958 年别利亚耶夫的试验开始之前，一些无意的驯化选择可能就已经存在了（Statham et al. 2011）。目前还没有人将别利亚耶夫选育的银狐品系与加拿大野生狐狸进行比较。在红原鸡（鸡的野生祖先）中进行低恐惧程度的试验性选择，致使其在 5 代内大脑变小（Agnvall et al. 2017）。

36. Creuzet 2009; Aguiar et al. 2014. "FGF" 是指"成纤维细胞生长因子"。

37. Van der Plas et al. 2010; Feinstein et al. 2011; Chudasama et al. 2009; Stimpson et al. 2016; Brusini et al. 2018; Suzuki et al. 2014.

38. Librado et al. 2017; Singh, N. et al. 2017; Pilot et al. 2016; Pendleton et al. 2017; Montague et al. 2014; Theofanopoulou et al. 2017; Wang et al. 2017; Alex Cagan, quoted by Saey 2017 ; Sánchez-Villagra et al. 2016. Carneiro et al. 2014. 在野兔和家兔的遗传比较中未发现神经嵴的影响，但其数据并不排除这种变化。

39. Theofanopoulou et al. 2017.

40. Ibid., p. 5.

第 5 章　野生动物的自我驯化

1. 这是布鲁门巴哈"学识渊博的心理学家"（Blumenbach 1806, p. 294）所想象的驯化者。见第 3 章。

2. Clutton-Brock 1992, p. 41.

3. Schultz and Brady 2008.

4. 人类学家弗朗兹·博厄斯可能是第一个引用驯化综合征版本，并将其作为将人类视为驯化物种的部分理由的人（1938, pp. 83–85）。他列举了人类与家养动物共有的特征，两者共同特征的重点是变异。因此，他提出注意色素的减少或加深、毛发的卷曲或过长，以及身形的巨大变化。他还提到了"泌乳结构的变化"和"性行为的异常"。

5. 亚洲象十分容易被驯服。与人类一起工作的个体也常常带有灰白斑纹，这暗示了它们体内黑色素细胞迁移的失败，提高了它们被驯化或自我驯化的可能性。

6. Hare et al. 2012. See also Clay et al. 2016.

7. Furuichi 2011.

8. Goodall 1986; Muller 2002.

9. Muller et al. 2011.

10. Feldblum et al. 2014.

11. Wilson et al. 2014.

12. Kano 1992; Furuichi 2011.

13. Behncke 2015, p. R26.

14. Ibid.

15. Kelley 1995.

16. Raine et al. 1998b; Ishikawa et al. 2001.

17. Smith and Jungers 1997.

18. Hare et al. 2007.

19. Hare and Kwetuenda 2010.

20. Stimpson et al. 2016.

21. 倭黑猩猩和黑猩猩分化的时间：87.5 万年（Won and Hey 2005），150 万 ~ 210 万年（de Manuel et al. 2016）。估算的时间相差极大，因为这取决于尚不确切清楚的因素，包括突变率和世代时间。

22. Van den Audenaerde 1984.

23. Coolidge 1984, p. xi.

24. Myers Thompson 2001 描述了比我在这里给出的更复杂的倭黑猩猩的命名历史。尽管柯立芝是第一个将倭黑猩猩定义为物种的人，但自 19 世纪 80 年代以来，根据收集的资料和照片，倭黑猩猩一直被归类为黑猩猩的亚种。然而，柯立芝是第一个认识到其头骨是幼稚形态的人，并且他提出将其作为独立的物种。

25. 大猩猩作为过度生长的黑猩猩。引自 Mitteroecker et al. 2004, p. 692。Pilbeam 和 Lieberman（2017）明确阐述了造成这一概念的大猩猩和黑猩猩之间的相似性。

26. Pilbeam and Lieberman 2017. See also Duda and Zrzavý 2013.

27. Hare et al. 2012.

28. Shea 1989, p. 84.

29. Hare et al. 2012.

30. 关于猕猴趴到伴侣身上交配的年龄变化，见 Wallen 2001。

31. Treves and Naughton-Treves 1997.

32. Palagi 2006.

33. Behncke 2015, p. R26.

34. Furuichi 1989 首次指出野生雄性服从于雌性联盟，雌性联盟有时会攻击雄性。Parish 1994 将倭黑猩猩和黑猩猩进行比较，证实了动物园种群中雌性联盟的重要性。

35. Surbeck and Hohmann 2013 记述了其在野外，即刚果（金）的吕科塔莱的详细研究。在对 33 ～ 35 只倭黑猩猩进行观察的 19 个月中，他们记录了 26 个对抗雄性的雌性联盟。在其中的 14 个案例中，在雌性联盟形成之前，雄性对雌性（通常是等级比它低的雌性）或多半对雌性的后代进行过攻击。Tokuyama and Furuichi 2016 给出了刚果（金）万巴的更多细节。

36. 5 只黑猩猩和两只倭黑猩猩社区的数据在联盟和合作的模式上显示出明显的物种差异，Surbeck et al. 2017。Tokuyama and Furuichi 2016 描述了雌性倭黑猩猩之间的常规合作。

37. Baker and Smuts 1994.

38. Smith and Jungers 1997.

39. Hare et al. 2012 描述了这种情况，即因为倭黑猩猩缺乏与大猩猩的竞争，所以倭黑猩猩面临着一系列新的选择压力。

40. Takemoto et al. 2015 显示刚果河的年龄足以鉴定。

41. 回顾一下，倭黑猩猩和黑猩猩分化的时间估计在100万年前前后，Won and Hey 2005, Prüfer et al. 2012。

42. de Manuel et al. 2016.

43. Yamakoshi 2004; Wittig and Boesch 2003; Pruetz et al. 2017.

44. Limolino 2005; Losos and Ricklefs 2009.

45. Stamps and Buechner 1985.

46. Raia et al. 2010 回顾了与高种群密度的联系，他们通过研究种群密度异常低的岛屿上的蜥蜴来检验这一联系。与种群密度理论一致，所研究的蜥蜴并未表现出在大多数岛屿上的同类身上发现的典型的反应性攻击倾向降低的特点。

47. Rowson et al. 2010.

48. Nowak et al. 2008; Cardini and Elton 2009.

第 6 章　人类进化中的别利亚耶夫规则

1. Dirks et al. 2017; Berger et al. 2017; Argue et al. 2017.

2. Stringer 2012 和 Lieberman 2013 对人类进化进行了很好的介绍。

3. 非洲智人进入欧亚大陆后扩展范围的数量，以及其对现存人口的遗传贡献尚有待研究。至少有两个确凿证据（Nielsen et al. 2017; Rabett 2018）。

4. McDougall et al. 2005.

5. 杰贝尔依罗人：Hublin et al.（2017）。杰贝尔依罗人代表智人的说法是有争议的，部分原因是人们对同一时期生活在非洲的其他智人种群所知甚少。2013年才被发现的小脑袋纳莱迪人居住在非洲南部的部分地区。距今大约30万年前的其他人类种群可能仍有待发现。可能有一天人们会发现某些种群具有杰贝尔依罗人所没有的智人特征，这就提出了一种可能性，即杰贝尔依罗人与其他仍然未知的种群交配后，才产生了智人的全部特征（Stringer and Galway-Witham 2017）。

6. Lieberman et al. 2002; Lieberman 2011; Brown et al. 2012.

7. 遗传学证据：Nielsen et al. 2017, Schlebusch et al. 2017。石器技术的变化：McBrearty and Brooks 2009, Lombard et al. 2012。奥洛戈赛利叶人：Brooks et al. 2018。

8. Stringer 2016.

9. 该描述是基于非洲人的头骨和骨骼，因为欧洲的资料更多，所以约同一时期的一些欧洲化石为研究者提供了少许的帮助。见 Cieri et al. 2014; Stringer 2016。

10. 格舍尔伯努瓦雅各的中更新世人的行为。植物性食物：Melamed et al. 2016; 燧石片的生产和可能的工具：Alperson-Afil and Goren-Inbar 2016; 石板：Goren-Inbar et al. 2015; 火的使用：Goren-Inbar et al. 2004, Alperson-Afil 2008; 多刺睡莲的烹饪和复杂的准备工作：Goren-Inbar et al. 2014; 屠宰：Rabinovich et al. 2008。"今天仍在食用的物种"是多刺的睡莲芡实，其可食用的种子营养丰富。复杂准备工作的证据来自印度比哈尔邦，在那里，人们在水下收集种子，然后晒干、烘烤并使其爆裂（Goren-Inbar et al. 2014）。

11. Harvati 2007; Stringer 2016.

12. Cieri et al. 2014; Ruff et al. 1993; Frayer 1980.

13. 大脑大小：Schoenemann 2006, Hublin et al. 2015。

14. 智人头骨呈球状：Lieberman et al. 2002。导致头骨球状化的发育模式是有争议的。对比分析表明，关键变化发生在出生前（Ponce de Leon et al. 2008, 2016）、出生后（Gunz et al. 2010, 2012），也许两个阶段都有（Lieberman 2011）。

15. Zollikofer 2012.

16. 尼安德特人作为与智人拥有共同祖先的模型：Williams 2013。

17. 大脑尺寸缩小：Henneberg and Steyn（1993），Henneberg 1998，Allman 1999, Groves 1999, Leach 2003, Bednarik 2014, Hood 2014。Groves（1999, p. 10）声称，大脑尺寸缩小并不是由于身体变小，部分原因是这种缩小并不与身长变短相吻合。Ruff et al. 1997 提出尼安德特人和智人之间大脑大小的差异完全是由于身体大小的差异这一论点仅指体重，而不是身长。Hublin et al. 2015 同意 Ruff et al. 1997 的观点。

18. Higham et al. 2014; Bridget Alex，个人通信。

19. Williams 2013.

20. Slon et al. 2017.

21. Prüfer et al. 2014.

22. 由于人们为了更好地了解突变率和世代时间而持续做出的努力，可能会使这一日期出现变化，见 Moorjani et al. 2016。

23. Lieberman 2008, p. 55. 研究表明，杰贝尔依罗化石可以追溯到31.5 万年前，而在这之前，利伯曼就已经写下了这些话。

24. Marean 2015. 正如 Henrich 2016 所认为的那样，聚焦文化技艺十分有道理。

25. Pearce et al. 2013. 经鉴定，32 个智人和 13 个尼安德特人的头骨可追溯到近 7.5 万年前。

26. Melis et al. 2006; Tomasello 2016.

27. Asakawa-Haas et al. 2016; Schwing et al. 2016; Drea and Carter 2009.

28. Hare et al. 2007.

29. Joly et al. 2017.

30. Stringer 2016.

31. Weaver et al. 2008.

32. Lieberman 2013; 气候的影响：Pearson 2000。Lieberman 2008 解释了头骨和牙齿的变化。Lieberman 2011 详细讨论了这些问题。

33. Leach 2003, p. 360.

34. 智人的遗传根源：Schlebusch et al. 2017。

第 7 章　性别差异与暴君问题

1. 表现出无私行为的动物：de Waal 1996, 2006, Peterson 2011。Greene 2013 讨论了达尔文对在不援引神灵的情况下解释道德的关注。

2. 男 性 比 女 性 更 暴 力：Daly and Wilson 1988, Wrangham and Peterson 1996, Pinker 2011。

3. Darwin 1871, p. 875.

4. Ibid., p. 876. 尽管达尔文对死刑和惩罚的潜在选择性效应令人印象深刻，但他无意评估其相较于积极道德行为的社会认可的重要性。达尔文的下一句话（在写完"人们最初就这样获得了基本的社会本能"之后）显示了其矛盾心理："但是，关于引起道德进步的原因，我在论述低等种族时已经说得够多了，即同胞的认可、通过习惯而增强的同情心、榜样和模仿、理性、经验与自身利益、青年时期的教育及宗教感情。"鉴于这一总结性陈述没有提到他在前一段中讨论的社会惩罚的影响，并不令人惊讶的是，他关于暴力倾向降低的进化观点在很大程度上被忽视了。

5. Darwin 1871, p. 842.

6. 值得注意的是，达尔文甚至把他关于道德进化的设想与驯化过程进行比较。"在饲养家养动物的过程中，"他写道，"尽管数量不多，但淘汰那些明显低劣的个体，绝不是通往成功路上无足轻重的因素。"达尔文所说的"低劣"是指过度的攻击性。他是说，制约暴力人类生存的人类法律与制约暴力动物生存的人类行为具有相同效力。这两种情况的结果都是降低攻击性，达尔文把这种效力归结为道德进化，而如今，多亏了别利亚耶夫，使我们得以认识到这是驯化或自我驯化的关键组成部分。达尔文进一步阐述了这一类比。与养家养动物一样，他推测人类在生物学上被赋予道德这一结果（由于对攻击者的处决）将是偶尔的基因倒退。这也许解释了在品行端正的家庭中也可能莫名其妙地出现异常暴力的人。"对人类来说，"他写道，"某些最糟糕的性格，偶尔在没有任何可指定原因的情况下出现在家庭中，也许是从我们没有经过很多代人的努力就脱离的状态逆转到野蛮状态的。"（Darwin 1871, p. 876）。在此，他再次设想，通过我们认为的与驯化非常相似的过程，人类的攻击性已经降低了。

7. Ibid., p. 872. 在这段引文中，我省略了自认为是干扰的短语："而这将是自然选择。"虽然这个附加的短语可以被解释为达尔文认为自然选择是爱国精神、忠诚等增加的原因，但从《人类的由来及性选择》这一章（第5章）中的其他段落可以看出，他不认为这些特征是通过遗传变化传播的。

8. Bagehot 1883, p. 32. 在白芝浩看来，关系密切型部落是指那些社会内部紧密团结的部落。他还说："与其他动物不同，人是所有动物中最强壮的，他必须成为自己的驯化者，他必须驯服自己。发生的方式是，最顺从、最温顺的部落在真正的生活斗争的第一阶段是最强壮的，是征服者……"

9. Hanson 2001.

10. Choi and Bowles 2007; Bowles 2009. Choi and Bowles 2007 中有对狭隘利他主义的明确定义，指当"行为人的群体成员因其对其他群体的敌对行为而受益"时，个体承担"致命风险"或放弃"联盟、共同担保和交易的有利机会"（p. 636）。

11. Langergraber et al. 2011; van Schaik 2016.

12. Bellinger Centenary Committee 1963, p. 14. Choi and Bowles 2007 所引用的澳大利亚原住民之间的"激战"出自 Lourandos 1997。Lourandos 1997 没有描述战斗，引用的是 Coleman 1982 的说法。

Coleman（1982, p. 2）提到了这场涉及 700 人的战斗："早期定居者在贝灵格河的北岸海滩目睹了一场战斗，来自麦克利河和贝灵格河的人与来自克拉伦斯河的人对抗，总共约有 700 人。"（Bellinger Centenary Committee 1963）。妇女、儿童和老人经常陪同着战士们，战斗之后是长达一个月的宴会、婚礼和狂欢。贝灵格百年纪念委员会（1963）的报告是一个 30 页的小册子，其中几乎有一半是关于农业机械等农场用具的整版广告。它没有假装自己是学术出版物，也没有参考文献。其主题是该地区农场的情况。关于这场战斗的记录没有指明作者，据说是约翰·格瑞尔先生的所见。"（他）和许多其他早期定居者有幸在黑人专门为其划出的'安全区'里观看。这是在部落战斗中一贯采取的做法。"（p. 13）。这场战斗被暗示发生在 1862 年之后的某个时间，当时第一批正式定居者抵达了新南威尔士州东北部地区的贝灵格山谷。

13. Gted by Gat 2015, from Wheeler 1910, p. 148–149.

14. 文化对自我牺牲行为的影响：Kruglanski et al. 2018。

15. Darwin 1871, p. 870.

16. Alexander 1979.

17. Engelmann et al. 2012. See also Nettle et al. 2013; Engelmann et al. 2016.

18. Kurzban and Leary 2001 引用了从鱼类（刺鱼）到灵长类动物（狒狒、黑猩猩）中"不好的合作者"被回避的案例。对于刺鱼而言，被寄生虫侵扰的个体是"不好的合作者"。

19. Bateson et al. 2006.

20. Gurven et al. 2000. See also Boehm 2012.

21. Nesse 2007, p. 146. See also Nesse 2010.

22. Cieri et al. 2014

23. Cieri et al. 2014; Leach 2003; Lefevre et al. 2013 评述了女性化。

24. Anderl et al. 2016; Stirrat et al. 2012; Carré et al. 2008, 2013;

Haselhuhn 2015. 标准化面部宽度的测量方法是用颧骨间宽度除以上面部的高度。

25. Hrdy 2009; van Schaik 2016; Tomasello 2016.

第8章　死刑是阻止暴君的唯一方法吗？

1. Anonymous 1821, pp. 15–16.

2. Banner 2003, pp. 1–2，基于 Anonymous 1821 描述了克拉克的案例。即使现在，世界上也有一些地方允许对非暴力犯罪执行死刑。在沙特阿拉伯，贩卖毒品、叛教、异端和巫术可以判处死刑。根据国际特赦组织 2015 年的数据，从 1985 年 1 月到 2015 年 6 月，在沙特阿拉伯至少有 2 208 人被判处死刑。

3. Bedau 1982; Fischer 1992; Banner 2003.

4. Fischer 1992, pp. 91–92.

5. Ibid., p. 193; Bedau 1982, p. 3.

6. Morris and Rothman, eds., 1995.

7. Hoffman 2014, p. 281.

8. Otterbein 1986, p. 107. 其样本中有 53 个社会。

9. Boehm 1999, 2012.

10. Lee 1984, p. 96.

11. Workman 1964.

12. Boas 1988, p. 668.

13. Warner 1958, pp. 160–61.

14. White, ed., 1985, p. 132.

15. Gellner 1994, p. 7.

16. Bridges 1948, p. 410.

17. Knauft 1985. 在此我用"意志的"与"天生的"两者划分巫师

与女巫，是对 Knauft 1985, pp. 340–345 中对差异进行充分讨论的极简略总结。

18. 同上，pp. 98–99。科诺夫特根据几个实际指控的完整记录阐释并简化了谈话内容。

19. Vrba 1964, p. 115.

20. Des Pres 1976, p. 140。Futch 1999 描述了美国内战期间，在安德森维尔监狱中与面包法类似的风气。

21. Weinstock 1947, pp. 120–121.

22. Marlowe 2005 发现，341 个最知名的民族语言狩猎采集者社会，总人口数量平均为 895 人。

23. Bridges 1948, p. 216.

24. Fried 1967; Woodburn 1982; Flanagan 1989; Boehm 1999. 最不平等的流动狩猎采集者是澳大利亚原住民，其社会被称为"老年政治"，指的是长者（大约 50 岁的男人）对年轻妻子进行垄断（Berndt 1965; Meggitt 1965; Hiatt 1996）。长老们对宗教信仰进行绝对控制，以此获得了无上权力，但"从任何意义上讲，他们都不是酋长委员会成员……他们往往是原住民权威的象征，而不是正式的领导人"（Liberman 1985, p.65）。与其他平等主义社会一样，据说原住民"并不渴望向其他原住民发布命令"，原因似乎很明确："与其说是不渴望社会权力，不如说是害怕面对，自以为比同伴强所产生的社会后果。" Liberman 1985, p. 259.

25. Liberman 1985, pp. 27–28.

26. Shostak 1981.

27. Marlowe 2004, p. 77.

28. 这种概括也有很有趣的例外。倭黑猩猩在雄性和雌性之间建立起独立而重叠的等级制度，因此每个性别都有一个首领，雄性或雌性都可以占主导地位。表面上看，少数灵长类物种与移动的狩猎采集者相呼应，都有雄性—雄性关系系统，这个系统没有首领位置，也没有明显的等级制度。然而，这类灵长类动物的平等主义与人类的平等主义不尽相同，不同之处在于，它们没什么野心：平等的雄性灵长类动物对相互竞争不太感兴趣（如狨猴）。

雄性等级制度与狩猎采集者的等级制度更为相似的灵长类物种是阿拉伯狒狒，这种狒狒的雄性之间很少相互争斗。每只公狒狒与一只或多只母狒狒形成亲密关系，在单个家庭或雄性单位中，与母狒狒保持永久的亲密关系。几个雄性单位组合成一个氏族，在氏族内部，雄性互相尊重对方的家庭：它们不会想要偷走对方的母狒狒。同样，两三个氏族组成一个族群，在族群内部，雄性也相互尊重。只有不同族群相遇，尤其是要竞争彼此的母狒狒时，雄性才可能表现出攻击性（Swedell and Plummer 2012）。因此，在自己的氏族或族群内部，雄性阿拉伯狒狒没有兴趣与其他雄性狒狒竞争。相比之下，人类中的男性狩猎采集者为了声望，在身体技能、狩猎能力、神圣知识等方面进行竞争。他们将平等主义归因于"表亲暴政"，而不是对竞争缺乏兴趣。

29. Chapais 2015.

30. 通常，南美洲的小绢毛猴群体只有一只雌猴和两只成年雄猴。两只雄性都会与之交配，但它们很少相互攻击，因此没人描述过雄性之间的支配地位。雄猴经常互相梳理，分享食物。雌猴经常会生下双胞胎，但两个幼崽的父亲可能不同（Goldizen 1989; Huck et al. 2005; Garber et al. 2016）。

31. Woodburn 1982, p. 346.

32. Boehm 1999, p. 68.

33. Inuit bully : Boehm 1999, p. 80.

34. Lee 1969.

35. Woodburn 1982, p. 440.

36. Cashdan 1980, p. 116.

37. Burch 1988, p. 25.

38. Briggs 1970.

39. Durkheim 1902.

40. Boehm 1999, p. 68.

41. 同上，第 83 页。Boehm 发现了一个特例，恶霸没有被杀。这个恶霸是格陵兰岛一个因纽特萨满，他杀死了本群体的竞争对手，这让幸存者十分恐惧。他的行为报告来自一群访问因纽特人的斯堪的纳维亚人，他们只访问了因纽特群体几个星期。Boehm 的调查让他相信，如果来访者待得更久，他们会记录下那个萨满遭到处决的过程。

42. Phillips 1965, p. 187.

43. 朱/霍安西人的规范执行：维斯纳 2005。数据源于 308 场谈话。

44. Muller and Wrangham 2004; Carré et al. 2011; Terburg and van Honk 2013.

45. Langergraber et al. 2012; Mech et al. 2016.

46. Knauft 1985.

47. 这些数字根据原文中的表 4 和表 5 计算而来。表 4 显示，在 230 名成年男性死亡事件中，有 81 人（即 35.2%）死于凶杀；在 164 名成年女性死亡事件中，有 48 人（29.3%）死于凶杀。表 5 显示，在 101 名成年谋杀受害者中，有 70 人（即 69.3%）是巫师，而在 55 名女性谋杀受害者中，有 29 人（即 52.7%）是巫师。因此，巫师被杀的概率为 69.3% 的成年男性中的 35.2%（即 24.4%），以及 52.7% 的成年女性中的 29.3%（即 15.4%）。其他杀人案被列为"直接与巫术有关""巫术突袭""战斗""与精神错乱有关"以及"其他/原因不明"。

48. Knauft 2009.

49. Kelly 1993, p. 548.

50. Nash 2005.

51. Benedict 1934.

52. Otterbein 1986, p. 38.

53. Boehm 1999, p. 79.

54. Beard 2015; Workman 1964.

55. Dediu and Levinson 2013; Hublin et al 2015; Prüfer et al. 2014; Tattersall 2016.

56. Otterbein 1986; Kelly 2005; Okada and Bingham 2008; Phillips et al. 2014; Gintis et al. 2015.

57. Steven LeBlanc，个人通信。20 世纪 90 年代，LeBlanc 在美国加州为一个传教士团体筹款时，从一个雅诺马马人那里听说了这个故事。

58. Tomasello and Carpenter 2007, p. 121.

59. Tomasello and Carpenter 2007.

60. Morrison and Reiss 2018.

61. Tattersall 2016, p. 164。这一资料为大量关于语言演变的文献提供了有用的简要介绍。另见 Klein 2017，他认为语言发展速度极为缓慢，约在 5 万年前有了关键性提高；Corballis 2017 将语言与其他更新世时期发展起来的心理能力联系起来；Buckner 和 Krienen 2013 展示了更大的大脑如何产生语言能力等新兴属性；Hauser 和 Watumull 2017 提出了让语言进化成为可能的人类的具体认知能力。

第 9 章　驯化作用与攻击性降低和同性恋倾向

1. 人类从单细胞生命进化而来：Dawkins 2005。

2. 最古老的灵长类动物化石可追溯到近 6 000 万年前的古新世，但遗传数据表明，灵长类动物起源于白垩纪晚期（Francis 2015）。

3. Lovejoy 2009. See also Hylander 2013; Muller and Pilbeam 2017.

4. Hare 2017 还指出，只是由于人类体形变得更大，才使得大脑更大。大脑更大，前额皮质也不成比例地变得更大，所以自我控制能力更强可能是变大的偶然结果，而不是直接选择而来的。

5. MacLean et al. 2014.

6. Herculano-Houzel 2016.

7. Francis 2015.

8. Geiger et al. 2017.

9. Trut et al. 2009; Evin et al. 2017; Sánchez-Villagra et al. 2017.

10. 幼态延续指的是幼体特征的发展速度很慢。就后置性而言，祖先物种和后代物种的发展速度相同，但幼体特征发展得相对较晚。动物相对较早达到性成熟时，就会发生亲缘关系（Gould 1977）。

11. Trut et al. 2009, p. 353.

12. Gariépy et al. 2001.

13. 试验性驯化项目也是用红原鸡（即鸡的祖先）进行的。对人类恐惧感较低的选择会产生驯化综合征，在其他支持这一观点的结果中，选择更温顺的鸡，会增加血清素的循环，使大脑变得更小（Agnvall et al. 2015, 2017）。

14. Buttner 2016.

15. Trut et al. 2009.

16. 驯化物种不同，幼体效应也有所差异。由于低情绪反应选择，银狐皮质醇的基础水平要低得多，但与它们的野生祖先穴居动物相比，驯化豚鼠的皮质醇基础并没有减少，驯化的狐狸、野鸭或小鼠也是如此。然而，尽管豚鼠皮质醇的基础水平不低，但当应对压力时，它们与所选定的狐狸一样，皮质醇的增幅大大减少（Künzl 和 Sachsler 1999）。另外，驯养的红原鸡在被处理时，产生的皮质醇与它们未经选择的祖先一样多（Agnvall et al. 2015）。

17. Trut 1999.

18. Lord 2013; Buttner 2016. 狗和狼的基因几乎完全相同，但在参与压力调节时，两种基因在下丘脑表达的速度上有所不同［CALCB（降钙素相关多肽 beta ）和 NPY（神经肽 Y）］（Buttner 2016 ）。

19. Künzl and Sachsler 1999; Trut et al. 2009.

20. Hemmer 1990; Leach 2003; Raine et al. 1998b; Isen et al. 2015. 因果关系的方向可能比确保攻击成功的体能力量更加复杂。在明尼苏达州对 2 495 名儿童双胞胎开展的研究中发现，更具身体攻击性的 11 岁男孩，并不一定符合越年轻越强壮的规律（Isen et al. 2015 ）。

21. Lieberman et al. 2007; Durrleman et al. 2012.

22. Wobber et al. 2010; Durrleman et al. 2012; Behringer et al. 2014.

23. Huxley 1939.

24. Naef 1926.（Article in German.）

25. Gould 1977; Bromhall 2003. 在许多方面，人类的发展确实缓慢。科学记者理查德·弗朗西斯开始自己的职业生涯时是一位神经生物学家，他将人类与黑猩猩的躯体特征和神经特征进行了比较。人类的骨骼和肌肉发育更加缓慢，整体生长速度也很慢，青春期的生长高峰开始得更晚，持续时间更长。在大脑方面，轴突出现髓鞘的时间较晚，这让学习的持续时间更长。大脑区域不同，基因表达的模式也有所不同。在某些区域，如前额皮质，黑猩猩在某一年龄段就表达出来的基因，人类表达的时间要稍晚。然而，从猿到人的许多变化并不是滞留发生的，如人类长出长臂和大脚。"全球幼体主义"的概念，涵盖了整个人类生物学与猿类的关系，这当然是错误的（Francis 2015 ）。

26. Liu et al. 2012.

27. Miller et al. 2012.

28. Hrdy 2014 举例说明了，与猿类相比，人类的神经发展和行为发展混合了延迟与加速。例如，人类幼儿在体能方面发展缓慢，但在与看护者互动方面发展迅速。

29. Zollikofer 2012.

30. Williams 2013.

31. Hublin et al. 2015.

32. Marean 2015.

33. Liu et al. 2012. 最近的证据表明，人类普遍存在突触发育延迟，但孤独症患者却不存在这一现象（Liu et al. 2016）。

34. Kaiser et al. 2015.

35. Higham et al. 2014; Bridget Alex, 个人通信; Prüfer et al. 2014; Wynn et al. 2016. 以前在直布罗陀的 Gorham's Cave，尼安德特人被测定为最晚存在至 2.5 万年前，但现在我们并不确定这么晚的日期是否准确（Higham et al. 2014）。

36. Hayden 2012; Villa and Roebroeks 2014; Roebroeks and Soressi 2016.

37. Hardy et al. 2012. 尼安德特人在许多地方广泛使用火，尽管这有无可争辩的证据，但两个（晚期）尼安德特人的欧洲遗址表明，在相当长时期内他们并没有使用火。这一观察产生了尼安德特人不会生火的观点（Dibble et al. 2018），这一观点受到了 Sorensen（2017）的质疑。解剖学证据表明，所有智人物种都需要熟食，这让尼安德特人可以靠生食生存的观点变得十分令人惊讶（Wrangham 2009）。

38. Roebroeks and Soressi 2016, p. 6374.

39. Marean 2015; Wynn et al. 2016.

40. Hayden 1993; Marean 2015; Shea and Sisk 2010.

41. Marean 2015; Pearce et al. 2013.

42. Large eyes in Neanderthals：Pearce et al. 2013.

43. Tattersall 2015, p. 206.

44. Hayden 2012.

45. Prüfer et al. 2014.

46. Marean 2015.

47. Hayden 2012.

48. Hare et al. 2002.

49. Hare et al. 2005. 在进行这些调查时，我是布莱恩·黑尔的研究生导师。有机会看到可以区分这两种观点的测试，我对此非常着迷。娜塔莉·伊格纳西奥勇敢地发起了这项研究，她承诺自己的高级荣誉论文研究内容会在西伯利亚展开。在新西伯利亚，柳德米拉·特鲁特和她的同事是我们这个小型研究小组的出色东道主。

50. 倭黑猩猩似乎是由类黑猩猩的祖先自我驯化而来的，它们应该比黑猩猩的交流 – 合作能力更强。部分证据表明，比起黑猩猩，倭黑猩猩确实更能理解人类的行为。人类看向新的方向时，倭黑猩猩比黑猩猩更能跟随人类的目光。但不幸的是，与黑猩猩一样，倭黑猩猩在物体选择测试中也失败了（Hare 2017）。这可能是因为倭黑猩猩选择的被动攻击并不涉及人类。

51. Hare et al. 2005.

52. Buttner 2016.

53. Vasey 1995. 一个关键因素在于交配能力是否受制于激素。在狐猴和蜥蜴中，交配受激素支配，且不存在同性恋行为。在猴类和猿类中，同性恋行为的表达不需要激素，且同性恋行为普遍存在。另见 Wallen 2001。

54. Bagemihl 1999.

55. Young and VanderWerf 2014.

56. Vasey 1995.

57. Furuichi 2011; Tokuyama 和 Furuichi 2016. 在群体内部，雌性倭黑猩猩的性互动非常广泛（甚至会与邻近社群的成员进行性互动），但 Clay 和 Zuberbühler 2012 发现，在圈养群体中，等级较高的雌性之间很少进行性互动。

58. Hines 2011; Skorska and Bogaert 2015; Whitam 1983; Barthes et

al. 2015.

59. 美国数据源于 2000 年人口普查，Peplau 和 Fingerhut（2007）。

60. VanderLaan et al. 2016. 另一种假说提出，同性吸引受到青睐，是因为这与性状携带者的母亲拥有高繁殖力有关，但类似问题也适用于亲属导向的利他主义，即利益不足以保证放弃个人的繁殖努力（Skorska 和 Bogaert 2015）。

61. Muscarella 2000.

62. Roselli et al. 2011.

63. Ibid.

64. Roselli et al. 2004.

65. Valentova et al. 2014; Li et al. 2016.

66. Bagemihl 1999.

67. McIntyre et al. 2009. 与所研究的数千个人类样本相比，猿类的样本数量很少——79 只黑猩猩和 39 只倭黑猩猩。

68. Wallen 2001.

69. 请注意，除了我给出的极简版本外，自我驯化发生的时间、时间长短还包括各种可能性。如果说 10 万年前，语言能力还不足以形成杀人阴谋，那么第一次淘汰男性首领的情况就发生在那个时候。在这种情况下，智人早期阶段的眉脊消失、脸部变小，以及性别二态性减少，就会像传统所认为的那样，属于适应性，而不是相关的后果。再往前推，200 万～300 万年前，当智人首次从澳洲猿人进化而来时，或者在 600 万～900 万年前，澳洲猿人从森林猿人进化而来时，甚至更早，都可能存在自我驯化的方式。这些猜想还有待验证。

第 10 章　关于道德心理学的三大难题

1. Freuchen 1935, pp. 123–24.

2. Haidt 2012, p. 190.

3. Darwin 1871; de Waal 2006; Tomasello 2016; Henrich 2016; Baumard 2016.

4. Boehm 2012.

5. DeScioli 和 Kurzban（2009，2013）明确指出了这一点。他们指出，许多关于道德的进化论分析都局限于达尔文对这一问题设置的框架。对达尔文来说，"与人为善"是"道德的基石"（Darwin 1871，p. 871）。DeScioli 和 Kurzban（2009，p. 283）列举了 Alexander 1987、Darwin 1871、de Waal 1996、Ridley 1996 和 Wright 1994 等人追随达尔文的做法，见 Peterson 2011。Fiske 和 Rai（2015）列举了另一种观点，即道德行为包括将许多竞争行为和暴力行为合理化。

6. Graves 1929（1960），p. 56.

7. Des Pres 1976.

8. Davie 1929, pp. 19–20.

9. Hinton 2005, p. 2. See also Gourevitch 1998; Goldhagen 1996.

10. Fiske and Rai 2015, p. xxi.

11. DeScioli 和 Kurzban 2009，以及 Saucier 2018 证明了这个定义。

12. De Waal 2006.

13. Warneken 2018.

14. Hamlin and Wynn 2011.

15. Hauser 2006；Bloom 2012. 宗教信徒往往比非信徒更亲社会（对他们的内部群体，Cowgill et al. 2017）。

16. Decety et al. 2015. 儿童的年龄为 5～12 岁，住在加拿大、中国、约旦、土耳其、美国和南非。宗教包括伊斯兰教（43%）、基督教（24%）、犹太教（3%）、佛教（2%）和印度教（0.5%），还有 28% 的人没有宗教信仰。伊斯兰教和基督教儿童都比无宗教信仰的儿童更缺乏利他主义。

17. Bloom 2012.

18. DeScioli and Kurzban 2009.

19. Haidt 2007, pp. 998, 1000.

20. Gintis et al. 2015; Henrich 2016.

21. Jensen et al. 2007. Jensen 等人得出结论，即黑猩猩在玩"最后通牒"游戏时并未表现出任何其他相关行为。2013 年，他们对此结论的批评性言论进行了回应。

22. Elkin 1938; Berndt and Berndt 1988.

23. 文化规范会引起与道德行为密切相关的问题，即如果文化规范对群体有利，是否一定是因为这一事实而产生的。某一规范，如选择性运用食物禁忌，可能对群体有益（例如，阻止孕妇吃可能会危害婴儿的食物），对许多人而言，这产生于某种形式的群体选择。然而，其他由更强大的个人或子群体执行规则的过程同样可信。见 Singh, M. et al. 2017。

24. Hauser 2006.

25. Cushman 和 Young 2011 将这三者称为"作为 / 不作为"、"手段 / 副作用"和"接触 / 非接触"偏见。为表述清晰，我将它们重新命名，以强调偏见对道德反应的影响（分别是不作为偏见、副作用偏见和非接触偏见）。

26. Cushman 和 Young 2011 发现有证据表明，不作为偏见和副作用偏见不仅影响人们解决道德问题，也影响解决没有道德后果的问题。例如，除了影响多少人死亡的道德困境，某一困境可能会影响一块石头是否会掉下悬崖。鉴于这些偏见并不局限于道德领域，他们认为（ p. 1068），这些偏见源于"非道德领域的认知结构，如民间心理学和因果认知"。因果关系方向则反过来，即非道德偏见源于道德偏见，似乎同样合理。

27. Hoffman et al. 2016.

28. Rudolf von Rohr et al. 2015.

29. Jane Goodall, 个人通信。

30. Goodall, 1986, Pusey et al. 2008 进一步描述了另一对母女的杀婴行为。

31. Darwin 1871, p. 827.

32. De Waal 2006, p. 54.

33. Boehm 2012, p. 161.

34. Hoebel 1954, p. 142.

35. Ibid., p. 70.

36. Hiatt 1996.

37. Hoebel 1954, p. 90.

38. Boehm 1993. Erdal 和 Whiten 1994 更愿意使用"反支配等级"这一术语。

39. Dalberg-Acton 1949, p. 364. 该引文来自 1887 年 4 月写给曼德尔·克里顿的信。

40. Boehm 2012, p. 15.

41. Haidt 2007, p. 999.

42. Mencken 1949, p. 617; DeScioli and Kurzban 2013, p. 492.

43. Sznycer et al. 2016.

44. Keltner 2009.

45. Goffman 1956. See also Feinberg et al. 2012.

46. Giammarco and Vernon 2015, p. 97; Scollon et al. 2004; Breggin 2014.

47. Williams and Jarvis 2006.

48. Williams and Nida 2011.

49. Chudek and Henrich 2011, p. 218.

50. Henrich 2016.

第11章 联盟式主动攻击与阶级社会关系

1. Stevenson 1991, p. 10.

2. Ibid.

3. Ibid., p. 32.

4. Ibid., p. 15.

5. Ibid., p. 141.

6. Mighall 2002.

7. Babcock et al. 2014, p. 253; Teten Tharp et al. 2011.

8. From Shakespeare's Merchant of Venice, act V, scene I, line 54.

9. 洛伦兹 1966.（《论侵略》的原版于 1963 年以德文出版。）看到我们应该杀的人的脸，会抑制自身的侵略性，这一观点得到了部分支持（Sapolsky 2017，p. 644）。然而，许多面对面的激烈残酷行为的例子表明，这种抑制很容易被克服。狩猎采集者的各种例子由 Burch 2005（针对北极的伊努皮克人）和 Zegwaard 1959（针对巴布亚新几内亚的阿斯玛特人）给出。

10. Mohnot 1971, p. 188.

11. Hrdy 1974, 1977.

12. Sommer 2000 讨论了杀婴辩论。Bartlett et al. 1993 发起了对灵长类动物性选择假说的最后一次重大打击。Pusey 和 Packer 1994 对其他物种的研究数据受到了 Dagg 2000 的质疑。

13. Perry and Manson 2008, p. 198. 这本书是由苏珊·佩里自 1990 年起主导的对卷尾猴进行的研究，是灵长类动物学的经典之作。该书以高级观察和理论为基础，有助于彻底改变我们对这一物种的理解，该物种是新世界灵长类动物中大脑最发达的。该物种有迷人的文化怪癖，如有群体特有的问候方式和表示友好的方式，以及复杂的政治系统，但也有许多针对婴儿和成年个体的暴力行为。最早的关于它们杀婴的数据是由 Manson 等人于 2004 年发表的。

14. Palombit 2012 回顾了灵长类动物的数据。对 35 个物种中 65 个种群的杀婴行为进行观察，据此他再次表明，性选择理论在大多数物种中得到了强有力的支持，但在某些情况下还需要其他解释。杀婴频率数据来自 Watts 1989；Henzi et al. 2003；Butynski 1982；Crockett 和 Sekulic 1984。

15. Lukas and Huchard 2014. Lukas 和 Huchard 发现，杀婴行为主要发生在社会性哺乳动物中，这些动物的繁殖被少数雄性垄断。"很大程度上，杀婴的进化由雄性竞争强度的变化决定……并密切反映了雄性内部和雌雄之间冲突强度的变化"（第 843 页）。他们在 260 种哺乳动物中的 119 种中（45.7%）发现了杀婴现象。

16. Wilson et al. 2014.

17. 狨猴的杀婴行为：Beehner 和 Lu 2013；Saltzman et al. 2009。绢毛猴的杀婴行为：Garberet al. 2016。

18. Palombit 2012；Borries et al. 1999。杀婴并不是主动性攻击的唯一背景。我在第 2 章就指出了，在实验室品系的小鼠和大鼠中，雄性可能会主动攻击同种动物。在一个品系（CD-1）中，19% 的主导的雄性小鼠对能够攻击的下属表现出强烈的兴趣，其攻击性行为被认定为"成瘾性的"，这向作者表明，这种攻击方式有进化起源（Golden et al. 2017）。然而，野生小鼠似乎还没有被用于研究过主动性攻击行为。

19. Boomsma 2016 引用 George Williams 的话。

20. 令人惊讶的是，Daly 和 Wilson1988 表明，美国和加拿大的男性杀婴模式符合性选择假说的几个预测。大多数情况下，受害者的父亲是与凶手不同的男性，而其母亲与凶手有性关系，而且婴儿很小（通常不到两岁），婴儿的死亡有望让其母亲更早怀孕。然而，这种行为几乎不具有适应性，因为凶手通常会被逮捕和监禁。

21. 雌性死者未确定身份，但可能是卡哈马社区的成员，Wilson et al. 2014。

22. Muller 2002.

23. 例如，《黑猩猩的黑暗面》，国家地理电视台出品，2004 年，导演是 Steven Gooder。

24. Power 1991; Sussman, ed., 1998; Ferguson 2011; Marks 2002.

25. Wilson et al. 2014.

26. Mitani et al. 2010.

27. Williams et al. 2004.

28. Cafazzo et al. 2016.

29. Cubaynes et al. 2014.

30. Mech et al. 1998.

31. Cassidy and McIntyre 2016.

32. Wrangham 1999.

33. Lee 1979 认为朱 / 霍安西人和非洲南部其他布须曼人群体代表了相对不受农耕文化影响的原始社会，而 Schrire 1980 和 Wilmsen 1989 则认为，与牧民互动对他们的生活产生了多种影响。Marlowe 2002 回顾了这场辩论，并描述了哈扎人的情况。Lee 2014 认为，狩猎采集者的暴力模式表明，人类是从和平背景进化而来的。他声称，狩猎采集者很少有东西可供争夺，因此他们可以轻易分散开来，避免冲突，考古学史前法医数据显示，几乎没有暴力的证据。他承认非洲南部的狩猎采集者群体"在殖民史上因战斗力而闻名"（p. 219），但他认为这"主要是他们历史定位的一个假象"，因此理解狩猎采集者是否会有战争，与此无关。Chacon 和 Mendoza, eds., 2007，或 Gat 2015 等的作品中记录了世界各地狩猎采集者的战争，其中的大量描述都很惨烈，与他的证据并不相符。

34. Tindale 1940 估计，在与欧洲人接触之前，澳大利亚有 574 个"部落"（民族语言群体）；Birdsell 1953 认为，那里有 25.1 万 ~ 30 万居民，平均每个"部落"有 437 ~ 523 人。

35.Gat 2015.

36. Wheeler 1910, p. 151.

37. Basedow 1929, p. 184.

38. See table 1 in Wrangham and Glowacki 2012.

39. Tindale 1974, p. 327; Roth 1890, p. 93.

40. Radcliffe-Brown 1948, p. 85.

41. Lothrop 1928, p. 88.

42. Burch 2007, pp. 19–20.

43. Bishop and Lytwyn 2007, p. 40.

44. Fry 2006, p. 262.

45. 考古学证据表明，农业革命之前战争频发，LeBlanc 2003。狩猎采集者与农民的死亡率，Wrangham et al. 2006。Knauft 1991 提出，狩猎采集者群体间冲突的死亡率低于农民，这一观点得到了普遍支持。世界范围内的冲突死亡率，https：//ourworldindata.org/war-and-peace。世界范围内各国的冲突，https：//data.worldbank.org/indicator/VC.IHR.PSRC.P5。

46. Gat 2015.

47. Fry 2006. 弗莱一直大力支持移动狩猎采集者几乎没有战争这一观点（Fry 和 Söderberg 2013）。Gat 2015 对他的证据进行了严格审查。

48. Kelly 2000, p. 118 and p. 139.

49. Ferguson 1997, p. 321. Gat 2015 指出，弗格森引用这句话之后，又说了一句话，似乎想要进行修正平衡："同样，如果有人认为所有人类社会都受到暴力和战争的困扰，认为暴力与战争一直存在于人类进化史中，那么这卷书就证明他们错了。"盖特对弗格森的后续评论

（p. 113）是："然而，第二个命题中的各种说法并没有被'证明'。充其量，它们还未被证明，有待进一步调查。"我同意这一观点。

50. Lovisek 2007.

51. Zegwaard 1959.

52. Murphy 1957.

53. Chagnon 1997. 查格农对雅诺马马人的研究经常被指认为带有偏见、不合法，或有其他错误。然而，其工作的准确性和真实性都经深入调查，得到了有力支持（Dreger 2011, Shermer 2014）。

54. 我偶尔见过黑猩猩之间的互动，一对雄性黑猩猩花时间让自己移动到某一位置，以便把对手逼到角落，并向对手安全冲锋。这种做法通常是在对手出现后才会发生。据我所知，没有观察者报告过黑猩猩联盟为对手设置陷阱，或去猎杀对手的情况。

55. Boehm 2017 认为，在黑猩猩群体内确实发生过联盟式主动性攻击，原因是偶尔对雄性的联盟式杀害可能是早有预谋的。但是，这一预谋并没有得到证实，而且受害者的地位各不相同，没有出现系统模式：受害者有年轻的，也有年老的，级别也有高有低。唯一看到被杀害的男性首领是皮姆，人们怀疑另一个男性首领 Ntologi 是因遭到联盟式主动性攻击而遇害的（Nishida 1996, 2012）。

56. Kaburu et al. 2013. 另见 Wilson et al. 2014；Boehm 2017。在野生成年雄性黑猩猩报告的其他致死的群体内攻击中，没有看到攻击的发起者（Pruetz et al. 2017; Michael Wilson, personal communication; Nishida 1996; Watts 2004; Fawcett and Muhumuza 2000; Nicole Simmons, personal communication; Nishida et al. 1995）。

57. De Boer et al. 2015.

58. Foucault 1994.

59. Hansen and Stepputat 2006, p. 296.

60. Ibid., p. 301.

61. Ibid., p. 309.

62. Hoebel 1954, p.26.

63. Ibid., p. 305.

64. Hayden 2014.

65. Pinker 2011.

第 12 章　攻击心理学对战争的影响

1. Burke 1770, p. 106.

2. Dalberg-Acton 1949, p. 364. 更完整的引用是："我不能接受你的教条，即我们判断教皇和国王，要与其他人不同，其他人都带着有利的推定，认为他们没有做错。如果有推定的话，那也是反过来针对权力拥有者的，随着权力的增加而增加。历史责任必须弥补法律责任的不足。权力导致腐败，绝对的权力导致绝对的腐败。伟人几乎都是坏人，就算他们行使的是影响力，而不是权力：如果你再加上权力腐败的趋势或确定性，那就更糟糕了。最糟糕的异端邪说莫过于认为，是职位让任职者成圣。"

3. Fuentes 2012, p. 153. Fuentes 认为，人类，尤其是男性，天生具有攻击倾向，"让我们对攻击和社会的公共意识产生一种必然性"。另见 Fry 2006。

4. Lee 2014, p. 224.

5. 克鲁泡特金转引自 Crook 1994，p. 194。

6. Gat 2006；Lopez 2016. 另见 Tooby 和 Cosmides 1988；Johnson 和 Thayer 2016；Lopez et al. 2011；McDonald et al. 2012；Johnson 和 Toft 2014；Johnson 和 MacKay 2014。这些参考文献都关注作用于个人层面的选择。还有一个重要的传统，就是认为群体选择可以影响战争行为的进化。例如，Bowles 2009；Zefferman 和 Mathew 2015。

7. Ferguson 1984, p. 12.

8. Fry 2006, p. 2.

9. Fromm 1973, p. 22. 人类学家 Robert Sussman 和 Joshua Marshack 担心长期影响。"如果将战争和杀戮视为普遍的、原始的、适应性的且自然的……这些观点可能会在集体无意识中变得几乎不可改变，削弱我们积极改变的动力。"（Sussman and Marshack 2010, p. 24）。Gat 2015（p. 123）讨论了这个问题，他将其总结为："人们习惯性地认为，如果普遍的致命暴力一直伴随着我们，那么它一定是主要的、不可抗拒的驱动力，几乎不可能受到抑制。"

10. Goodall 1999.

11. Hinde and Rotblat 2003.

12. Hinde 2008. Robert Hinde 是许多灵长类动物学家的研究生导师，包括 David Bygott（第一个研究黑猩猩攻击性的人），Dian Fossey（发现大猩猩的杀婴行为），Dorothy Cheney 和 Robert Seyfarth（记录了狒狒的社会行为），以及 Alexander Harcourt 和 Kelly Stewart（详细描述了山地大猩猩的行为）。

13. Hamburg and Trudeau, eds., 1981.

14. Carnegie Commission on Preventing Deadly Conflict 1997.

15. Hamburg 2002.

16. Hamburg 2010.

17. Crook 1994. 克鲁克表示，达尔文主义对思考和平演变的贡献和对战争演变的贡献一样大。一战和二战期间，关于战争和进化论的等效书籍，见 Overy 2009。一战降低了人们对战争有益这一想法的热情，但社会视角和生物视角间的辩论仍在继续。皮尔逊是一个社会主义者、自由思想家和性激进分子，他接受遗传学应该用于确保爱国团体成功的观点。克鲁克引用了皮尔逊 1888 年的《自由思想的伦理》："社会主义者必须灌输这种精神，漠视反对国家的罪犯，得到最近的灯柱。"

18. 卢梭派认为积极行为会受到遗传的影响：Sapolsky 2017 提出了一个细微的说法。我要感谢 Carole Hooven 的这一观点。

19. 古尔德的引文：Gould 1998, p. 262。我个人参与了古尔德撰写批评文章的工作，我对此表示怀疑。古尔德是我在哈佛大学的同事。我对他了解甚少，但我知道，他对人类社会生物学的批评十分严厉。1996 年初，我给他寄去了《恶魔般的男性：猿类和人类暴力的起源》出版前的副本，作者是我和戴尔·彼得森。我希望他能欣赏行为生态学方法对理解人类暴力问题的价值。但他从未就此给我答复。然而，几个月后，古尔德针对《恶魔般的男性：猿类和人类暴力的起源》一书中采取的方法，发表了评论文章。起初，他的文章在《自然历史》杂志（1996 年 9 月）上发表，题为《蠕虫的饮食和布拉格的灭亡》。这篇文章还被重新发表在 Gould 1998 中。

20. Ferguson 1984, p. 12.

21. Lee 2014, p. 222, cf. Fry 2006, p. 5："人类有能力进行大量暴力行为。"像这样的卢梭派学者主要抱怨的并不是对潜在暴力行为提出异议，而是认为霍布斯主义者在汇编狩猎采集者的暴力死亡率时，偏向于大概率（如 Lee 2014）。

22. Tooby 和 Cosmides 1990，及 McCrae 和 Costa 1997 讨论了人性的普遍性。

23. 腓特烈大帝的这句话出自 1759 年写给伏尔泰的信。关于人类兽性问题，腓特烈大帝可能是被其父亲腓特烈·威廉一世的行为说服了，父亲在他小时候经常打他（在威廉二世尚未开始为自己的军队收集或繁殖巨人时）。

24. Gat 2015; Wrangham 和 Glowacki 2012. 注意，在将人类和黑猩猩进行比较时，我指的是社会互动的性质，而不是说流动的狩猎采集者比你我更像黑猩猩。

25. Wrangham and Glowacki 2012.

26. Glowacki and Wrangham 2013, 2015.

27. Mathew and Boyd 2011.

28. Wiessner 2006, p. 177.

29. Boehm 2011.

30. De Quervain et al. 2004.

31. Bourke 2001, p. 155.

32. 要承认简单战争肯定比动物群体间的暴力更复杂，对此我说的是"有些令人费解"，而不是"特别令人费解"。例如，简单战争从争吵到偶发战斗不等，有时它涉及个人的敌对关系，可能因为认知偏差而找上了受害者，可能发生在内部战争或外部战争中，可能涉及群体间的联盟。文化影响可能来自对复仇需求的共同看法、军事训练传统、父权制意识形态、群体间不同程度的语言差异等。我无意贬低这些因素在影响暴力发生的概率和暴力风格方面的重要性。然而，尽管这些因素带来了变化，但就无政府战争体系中联盟式主动性攻击的核心逻辑而言，确实没什么影响。

还要注意的是，解释为什么会发生杀戮，并不是小规模战争理论中的唯一挑战。对于进化人类学家来说，一大重要问题是，在群体间的竞争中获胜是一种"公共利益"。大量突袭可能会让攻击群体扩大领土规模，在这种情况下，所有群体成员都可以获得额外的资源。这意味着，其可能会成为部分群体成员"搭便车"的动机。搭便车的人是指没有参加突袭的人，因此对他们来说，额外资源的好处就是免费。如果每个人都搭便车，那就不会有战争了。Lopez 2017 描述了这个问题，并指出这更适合侵略战，而不适合防御战。

要解释搭便车问题为何没有阻止简单战争，学者们有时会援引人类独有的特征，如八卦能力或文化能力，可以适当奖励或惩罚男人的战斗。奖励确实很重要。参与简单战争的战士可以公开庆祝，或者得到更多接触妇女或商品的机会。在简单战争死亡率较高的社会中，人们发现战士可以获得更多的潜在奖励（Glowacki 和 Wrangham 2013）。东非牧民中也有对懦夫进行鞭打的记录，这表明惩罚也能鼓励人们参与简单战争（Mathew 和 Boyd 2011）。

然而，对动物的研究表明，并不需要通过奖励和惩罚来解决搭便车问题。在黑猩猩群体和狼群中会发生致命的群体间攻击，但并没有鼓励这种行为的措施。例如，在黑猩猩中，并没有发现和参与群体间攻击相关的奖励或惩罚（Wrangham 和 Glowacki 2012）。某些雄性动物只是比其他雄性动物更主动，带头走向敌人的领土。理论表明，更热心的参与者应该是地位较高的动物，它们与群体成功有更大的利益关系（Gavrilets 和 Fortunato 2014）。有限的现有证据支持了这一观点，尽管个体主动性可能有其他变化来源（Gilby et al. 2013）。

33. Lahr et al. 2016.

34. Otterbein 2004；Gat 2006；Flannery and Marcus 2012. 请注意，定居的狩猎采集者之间的战争，如西北海岸的美洲原住民和巴布亚新几内亚的阿斯马特人，具有复杂战争的特征，包括战士间的等级关系。复杂战争的根源也可能追溯到欧洲旧石器时代早期，从大约 4 万年前开始，可能就是狩猎采集者社会定居的时候。

35. 人类生物学因最近的新因素而进化，其他例子包括适应增加接触疟疾、适应增加酒精摄入。人们还提出了对智力和社会行为的各种影响，但尚未得到有力的证明（Cochran 和 Harpending，2009）。

36. Turney-High 1949.

37. Johnson 和 MacKay 2015探讨了权力不平衡是战争的一般原则，遵循安全主动侵略的基本逻辑。

38. Keegan 1976; Collins 2008, 2009.

39. Cited by Keegan 1976, p. 71.

40. Du Picq 1921.

41. Keegan 1976, p. 69.

42. Collins 2008, 2009; Grossman 1995.

43. Fraser 2000.

44. Keegan 1976, p. 20.

45. 在战争中，由男性之间的联系所产生的心理影响似乎会持续很长时间。Junger 2016 的观点很有说服力，他认为，现代人从战争中归来后，未能保持群体团结，这是美国退伍军人出现创伤后应激障碍的主要原因。

46. Bonaparte 1808.Hanson 2001 表明了团队精神很重要，而不是单纯的士兵数量。

47. Grainger 2007 指出，虽然亚历山大大帝是成功的指挥官，但作为一名政治家，他很失败。

48. Johnson and MacKay 2015.

49. Arreguín-Toft 2005.

50. Dixon 1976, p. 400.

51. Kornbluh, ed., 1998, p. 1.

52. Ibid.

53. Wyden 1979, p. 326.

54. Schlesinger cited in ibid., p. 316.

55. Weiner 1998.

56. Johnson 2004 指出，在战争中，信心有很多来源，积极幻想只是其中一个重要因素。

57. 这是一种带有偏见的同化形式，是一种更普遍的心理现象（Lord et al. 1979）。

58. Tuchman 1985, pp. 5, 380.

59. Twain 1917, p. 108.

60. Morgenthau 1973.

61. Keegan 1999, p. 71.

62. 威廉·霍奇森,《英格兰对她的儿子们》, 引自加德纳 1964, p. 10。

63. Tuchman 1985, pp. 5, 380.

64. Twain 1917, p. 108.

65. Morgenthau 1973.

66. Keegan 1999, p. 71.

67. Johnson 1771（1913）, p. 62.

68. Pinker 2011; Goldstein 2012; Falk and Hildebolt 2017; Oka et al. 2017.

69. 这一猜测基于可居住的土地总面积为 6 380 万平方千米, 狩猎采集者的全球人口密度为 0.5 人 / 平方千米, 以及平均社会规模为 1 000 人。

70. 和平的时间越长, 下一场战争的伤亡就越多。（Falk and Hildebolt 2017.）

71. Carneiro 2004 回顾了对世界国家出现的可能性和时间的预测。公元 2300 年是根据公元前 1500 年以来自治政治单位数量下降的趋势进行预测的。公元 3500 年这一数字是根据公元前 2100 年阿卡德帝国以来, 世界上 28 个最大帝国的规模增长推断出来的。

72. Overy 2009; Hathaway and Shapiro 2017.

73. 自杀式袭击者这一例外十分引人注目, 因为其行为似乎不太可能是适应性的。他们通常代表了强烈的文化劝说的后果（Atran 2003）。

74. 1983 年, 罗纳德·里根总统提出了一项战略防御计划, 俗称"星球大战计划"。里根说服国会为战略防御计划提供资金, 理由是它能有效防御苏联的核攻击。事实证明, 这项行为在技术上无法实现, 在政治上也极具挑战性, 而且费用高昂, 最终被搁置了下来。它之所以危险，部分原因是其助长了军备竞赛，另外，如果成功了，可能会诱使美国领导人以本国不会受核攻击的伤害为由，增加侵略。

第 13 章　人性悖论：为何美德和暴力在人类生活中都如此显著

1. 这个悖论的解决方案与 Knauft 1991 所勾勒的、Boehm 1999 和 2012 所阐述的差不多，在此还承认了反应性攻击和主动性攻击之间的区别。早期的作者假设过人类的善恶品质源于自身的生物学，但几乎没有具体说明要如何使反应性攻击倾向和主动性攻击倾向相结合。

2. 一些社会性昆虫也表现出了类似的结合。许多种类的蚂蚁可预见地杀死其他蚁群成员，但与自己蚁群的成员和谐合作。蚂蚁的矛盾行为可以用一种相对简单的机制来解释。蚂蚁个体具有很强的攻击性，除非是与自己同巢的蚂蚁个体进行互动，在这种情况下，蚂蚁的攻击性会受到抑制，并表现出无差别的利他主义。阿根廷蚂蚁是最极端的例子。它们有数以亿计的蚁群，与包括数以百万计的蚁群无私合作，然而一旦遇到其他群体，它们就会投入厮杀（Giraud et al. 2002；Starks 2003）。

3. Blumenbach 1811, p. 340. 请注意，也可能发生更早的自我毁灭事件。未来的研究可能会发现，在从澳洲猿人进化为智人，或从类黑猩猩祖先进化为澳洲猿人的过程中，有相关的解剖学变化证据。

4. 将群体选择理论（或近亲多层次选择理论）应用于人类行为的著名倡导者包括 Sober 和 Wilson 1998；Nowakm et al. 2010；Bowles 和 Gintis 2011；Wilson 2012。

5. 例如，见 Dawkins 1982；West et al. 2007；Coyne 2009；Pinker 2012。Pinker 2012 是一项对思考群体选择的很好的调查，包括由不同作者撰写的 20 篇对 Pinker 目标文章的正反两方面进行论述的文章。

6. Domínguez-Rodrigo 和 Cobo-Sánchez 2017 简要回顾了直立人的狩猎行为。在肯尼亚的 Kanjera，有充分证据表明，200 万年前就有屠杀了，包括许多小型和部分中型物种（野生动物大小）的骨骼（Ferraro et al. 2013）。根据这些证据，Pickering 2013 认为，伏击狩猎大约从 200 万年前就开始了。伏击狩猎更具体的迹象来自肯尼亚的 Olorgesaile（Kübler et al. 2015）。关于 6 万～6.5 万年前南非 Sibudu 地区猎物被套住的证据，见 Wadley 2010。感谢古人类学家 Neil Roach 对这些话题的建议。

7. Otterbein 2004, p. 85. 另见 Wrangham 2018。在智人中，猎取猎物和杀害同族之间可能存在关联，Pickering 2013 提出了相反的观点。他认为，智人的捕食与攻击相互脱钩，并认为有预谋的攻击只有在武器得到发展后，才成为可能。鉴于黑猩猩、狼和其他物种在没有武器的情况下，使用联合的、有预谋的攻击行为进行杀戮，这一论点确实令人惊讶。

8. Wrangham and Peterson 1996.

9. 对黑猩猩和人类最后一个共同祖先的日期（以及因此对澳洲人的起源）的估计仍在不断完善。这些估计部分取决于对突变率的评估，而突变率仍不确定。这里给出的日期来自 Pilbeam 和 Lieberman 2017, p. 53。他们确定，黑猩猩－倭黑猩猩和澳洲人－人类血统最有可能的分离时间是 790 万年前，可能范围为 650 万～930 万年前。

10. 女性主义人类学作品，如 Rosaldo 和 Lamphere 1974，以及 Collier 和 Rosaldo 1981，为这种概括提供了有用的介绍。例如，"在所有地方，从我们可能想称之为最平等的社会，到性分层最明显的社会，男人都是文化价值的中心。人们总是将某些活动领域视为男性专属，或以男性为主导，因此这些领域极为重要，道德上也很重要……这种观察的必然结果就是，在任何地方，男人都对女人有权威，（并且）从文化背景上有合法的权利让女人屈从和服从。"（Rosaldo 1974, pp. 20–21。）正如我在正文中所说，人类社会这一事实并不意味着父权制不可避免。然而，它确实表明，减少父权制的权力需要强有力的制度。

后记

1. 世界反对死刑联盟，http：//www.worldcoalition.org/The-UN-General-Assembly-voted-overwhelmingly-for-a-6th-resolution-calling-for-a-universal-moratorium-on-executions.html。

参考文献

译者简介

王睿，男，英语语言文学博士，西南政法大学外语学院副教授，硕士生导师。已出版译著多部，包括《新博物馆学手册》（重庆大学出版社，2010）；《极简人类史：从宇宙大爆炸到21世纪》（中信出版社，2016）；《人权标准：霸权、法律和政治》（法律出版社，2020）等。研究方向为翻译理论与实践、适用语言学。

翻译支持：云彬翻译社区　微信号：liang82042